超声全聚焦成像检测技术及应用

陈尧　卢超　著

机 械 工 业 出 版 社

本书对超声全聚焦成像检测理论进行了介绍，给出了最新的 MATLAB 方程和源代码，采用图示和 MATLAB 实例相结合的方式，可使读者加深对全矩阵捕捉、延时叠加、全聚焦图像重建等概念的理解，还介绍了双层介质全聚焦成像、多模全聚焦成像、相位相干成像、频域全聚焦成像技术等，并系统介绍了全聚焦成像技术在无损检测领域的应用。

本书可供超声无损检测技术及相关领域的科研人员、工程技术人员参考，也可作为高等院校无损检测与仪器类相关专业本科高年级学生和研究生的教材。

图书在版编目（CIP）数据

超声全聚焦成像检测技术及应用 / 陈尧，卢超著.
北京 ：机械工业出版社，2024.12. -- ISBN 978-7-111-
76502-8

Ⅰ. TB553

中国国家版本馆 CIP 数据核字第 2024M0Y042 号

机械工业出版社（北京市百万庄大街22号　邮政编码100037）
策划编辑：雷云辉　　　　　　责任编辑：雷云辉　王彦青
责任校对：郑　雪　李　婷　　封面设计：马精明
责任印制：刘　媛
北京中科印刷有限公司印刷
2024年12月第1版第1次印刷
169mm×239mm·15.5印张·275千字
标准书号：ISBN 978-7-111-76502-8
定价：149.00 元

电话服务　　　　　　　　　网络服务
客服电话：010-88361066　　机　工　官　网：www.cmpbook.com
　　　　　010-88379833　　机　工　官　博：weibo.com/cmp1952
　　　　　010-68326294　　金　　书　　网：www.golden-book.com
封底无防伪标均为盗版　　机工教育服务网：www.cmpedu.com

序

随着现代工业水平的提高，无损检测技术在工业领域扮演着越来越重要的角色。在智能制造背景下，无损检测技术的先进程度已成为衡量一个国家经济发展、科技进步和工业水平的重要标志之一。尤其在航空、航天、高铁、核电等领域，先进无损检测技术起着不可替代的作用。

作为一种高质量、可开发性强的先进工业无损检测技术，超声全聚焦成像技术源自相控阵超声检测技术。相较于传统相控阵超声检测技术，该技术更加适用于复杂检测工况或检测场景的应用，更加契合智能制造工业的需求，被看作是相控阵超声检测技术的二次飞跃。多年来，依托南昌航空大学无损检测技术教育部重点实验室，卢超教授作为无损检测领域的领军人才，带领的团队秉承"科教融汇，产教融合"的教学理念，为我国各行各业培养了大量无损检测专业技术人才。作为与我相交多年的科研挚友，本书作者卢超教授及所带领的团队以服务航空、航天、高铁、核电、石化等领域安全为导向，长期从事相控阵超声无损检测技术、仪器研制开发等相关的理论和实践研究，旨在解决非规则结构零部件和各向异性/非均质材质的自适应超声无损检测难题。

卢超教授团队以解决工业构件实际无损检测问题为导向，结合深厚的理论功底，在已出版专著《超声相控阵检测技术及应用》的基础上，进一步系统地总结和凝练了超声全聚焦的理论，与南昌航空大学青年教师陈尧博士合著撰写了《超声全聚焦成像检测技术及应用》一书。该书内容丰富，采用图示和 MAT-LAB 实例相结合的方式，形象生动、通俗易懂，对相关领域的学习、科研和工程应用都具有极高的参考价值。在表示由衷祝贺的同时，我深信该书的出版会更快、更好地推动超声全聚焦成像检测技术的进步，为广大相关专业大学生、研究生、科研人员及工程技术人员提供一个适合学习的平台，为我国无损检测事业培养大批人才，推动无损检测技术的高质量、跨越式发展，也相信该书将对其他领域声学成像检测及应用具有较高的参考价值。

他得安

复旦大学

前　言

具有实时全聚焦成像功能的相控阵超声便携式仪器于 2012 年前后问世，这标志着超声全聚焦成像技术自被提出 7 年后真正开始应用于工业检测领域。经过十几年的发展，超声全聚焦成像技术在工业检测领域越来越成熟，应用范围也越来越广泛。作为一种先进的相控阵超声检测技术，全聚焦成像被誉为相控阵超声检测技术中的"黄金标准"算法，具有成像质量高、算法二次开发性强等特点，特别适合应用于工业领域复杂检测工况。因此，超声全聚焦成像技术是超声无损检测技术的发展趋势。

现在，无论在国内，还是在国外，超声全聚焦这种新型相控阵成像检测技术均以学术论文、仪器说明书等形式存在，相关理论和技术体系处于碎片化状态，没有系统介绍这门新型技术相关理论的专著和教材，无形中升高了读者的学习门槛。对于高等院校本科生和研究生而言，亟需这样一本书来深入了解超声全聚焦成像检测技术。从工程检测应用方面来看，由于很多检测人员很难深入理解超声全聚焦成像检测技术，从而使得这一先进相控阵超声检测技术无法真正发挥其应有的价值。

本书通俗易懂，在介绍全聚焦技术相关理论的基础上，相比于文献中复杂、难懂的论述，采用图示和 MATLAB 代码解读相结合的方式，向广大读者详细介绍了超声全聚焦成像检测这一新型相控阵技术的原理、实现及应用。希望本书能够帮助广大读者深入了解超声全聚焦成像检测技术，推动无损检测行业的技术进步。

国内外同行的研究文献和作者所在南昌航空大学无损检测技术教育部重点实验室的工作为本书的撰写提供了很好的素材。感谢研究生熊政辉、马啸啸、陈明、程有松、程慎行、方文娜、万智龙、汤露平、冒秋琴、孔庆茹、李昊原等为本书部分资料收集和验证所付出的辛勤劳动。

本书的出版得到南昌航空大学学术专著出版资助基金、南昌航空大学"测控技术及仪器"国家级一流本科专业建设点项目、国家自然科学基金项目（62161028、51705232、12064001）、江西省杰出青年基金项目（20232ACB214012）、江西省重点研发计划重点项目（20212BBE51006）和人才领军项目（20204BCJL22039）的资助，在此一并表示感谢。

由于笔者水平所限，书中难免有不妥之处，希望广大读者提出宝贵意见。

陈尧

于前湖

目 录

第 **1** 章
超声全聚焦成像检测概述

1.1 全聚焦成像检测技术简介

全聚焦（Total Focus Method，TFM）成像检测是全矩阵捕获（Full Matrix Capture，FMC）和图像重建相结合的成像检测技术，由英国布里斯托大学（University of Bristol）学者于 2005 年提出[1]。它是一种先进阵列超声后处理成像技术，超声全聚焦成像的工作流程如图 1-1 所示。

所谓 FMC 技术，就是将阵列探头的每个阵元作为独立的发射和接收通道，完成单个阵元发射、多个阵元采集、信号保存等一系列操作。下面介绍 FMC 技术的阵列信号采集过程。假设图 1-1 中阵列探头的阵元数为 N，发射阵元的序号为 $n(n=1,2,\cdots,N)$，接收阵元的序号为 $m(m=1,2,\cdots,N)$。

首先，按照 $1\sim N$ 的顺序对探头中的单个阵元进行无延时激发，每次发射的超声回波被 $1\sim N$ 阵元全部接收。

然后，根据发射阵元和接收阵元的序号，将采集到的信号进行排序和保存，如 n 号阵元发射，被 $1\sim N$ 号接收的信号以序号 n-1，n-2，$\cdots$，n-n，$\cdots$，n-N 保存。

最后，逐次激发 $1\sim N$ 阵元后，将每次所采集到的 N 个信号以三维全矩阵形式保存，形成 N^2 个包含发射序列和接收序列的全矩阵信号数据集[2]。

通过 FMC 技术获得全矩阵信号数据集后，建立定义发射、接收阵元位置的成像坐标系，将成像区域定义为由多个像素点组成的矩阵。根据发射阵元和接收阵元的位置，计算发射阵元-像素点、像素点-接收阵元的声传播路径及时间。据此，通过延时处理完成图 1-1 中全矩阵信号中某一信号的图像重建。循环计算 N^2 个信号的图像重建图像，并通过矩阵求和运算对图像进行叠加，最终获得用于直观显示缺陷信息的超声全聚焦图像。

1

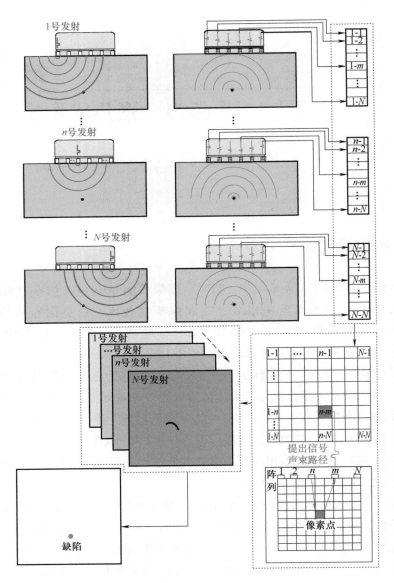

图 1-1　超声全聚焦成像的工作流程

1.2　全聚焦的特点和优势

　　TFM 最突出的特点就是采用单阵元逐次发射，通过后处理算法实现整个被检区域的聚焦。逐次激励单阵元的发射模式，使得 TFM 不必像相控阵超声检测（Phased Array Ultrasonic Testing，PAUT）那样考虑发射延时对缺陷检测能力的影响。此外，采用后处理算法实现成像的 TFM，其成像区域的聚焦能力和范围显著提升。更重要的是，FMC 技术能够多方位获取检测信号，使全矩阵数据中包含更丰富的缺陷特征信息，TFM 克服了 PAUT 技术发射声束数量受限的不足。得益于 FMC 技术和后处理图像重建的优势，超声 TFM 具有以下优势：

1. 解决了发射声束数量的受限问题，成像质量和范围显著提升

得益于 FMC 技术的优势，TFM 克服了常规相控阵成像中发射声束数量受限的缺点。TFM 技术的成像质量明显优于其他相控阵成像技术。研究表明，与 PAUT 所提供的 B 型和 S 型视图相比，TFM 图像具有更高的成像质量，其缺陷检测能力和定量精度更高[3]。据此，相关学者将 TFM 称为相控阵超声检测技术中的"黄金标准"算法[4]。图 1-2 所示为不同方法下的超声图像，深度 25mm 的 ϕ2mm 边钻孔超声 B 扫描、合成孔径聚焦图像和全聚焦图像对比，可知 TFM 图像中缺陷回波信噪比和分辨率更高。

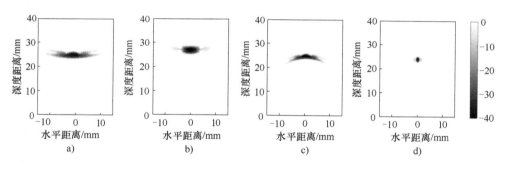

图 1-2　不同方法下的超声图像

a）平面 B 扫描图像　b）合成孔径聚焦图像　c）偏转 B 扫描图像　d）全聚焦图像

2. 后处理图像重建算法可发性强、算法灵活

可发性强、算法灵活是 TFM 技术的重要优势。研究者可根据特定检测工况，对后处理图像重建算法进行二次开发。例如，图 1-3 中采用楔块耦合方式对构件进行检测时，可根据双层介质声传播规律对延时法则进行修正，实现斜楔块下的 TFM 成像检测，弥补原有 TFM 技术仅适用于均匀介质的不足[5]。又如，全聚焦可与相位相干成像技术相结合，进一步提高超声成像的质量和缺陷检测能力。自 TFM 技术问世以来，已经衍生出多种适用于特定检测工况的后处理算法[6]。

3. FMC 信号数据集包含了更丰富的缺陷特征信息，缺陷显示能力更突出

FMC 技术能够通过一发多收采集方式多方位获取检测回波信号，因此 FMC 信号数据集中包含了更丰富的缺陷特征信息。以阵元数 N 的检测为例，全矩阵

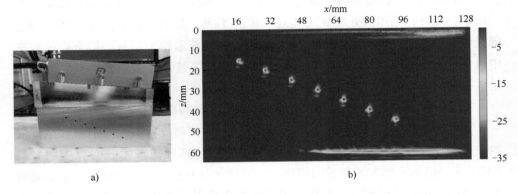

图 1-3　楔块耦合超声斜入射全聚焦成像图

a）斜入射全聚焦检测　b）斜入射全聚焦成像

数据中包含 N^2 个信号，其信号数量大约是 PAUT 的 N 倍。更重要的是，全矩阵数据中还包含了多种缺陷回波模式和有关缺陷取向的矢量信息，形成了多模全聚焦技术[7]，展示多组声传播路径下的缺陷影像，为作业人员判定缺陷类别、取向等信息提供了更为可靠、直观的方法。

1.3　全聚焦的发展和研究现状

近二十年来，伴随着计算机和电子信息技术的迅猛发展，以阵列探头为基础的相控阵超声检测仪器已逐渐成为一种主流的超声无损检测技术。相比于仅通过 A 型扫描信号表征缺陷信息的常规超声检测仪器，相控阵超声检测仪器具有可视化的优点，可通过阵列探头采集的信号合成为 B 扫描、C 扫描和 S 扫描等直观的超声视图。为进一步提升相控阵超声检测技术的缺陷探测能力，Holmes 等人[1]于 2005 年首次提出了基于 FMC 矩阵图像重建的全聚焦成像方法，并通过试验验证了全聚焦成像能够通过克服孔径限制显著改善成像质量。2006年，德国夫琅禾费实验室的 Bernus 等人[8]提出了一种名为采样相控阵（Sampling Phased Array，SPA）的新型超声成像检测技术。结果表明，采样相控阵的信号采集方式与 FMC 的采集方式相同。除重建区域形状不同之外，采样相控阵与全聚焦成像在信号采集和图像重建方式等方面均是相同的。从成像原理来看，上述两种成像技术实为一类方法，但由于全聚焦技术提出更早，因此目前均将这类技术称为"全聚焦"。

尽管全聚焦能够通过克服孔径限制，实现较高质量图像重建，但由于 FMC

的数据量极为庞大，进行时域图像重建时需进行大量繁重的迭代运算，极大地影响了图像重建的运算效率。为进一步提升成像效率，Hunter 等人[9]于 2008 年结合雷达/声呐领域中的波数域算法（也称为傅里叶域或频域算法），提出了一种适用于 FMC 成像的波数域算法，实现了在波数域的全聚焦成像，极大地提高了运算效率。试验和模拟结果表明，波数域算法的实际计算性能相比于时域成像提高了 1~2 个数量级。2009 年，Hunter 等人[10]继续对傅里叶域全矩阵成像方法进行深入研究，描述了全矩阵捕获波数算法的扩展，并将新算法的性能与全聚焦进行了比较。结果表明，波数算法相较于常规 TFM 拥有更高的计算性能，尤其在大型阵列和图像方面，具有更好的成像质量。此外，有国外研究员发现，除了使用频域算法，还可以使用稀疏矩阵信号采集方法提高全聚焦成像效率。2009 年，Moreau 等人[11]提出了稀疏矩阵信号采集的全聚焦成像方法。相比于每次发射全部阵元采集信号的 FMC 采集，稀疏矩阵信号采集可以选择特定数量的阵元发射和接收缺陷回波信号。这种基于稀疏矩阵的全聚焦成像方法，虽然会在一定程度上降低了成像质量，但可通过减少信号采集和运算数量显著提高成像效率。随后，Moreau 等人[12]进一步将波数域算法应用于稀疏矩阵信号采集的全聚焦成像，进一步提高了全聚焦成像的效率。

自 2010 年起，随着国际学术交流和具有全聚焦功能仪器的问世，我国学者也开始了全聚焦成像检测技术的研究与探索，推动了我国在全聚焦成像检测方法、工艺和仪器方面的发展。例如，西南交通大学彭华等人开展了动车车轮对的全聚焦成像检测技术研究[13]。北京工业大学焦敬品等人在全聚焦成像检测技术的基础上，提出了用于缺陷取向识别的矢量全聚焦方法[13]。北京航空航天大学周正干等人针对缺陷的定量评价问题，提出了楔块检测工况下的全聚焦成像检测校准方法[2]。

此后，大连理工大学、南昌航空大学、中科院声学所、中南大学、长沙理工大学等科研机构也陆续围绕前沿问题，开展了一系列推动全聚焦检测发展的关键科学、技术方面的研究。与此同时，汕头超声、广州多浦乐、武汉中科创新、艾因蒂克等仪器公司也相继推出了具有全聚焦成像检测功能的高端超声检测仪。发展至今，我国已在先进全聚焦成像算法开发、前沿全聚焦应用研究以及高端全聚焦仪器研发等方面全面与国际接轨。目前，我国在全聚焦成像检测技术方面的研究水平和国际水平相比处于跟跑状态，在某些研究领域达到领跑水平。

近十年来，经过大量国内外从业者的不懈努力，全聚焦技术已取得了长足的进步，尤其在缺陷检出能力、成像效率提升、成像质量提升、适应复杂检测工况等方面。

（1）缺陷检出能力　2010 年，英国布里斯托大学的张杰等人[14]发现在被检工件的边界以及缺陷处超声波会发生反射而导致波形转换，此时工件中的波既存在横波也存在纵波。声波传播规律会变得更加复杂，基于此规律提出了多模式全聚焦方法。当超声波与缺陷直接作用并接收时称为直接模式，当超声波发射路径或接收路径其一考虑工件的底面反射时称为半跨模式，当超声波发射路径或接收路径均考虑工件的底面反射时称为全跨模式。在此基础上，Ekaterina 等人[15]提出了多模 TFM 图像伪影分析和滤波的新技术。彭宇等人[16]使用多模 TFM 测量焊缝表面的小裂纹深度，并提出了三种波的传播模式用于 TFM 成像检测，结果表明多模全聚焦在评定缺陷完整性上比传统的 TFM 成像具有更高的可靠性。Sy 等人提出了两种用于滤除多模全聚焦图像非缺陷伪影的方法[17]。林莉等人[18]对多模全聚焦成像检测缺陷进行仿真研究，发现多模 TFM 方法适用于缺陷的定性识别，尤其适用于带间隙的裂纹。此后，金士杰等人[19-21]、吴斌等人[22]、毛月娟等人[23]、刘晨飞[24]、李衍[25]、宋泽宇等人[26]对多模全聚焦检测方法进行了更为深入的研究。

（2）成像效率提升　2015 年以前，虽然已有部分学者提出了提升全聚焦成像效率的方法，但全聚焦仍然作为一种离线成像方法应用。2017 年，胡宏伟等人[27]针对超声相控阵全聚焦成像算法存在的成像耗时长问题，提出了一种基于稀疏矩阵的两层介质超声相控阵全聚焦成像。试验结果表明，稀疏全聚焦算法可在保证成像精度的前提下显著提高成像效率。此后，高铁成等人[28]、刘文婧等人[29]、Lucas 等人[30]就稀疏矩阵对全聚焦成像效率优化方面作了进一步研究。其研究表面，阵列稀疏化极大地提高了全聚焦的成像检测效率，为全聚焦快速成像提供了一种参考方法。2018 年，冒秋琴等人[31]提出了基于 ω-k 波束形成的快速超声全聚焦成像技术。研究表明，与常规全聚焦成像技术相比，ω-k 全聚焦成像技术的缺陷分辨率明显优于常规全聚焦成像技术，且 ω-k 全聚焦成像技术具有成像速度快、成像结果稳定、对硬件要求低等优点，可显著提高全聚焦成像的运行效率。

虽然波数域算法和稀疏矩阵信号采集能够有效提升成像效率，但 FMC 采集所需要的时间会严重影响全聚焦成像的帧频。尤其当全聚焦成像的阵元数为 128 或 256 时，即使成像不需要消耗时间，全聚焦成像的帧频也被限制在 100fps 以内。以 128 阵元探头为例，假如脉冲重复频率为 200μs，则采样帧频约为 39fps。2009 年，Montaldo 等人[32]提出了相干平面波复合成像（后边简称"平面波"）法。在 Montaldo 等人研究的基础上，国内外相关研究者提出将平面波应用于无损检测领域。相比于全聚焦，平面波成像可通过控制所有阵元的发射延时，使发射波前形成空间中传播的平面波，随后使所有阵元接收回波信号，通过对每个成像点进行聚焦实现图像重建。由于采用全孔径发射，平面波的发射次数可有效降低，一般发射次数仅为 FMC 采集的 $1/10 \sim 1/3$，可使成像帧频显著提升 $3 \sim 10$ 倍。更重要的是，平面波所提供的图像质量指标接近全聚焦成像，但所需要等待的信号采集和处理时间却会显著缩短。

（3）成像质量提升 尽管具有常规相控阵超声无法比拟的成像质量，但提高全聚焦成像的质量仍然是行业不断追求的目标。围绕成像质量提升，焦敬品等人[33]提出了两种相位加权的矢量因子，结果表明，相位加权矢量后的全聚焦成像质量明显优于常规全聚焦成像。Yang 等人[34]结合相位相干和稀疏矩阵，提出了一种基于相位相干加权的虚拟源稀疏 TFM 成像方法，该方法与常规 TFM 成像方法相比，在提高图像质量的基础上成像效率也提高了 66.56%。之后，Yang 等人[35]提出了一种基于虚拟源的超声相控阵稀疏全聚焦相位加权成像方法，可以大幅提高计算效率，且成像质量优于常规 TFM。冒秋琴等人[36]提出了一种基于相位环形统计矢量加权的全聚焦成像方法，用于提升信噪比和横向分辨率。在此之后，冒秋琴[6]、胥松柏等人[37]、Alain 等人[38]、Frédéric Reverdy 等人[39]也围绕全聚焦成像质量提升提出了一些相位相干成像方法。

（4）适应复杂检测工况 在实际缺陷检测中，换能器通常通过中间介质连接到被检工件。此时成像从单介质成像变为双介质成像，而界面处声波发生折射导致声传播路径变得更为复杂，导致全聚焦成像难以适用于楔块、水浸等检测工况。为解决双层介质成像问题，2012 年，国外研究员 Sutcliffe 等人[40]使用费马原理和迭代技术计算折射界面处的入射点，实现了双介质下的全聚焦成像，将其拓展至楔块/水浸检测工况。2012 年，Weston 等人[41]提出了虚拟聚焦声束路径求解方法，其方法较迭代法有着更高效的双层介质成像运算效率。在国外的研究基础上，2014 年，韩晓丽等人[42]基于 Snell 定理，通过计算声束在发射阵元-入射点-聚焦点-出射点-接收阵元之间的延时时间，实现了楔块斜入射检测下的全聚焦成像。2015 年，周正干等人[2]分析了楔块对全聚焦成像的影响，建立了适用于楔块耦合检测的全聚焦成像方法。此外，西南交通大学荣凌锋[43]、西南交通大学陈怡星[44]、南昌航空大学张柏源[5]、李永军等人[45]、李延伟等人[46]、张海燕等人[47]对楔块/水浸耦合的双层介质全聚焦成像进行了深入研究。

随着机器人自动化、数字孪生、大数据和人工智能的发展，工业领域正迅速向智能化制造迈进，自动化扫查、自适应成像逐渐成为全聚焦成像的新发展方向。近年来，国内外在自动化扫查、自适应成像方面进行了深入研究且各自有一定的进展。例如，国外研究员 Jorge 等人[48]通过数字孪生和机器人自动化的全局全聚焦方法，实现了复杂部件的超声相控阵全聚焦成像检测。随着我国科技的快速发展，国内对自动化扫查、自适应全聚焦成像技术的研究也越来越多。例如，上海交通大学陈恺[49]针对未知曲面工件难以全聚焦成像的问题，提出了一种自适应的相控阵超声仿形测量方法。

第 **2** 章

超声全聚焦信号和图像基础理论

2.1 信号的数学表达

信号是指物理测量设备（如超声换能器、检波器、雷达天线、传声器等）记录得来的数据流，并通过示波器/计算机进行观察与记录。为了对信号进行深入分析和研究，需要通过数学表达式对其进行描述，并利用数学运算提取和识别信号中的有效信息。在数学上，信号被定义为时间变量 t 的一个函数 $s(t)$，即 $s(t)$ 是被测物理状态在时间 t 上的值。例如，一个受到激励的声学换能器，在介质中产生的声压信号 $s(t)$ 随 t 的变化而变化。

对于超声信号 $s(t)$ 可看作时刻 t 的声压幅值变化，因而 $s(t)$ 的图形称为超声信号的波形。在诸多信号中，正弦信号是最简单、最基本的信号，用正弦函数对信号进行描述，其表达式为

$$s(t)=A\sin(\omega t+\varphi) \tag{2-1}$$

式中，A 是振幅或峰值，描述信号幅值的大小和信号的强弱；ω 是角频率，与频率的关系为 $\omega=2\pi f$；t 是某一时刻；φ 是始相位，描述了信号在 0 时刻的相位情况。

式（2-1）所描述的正弦信号函数 $s(t)$，取其幅值作为复数的模，则其相位 $\omega t+\varphi$ 为复平面单位圆上的相角，如图 2-1 所示。时刻 t 的信号幅值 $s(t)$ 可视作

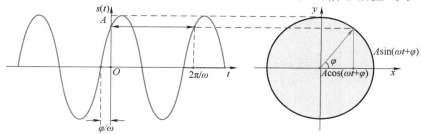

图 2-1　正弦信号波形图与其在复平面单位圆上的表示

9

单位圆上绕圆心转动的半径，信号相位的实部和虚部可以表示为三角形的两个直角边。当然，正弦信号也可以用余弦函数表示。

2.2 超声检测信号

2.2.1 频率特征

在实际的超声成像检测中，无论选用哪种换能器激励，检测所采用的脉冲信号均非单一频率的正弦信号。按照傅里叶分解的方法可知，只要表达式满足适度的数学条件，任何信号的函数表达式都可以用正弦之和的形式进行表示。由此可知，一个超声脉冲波为多个不同频率谐振波的叠加[50]。由图 2-2 可知，4MHz 正弦波、5MHz 正弦波及 6MHz 正弦波通过叠加，可合成 5MHz 中心频率的超声脉冲波信号。全聚焦成像检测技术所发出的超声波，是通过正、负方波或正弦波激励陶瓷压电晶片实现的。根据压电陶瓷特性和激励方式，全聚焦所产生的脉冲超声波信号是带有一定频带宽度的。

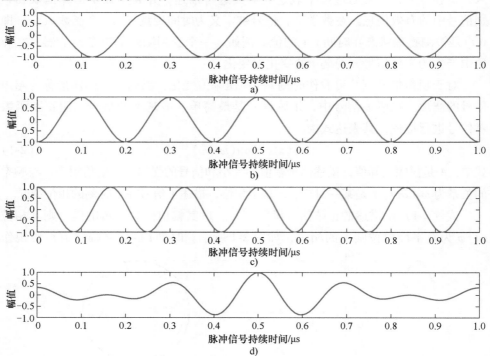

图 2-2　合成 5MHz 中心频率的超声脉冲波信号

a) 4MHz 正弦波　b) 5MHz 正弦波　c) 6MHz 正弦波　d) 5MHz 脉冲波

2.2.2 脉冲宽度和频带宽度

在实际工业超声全聚焦成像检测仪器中，通常采用脉冲波激励压电晶片的方式产生超声波。大量理论和实践表明，鉴于仪器激励特点和压电晶片属性不同，全聚焦检测过程中产生的脉冲超声波可分为宽脉冲与窄脉冲两大类，其中宽脉冲和窄脉冲的发射脉冲周期循环数不同。超声波脉冲由检测频率下的几个声能循环组成，脉冲所占用空间的大小称为脉冲宽度，其数学表达式为[51]

$$W = n\lambda \tag{2-2}$$

式中，n 是脉冲循环数；λ 是超声波波长。

图 2-3 所示的两个超声波信号及傅里叶频谱的中心频率为 10MHz，其脉冲循环数分别为 3 和 7。对比图 2-3a 和图 2-3c 可知，循环数为 3 的脉冲宽度较窄，其持续时间低于 0.5μs。相比之下，循环数为 7 的脉冲宽度较宽，其持续时间高于 0.5μs。对比图 2-3b 和图 2-3d 可知，脉冲宽度越窄则频带越宽，脉冲宽度越宽则频带越窄[52]。

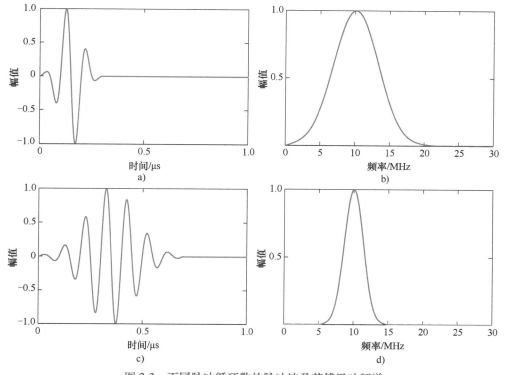

图 2-3 不同脉冲循环数的脉冲波及其傅里叶频谱

a）$n=3$ 的脉冲波 b）$n=3$ 的傅里叶频谱 c）$n=7$ 的脉冲波 d）$n=7$ 的傅里叶频谱

由上可知，脉冲宽度和频带宽度是影响超声全聚焦成像检测能力的重要参数。进行超声全聚焦成像检测时，在满足声波穿透性能的前提下，往往需要激发脉冲宽度较窄的超声波脉冲，以获得短的脉冲持续时间，增加检测信号的时间分辨率和超声图像的深度分辨率。对于脉冲循环数相同的超声波脉冲，中心频率较高时脉冲宽度较小，时间/空间分辨率较好，全聚焦检测过程中会得到更小的上、下表面检测盲区。

在实际超声检测过程中，当要求高分辨力时，通常选用中心频率更高的探头。然而，由于探头之间的性能存在较大差异，高频探头的脉冲宽度并非一定比低频探头的脉冲宽度窄。图 2-4 可说明脉冲宽度和探头频率之间的关系。图 2-4a 为中心频率为 4.6MHz，循环数为 4 次的脉冲，图 2-4c 为中心频率为 8MHz，循环数为 7 次的脉冲。对比可知，两个脉冲的持续时间和频谱中峰值宽度几乎相同。

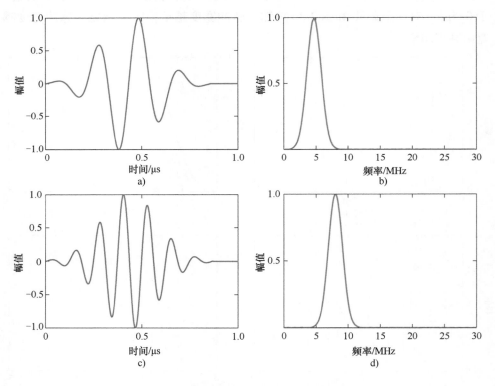

图 2-4　脉冲宽度和探头频率之间的关系

a)、b) 中心频率为 4.6MHz，$n=4$ 的脉冲波信号及傅里叶频谱

c)、d) 中心频率为 8MHz，$n=7$ 的脉冲波信号及傅里叶频谱

尽管两者具有相同的脉冲宽度和频带宽度，但中心频率之间具有较大的差异。窄脉冲信号的频带宽度更宽，其高频谐波成分的声束指向性优于宽脉冲，因此其横向分辨力更好[53]。此外，窄脉冲的信噪比很大，检测过程中噪声对超声信号的干扰相对较弱。当然，窄脉冲也存在缺陷信号其质量易受探头移动速度、工件表面状态的影响，更易出现漏检的问题。

2.2.3　显示形式

针对不同的超声无损检测场景，超声信号有着不同的显示形式。目前，在工业超声成像检测设备中，主要有射频波形、检波波形和包络波形三种超声A 型信号显示。

1）射频波形：是以振幅为正负的方式显示超声信号波形特征的信号输出表达，如图 2-5a 所示。这种信号波形显示方式最早用于无线电波传播的千赫兹或兆赫兹范围内，因而此类信号的显示方式通常被称为射频波形。由于相对真实地反映了介质中的声传播状况，射频波形有利于分析信号波形特征，更易实现缺陷的有效判别及分辨。

2）检波波形：为射频信号经过整流（负值变为正值），并进行平滑处理或滤波以消除高频振荡进行显示，如图 2-5b 所示。经整流处理后，信号的负振幅变为正值，可以使缺陷回波的时间/深度信息显示更加直观。因此，在常规脉冲超声检测仪中，经常采用检波波形显示缺陷的信息，帮助检测人员更加方便、直观地对缺陷进行分析和判断。

3）包络波形：是对射频信号进行希尔伯特变换处理后，求出希尔伯特信号实部与虚部的模而得到的包络波形[54]，是全聚焦成像检测设备中用于进行图像重建和波形显示的重要信号显示方式，如图 2-5c 所示。

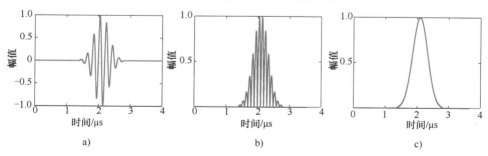

图 2-5　超声 A 型信号的三种波形显示

a）射频波形　b）检波波形　c）包络波形

2.3 超声检测信号的数字化

2.3.1 模数转换

从信号处理的角度来看，全聚焦成像设备所处理的信号为数字信号，可以将采集到的回波信号在计算机系统存储，根据需求进行调用和处理。然而，超声探头所采集的回波信号是连续的，不符合计算机处理的要求。因此，需要将探头接收的回波信号转换为满足计算机处理要求的数字信号。下面将从信号在时间（空间）域和振幅域是否连续进行讨论。

从分类上看，信号可分为连续信号、离散信号、模拟信号和数字信号，具体定义如下：

1）连续信号：信号在时间（空间）域连续变化，振幅幅度值取自连续的任意值。

2）离散信号：信号在时间（空间）域非连续离散变化，振幅幅度值可取连续的任意值。

3）模拟信号：信号在时间（空间）域连续变化，一定振幅幅度值范围内可取连续的任意值。

4）数字信号：信号在时间（空间）域非连续离散变化，幅度值为二进制编码的离散数据域。

由表 2-1 可知，模拟信号是连续信号的一个子集，数字信号是离散信号的一个子集。通常，超声探头接收的超声信号均为模拟信号，但模拟信号具有不易运算处理、不便存储及传输等缺点。因此，在现代超声检测/成像系统中，往往选择运算处理更容易、存储和传输更方便的数字信号作为处理对象。

表 2-1 信号之间的相互关系

信号种类	在时间上	在振幅上
连续信号	连续	任意
离散信号	不连续	任意
模拟信号	连续	连续
数字信号	不连续	不连续

综上，超声成像检测系统为方便处理信号，需要模/数转换（Analog to

Digital，A/D）功能，将模拟信号转换为数字信号，如图 2-6 所示。A/D 功能包括采样、量化和编码三个重要过程[55]。

（1）采样 从连续时间信号中提取离散样本的过程，利用采样脉冲序列，从连续信号中抽取一系列离散值的采样信号。模拟信号首先被等间隔地取样，这时信号在时间上就不再连续了，但信号的幅度仍然是连续的。经过采样处理之后，模拟信号变成了离散时间信号[56]。

（2）量化 经过舍入将离散采样信号转换为有限个有效数字表达的幅值，用以匹配系统的计算机位数。经过量化处理之后，每个信号采样的幅度以某个最小数量单位 Δ 的整数倍来度量。此时，信号不仅在时间上不连续，在幅度上也不再连续了，离散时间信号变成了数字信号。

（3）编码 将量化后的信号幅值转换成二进制码组的过程，用以辅助计算机识别信号幅度值。虽然在量化之后信号已经变成了数字信号，但为方便实现存储和处理，需要将数字信号的幅度转化为计算机能够识别的二进制数字。通常，超声仪器中量化和编码是同时实现的。

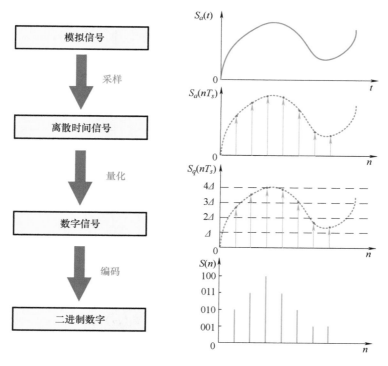

图 2-6 模拟信号转换为数字信号的原理

2.3.2 采样

时域下信号的采样如图 2-7a 所示。在时域理想采样过程中，离散采样信号 $s_s(t)$ 可通过时间域连续的模拟信号 $s(t)$ 与等间隔冲激序列 $p(t)$ 相乘获得[57]，其表达式为

$$s_s(t) = s(t)p(t) = s(t)\sum_{n=-\infty}^{\infty}\delta(t-nT_s) = \sum_{n=-\infty}^{\infty}s(nT_s)\delta(t-nT_s) \tag{2-3}$$

式中，n 是采样间隔或周期的次数；T_s 是采样间隔或周期；$\delta(t-nT_s)$ 是第 n 个冲激序列。

频域下信号的采样如图 2-7b 所示。将图 2-7a 中对应的时间域连续的模拟信号 $s(t)$ 通过傅里叶变换进入频域，得到频域信号 $S(\omega)$，将时间域理想的等间隔冲激序列 $p(t)$ 变换至频域，见式（2-4），得到频域信号 $P(\omega)$。

$$P(\omega) = 2\pi\sum_{-\infty}^{\infty}\frac{1}{T_s}\delta(\omega-n\omega_s) \tag{2-4}$$

式中，T_s 是采样间隔或周期；$\delta(\omega-n\omega_s)$ 是傅里叶变换后的 $\delta(t-nT_s)$。

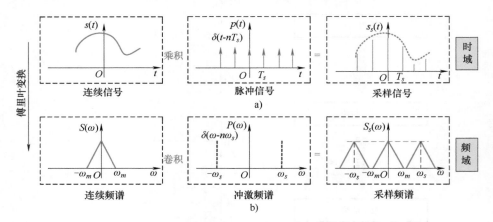

图 2-7 时域理想采样及其频谱变化

a）时域下信号的采样 b）频域下信号的采样

对于频域信号 $P(\omega)$，由傅里叶变换的性质可知，时域相乘等价于频域卷积，因此将两者卷积得到频域中的离散采样信号 $S_s(\omega)$ 为

$$S_s(\omega) = \frac{1}{2\pi}S(\omega)P(\omega) \tag{2-5}$$

并且能够进一步得到

$$S_s(\omega) = \frac{1}{T_s} \sum_{-\infty}^{\infty} S(\omega - n\omega_s) \tag{2-6}$$

能够直观得出，采样信号 $S_s(t)$ 的值为连续信号 $s(t)$ 值的一部分，$s_s(t)$ 信号和 $p(t)$ 信号的采样周期 T_s 与被采样连续信号 $s(t)$ 的频率有关。

能否通过 $s_s(t)$ 信号唯一确定和还原被采样的连续信号 $s(t)$，取决于采样周期 T_s 和被采样信号 $s(t)$ 的频率。如果 T_s 太小，相应的采样频率 $\omega_s = 1/T_s$ 相对于被采样信号 $s(t)$ 的频率过高，这将导致数字处理工作量太大，即形成过采样现象。若 T_s 过大，得到的信号有可能导致有用信息的丢失，出现欠采样现象。那么对应已知频率的被采样信号 $s(t)$，采样周期 T_s 的取值满足怎样的条件，才能避免欠采样的发生，并且得出合适的采样周期 T_s。

图 2-8a 所示的正弦信号 $s(t)$ 幅度为 1，频率为 5MHz。若以 0.71MHz 的采样频率对其采样，得到的离散信号 $s_s(t)$ 如图 2-8b 所示。但是，从 $s_s(t)$ 中无法完全恢复出原始模拟信号 $s(t)$，如图 2-8c 中曲线 1 与曲线 2 的混叠所示，这就是采样过程中欠采样导致的频率混叠现象，这将导致无法确定被采样的信号是曲线 1 还是曲线 2。

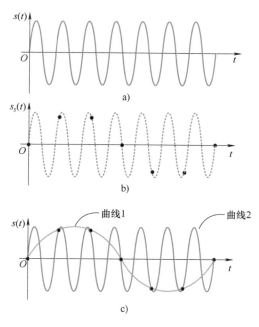

图 2-8 信号采样中的混叠

a）正弦信号 b）离散信号 c）混叠信号

从频域上看，时域中信号采样周期 T_s 的变化，会引起的时域信号傅里叶频谱 $S_s(\omega)$ 在频域上的变化。当采样频率 ω_s 大于信号频率 $2\omega_m$ 时，能够在频谱中看到多个互相分离的尖峰信号，如图 2-9a 所示。由图 2-9b 可知，采样频率 ω_s 等于信号频率 $2\omega_m$ 时，频谱中的尖峰信号虽然互相紧挨，但仍然能够分辨出独立的尖峰信号。当采样频率 ω_s 小于信号频率 $2\omega_m$ 时，独立的尖峰互相叠加，这将导致被采样信号的频带无法分辨，造成频谱中出现图 2-9c 所示的频带混叠现象。

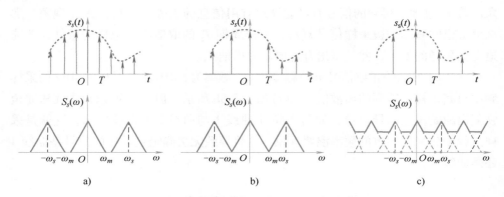

图 2-9 理想采样频谱的三种情况

a) $\omega_s > 2\omega_m$ b) $\omega_s = 2\omega_m$ c) $\omega_s < 2\omega_m$（频带混叠）

若要保证采样后的信号包含原信号的所有信息，则采样频率必须满足

$$\omega_s \geqslant 2\omega_m \tag{2-7}$$

式（2-7）为采样定理，当 $\omega_s > 2\omega_m$ 时，才能保证采样后信号信息的完整性。但是，在实际的超声采样系统中，理想完美的采样信号是不存在的，实际的采样信号不是一个无限窄的冲激函数，而是一个有一定宽度的尖峰，因此在实际采样中，要想完美还原被采样信号，通常选取的采样频率 ω_s 应大于或等于信号所包含的最高频率 ω_m 分量的 5~10 倍，即 $\omega_s \geqslant (5{\sim}10)\omega_m$。

2.3.3 量化和编码

经超声全聚焦仪器采样处理后，采样信号的幅值仍然连续，不适用于仅能处理有限二进制位数数字信号的仪器，需要对采样信号进行量化处理和编码处理。量化处理，就是将信号幅值划分为若干量化单位 q 区间，每个区间用 q 的整量化数字来代替。量化处理的方式主要有两种：一种是"只舍不入"法，即在各量化区间内将信号幅值小于量化单位 q 的部分舍去；另一种是"舍入"法，即把信号幅值小于量化单位 q 的部分归算到最接近的量化电平上。量化处理后，需要通过编码处理将信号幅值转换成二进制码组，以适应计算机存储与运算。实际上，大多数超声检测系统的编码是在量化处理过程中同步实现的，即通过 A/D 转换器同时完成量化处理和编码处理。A/D 转换器的精度可由二进制码的位数——量化比特数 n 表示。量化比特数 n 和量化级数 N 之间的关系为 $N = 2^n$，具体对应关系见表 2-2[58]。

表 2-2　量化比特数 n 和量化级数 N 之间的对应关系[59]

量化比特数 n	量化级数 $N = 2^n$	二进制码组
1	2	0, 1
2	4	00, 01, 10, 11
3	8	000, 001, 010, 011, 100, 101, 110, 111
4	16	0000, 0001, 0010, …, 1101, 1110, 1111
5	32	00000, 00001, 00010, …, 11111
6	64	000000, 000001, 000010, …, 111111
7	128	0000000, 0000001, 0000010, …, 1111111
8	256	00000000, 00000001, 00000010, …, 11111111
9	512	000000000, 000000001, …, 111111111
10	1024	0000000000, 0000000001, …, 1111111111
11	2048	00000000000, 00000000001, …, 11111111111
12	4096	000000000000, 000000000001, …, 111111111111

图 2-10 所示为 2 位、4 位、8 位、10 位采样位数下的波形与原始信号波形对比。可以看出，2 位和 4 位的 A/D 转换器采集的信号失真较为严重，8 位 A/D 转换器采集的信号引入了高频噪声，波形上有锯齿，10 位 A/D 转换器的信号波形上的锯齿已经小到肉眼难以分辨。因此，在 A/D 转换过程中，量化比特数 n 越高，则量化误差越小。但是，仍旧会引入高频噪声，一般会将 A/D 采集后的信号导入数字低通滤波器，将 A/D 转换器引入的高频噪声消除。

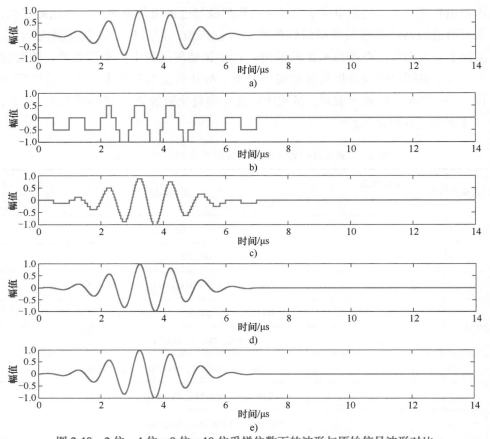

图 2-10　2 位、4 位、8 位、10 位采样位数下的波形与原始信号波形对比

a）原始信号　b）2 位采集信号　c）4 位采集信号　d）8 位采集信号　e）10 位采集信号

2.4　超声检测信号的图像化

2.4.1　图像化处理对超声检测的意义

在超声检测过程中，往往采用 A 型脉冲超声回波信号显示缺陷和被检对象的信息。由图 2-5 可知，A 型脉冲超声回波信号为典型的射频信号，其缺陷显示能力不够直观，导致缺陷的判定和识别较为困难。此外，由于被检对象具有复杂的结构，导致超声波在被检介质中的传播受到许多复杂因素的影响，如声波衰减、散射、反射干扰等，使得 A 型脉冲超声回波信号更加难以对缺陷信息进行有效分析。因此，对超声检测信号进行图像化处理，能够更加直观地呈现被检对象

的缺陷信息，降低作业人员对缺陷的判别难度，有效提高缺陷的检出能力。下面，通过图 2-11 所示的边钻孔超声脉冲回波检测说明图像化处理的重要性。

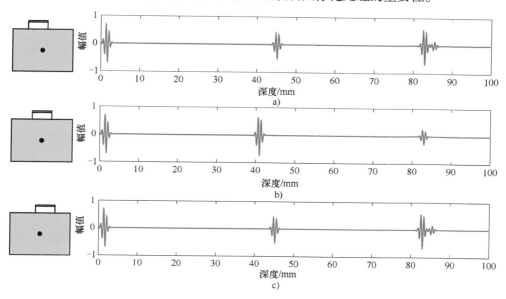

图 2-11　不同位置的 A 扫描图像

a）探头位于缺陷左侧　b）探头位于缺陷正上方　c）探头位于缺陷右侧

根据超声脉冲回波检测原理，当被检对象内部不存在缺陷时，超声波能够有效穿透被检构件到达底面并返回至探头，此时 A 型脉冲超声回波信号中包含始发脉冲 T 和底面回波 B 两个回波信号。如图 2-11 所示，若被检对象内部存在缺陷时，则缺陷回波 F 将会出现在始发脉冲 T 和底面回波 B 之间。由图 2-11 可知，A 型脉冲超声回波信号可以显示缺陷的深度或时间信息，缺陷的水平位置只能根据作业人员的经验进行判断。此外，实际超声检测时还需要确定缺陷的当量，若要通过 A 型脉冲超声回波信号确定当量，还必须左右移动探头使缺陷回波幅值达到最高，才能有效地对缺陷进行定量分析。

相比之下，当阵列探头置于缺陷正上方，再将探头各路阵元采集的信号按照顺序排列后，将出现如图 2-12b 所示的波形图。由图 2-12a 所示的阵列探头，自发自收得到的 A 扫信号，横轴为晶片的实际位置，纵轴为 A 扫信号的时间轴。虽然能够得出二维超声信号，但缺陷的回波信号判别较为困难，因此将对每根 A 型脉冲超声回波信号的幅值进行量化，并将量化后的幅值用不同的颜色值进行表示，构成图 2-12c 所示的缺陷回波强度信号。不过，声波的发散导致图 2-12c 中的缺陷回波形状为弧线状，需要后处理图像重建对其进行聚焦。图 2-12d 所示为图像重建后的超声图像，可知经处理后图像的弧线状回波已经汇聚成点状回波，超声图像中的回波峰值对应被检缺陷的位置，能够直观得出被检缺陷在空间中的实际位置。

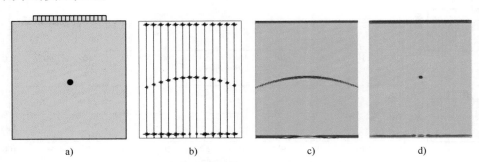

a)   b)   c)   d)

图 2-12   边钻孔超声数据灰度图声检测数据的不同显示形式

a) 探头与被检试块   b) 超声数据图   c) 超声数据灰度图   d) 超声数据波束形成后图

2.4.2 超声无损检测图像化的原理

鉴于超声数据图形化的种种优势，本节首先介绍 A 型脉冲超声回波信号的图形化原理。如图 2-12b 所示的 A 型脉冲超声回波信号，可被抽象为关于时间的函数 $s(t)$。依据 2.3.3 节描述的量化理论，函数 $s(t)$ 的值可被量化为不同的等级。这样若将每个等级对应于由黑到白中的不同的颜色，一条 A 型脉冲超声回波信号的幅值与时间轴的关系被映射为一条由灰度值显示的条带。如图 2-13 所示，A 型脉冲超声回波信号的幅值越高，赋予的颜色越接近于白色。相反，其幅值越低，赋予的颜色越接近于黑色。

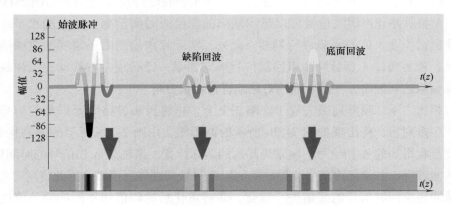

图 2-13   A 型脉冲超声回波信号的灰度化过程

因此，将不同位置接收到的回波信号灰度条带按照顺序进行拼接，即可得到包含横向位置信息的灰度图像，也称为强度图像。如图 2-14 所示，被映射强度等级为 256 个灰度值的超声图像，可更直观地通过超声灰度图像显示缺陷。

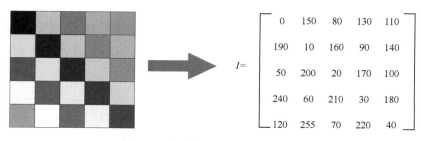

$$I=\begin{bmatrix} 0 & 150 & 80 & 130 & 110 \\ 190 & 10 & 160 & 90 & 140 \\ 50 & 200 & 20 & 170 & 100 \\ 240 & 60 & 210 & 30 & 180 \\ 120 & 255 & 70 & 220 & 40 \end{bmatrix}$$

图 2-14　超声灰度图像的强度数组

从数学关系上看，图像的像素点幅值可看作水平位置 x 和垂直位置 z 的函数 $f(x,z)$。超声灰度图像由若干个像素点组成，每个像素都有其对应的坐标位置。通常，x 轴为像素点的水平位置，z 轴为像素点的垂直位置或时间轴信息，像素点的幅值由灰度值颜色进行表示。这样，通过图 2-14 所示的图像即可更加直观地对缺陷进行分析和判断。

2.4.3　伪色彩图像成像原理

随着无损检测水平的不断提升，对超声成像检测提出了更高的要求。2.4.2 节描述的灰度图像相对不够直观，不够符合作业人员的观测习惯。在此背景下，伪色彩图像显示技术逐步由医学、雷达领域被引入超声成像检测领域。众所周知，计算机系统所显示的颜色由红色（red）、绿色（green）和蓝色（blue）三种基本颜色组成[60]。如图 2-15 所示，伪色彩图像显示将像素点 $f(x,z)$ 的幅值由 $R(x,z)$、$G(x,z)$、$B(x,z)$ 三个数组分别表示，即通过 RGB 数组对图像每个像素点的红色、绿色、蓝色基色分量进行了定义，最后通过三基色分量合成所需要显示的伪色彩超声图像。

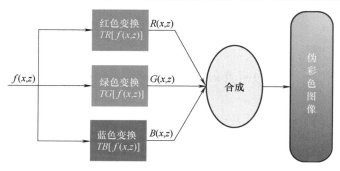

图 2-15　超声伪色彩成像的图像显示原理

相比于灰度图像，伪色彩图像中回波幅值是由 $R(x,z)$、$G(x,z)$、$B(x,z)$ 三个数组分别表示，而并非通过黑白过度的单一数组表示。因此，伪色彩显示可以增强超声图像中的对比度和视觉效果，使作业人员更容易观察和分析图像中的缺陷信息。由于伪色彩显示是由 R、G、B 三个数组进行显示，因而其配色方案非常丰富，超声成像检测时可根据需求选择适宜的配色方案。下面，通过图 2-16 介绍 Jet、Parula 和 Hot 三种典型的配色方案。

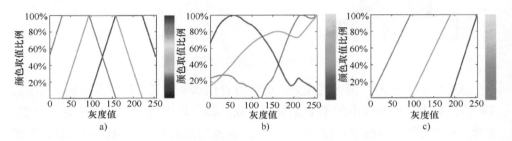

图 2-16 不同配色方案的 RGB 变化曲线与颜色条

a) Jet 配色方案 b) Parula 配色方案 c) Hot 配色方案

Jet 配色方案通常出现在不同的科学和工程社区的数据可视化中，许多常用的技术计算软件通常提供彩虹色图作为默认选项，如 2014 年以前的 MATLAB 软件。Jet 配色方案的 R、G、B 三种变换函数表达式见式 (2-8)。需要说明的是，式 (2-8) 成立的前提为 $f(x,z)$ 中的像素点已经重新映射至 $1\sim256$ 个数中。为进一步说明 Jet 配色方案，本书给出了 Jet 配色方案的 RGB 变化曲线，如图 2-16a 所示。

$$\begin{cases} R(x,z)=\begin{cases} 0, & 0\leqslant f(x,z)<96 \\ [f(x,z)-96]/64, & 96\leqslant f(x,z)<160 \\ 1, & 160\leqslant f(x,z)<224 \\ 1-[f(x,z)-224]/64, & 224\leqslant f(x,z)<256 \end{cases} \\ G(x,z)=\begin{cases} 0, & 0\leqslant f(x,z)<32 \\ [f(x,z)-31]/64, & 32\leqslant f(x,z)<96 \\ 1, & 96\leqslant f(x,z)<160 \\ 1-[f(x,z)-159]/64, & 160\leqslant f(x,z)<224 \\ 0, & 224\leqslant f(x,z)<256 \end{cases} \\ B(x,z)=\begin{cases} [f(x,z)+32]/64, & 0\leqslant f(x,z)<32 \\ 1, & 32\leqslant f(x,z)<96 \\ 1-[f(x,z)-96]/64, & 96\leqslant f(x,z)<160 \\ 0, & 160\leqslant f(x,z)<256 \end{cases} \end{cases} \quad (2\text{-}8)$$

　　Jet 配色方案在许多低算力的设备上较为容易实现，不仅不过多占用储存资源，并且颜色条中的红色能够较为容易地让人联想到高幅值，而蓝色更容易让人联想到低幅值。因此，Jet 配色方案广泛应用于工业超声成像检测仪器和医用超声成像设备中。

　　Parula 配色方案的灵感源自一种名为森莺的鸟类颜色，因此没有较为统一的R、G、B 变换函数。Parula 配色方案将超声图像回波幅值映射到 $1 \sim N$ 个分级，每个分级都有在该配色方案下对应的 RGB 值，将该配色方案下的 RGB 值作为该像素点位置的颜色幅值，遍历所有像素点后，得出最终的伪色彩成像图。因此，配色方案为显示图像的幅值-颜色查找表，这种表示方法为伪色彩成像，但图像数据储存的方式为 RGB 格式。图 2-16b 所示为 Parula 配色方案的 RGB 变化曲线，红线、绿线和蓝线分别为 R、G 和 B 强度值与像素点幅值 $f(x,z)$ 的函数关系。

　　Hot 配色方案常应用于高温场景，暗色表示低温部分，红色表示中等温度部分，黄色至白色表示高温部分，能够较为形象地突出高温部分，常用于红外热成像部分。如图 2-16c 所示，Hot 编码的 RGB 变化曲线也较为简单，实现也较为便捷，往往应用于高温测温仪中。Hot 编码方法中 R、G、B 变换器的变换函数表达式分别为

$$\begin{cases} R(x,z) = \begin{cases} f(x,z)/96 & 0 \leqslant f(x,z) < 96 \\ 1 & 97 \leqslant f(x,z) < 255 \end{cases} \\ G(x,z) = \begin{cases} 0 & 0 \leqslant f(x,z) < 96 \\ [f(x,z) - 96]/96 & 97 \leqslant f(x,z) < 192 \\ 1 & 193 \leqslant f(x,z) < 255 \end{cases} \\ B(x,z) = \begin{cases} 0 & 0 \leqslant f(x,z) < 192 \\ [f(x,z) - 192]/64 & 193 \leqslant f(x,z) < 255 \end{cases} \end{cases} \quad (2\text{-}9)$$

　　针对不同的无损检测应用场景，以及缺陷分析和显示的需求选择不同的配色方案。Parula 配色方案适用于缺陷回波幅值之间差异较为明显的显示方式，如图像中同时存在幅值较高的始发脉冲回波和幅值较低的缺陷回波时，Parula 配色方案则可相对清晰地展示超声图像的整体幅值。

　　若需要显著区分幅值相近的回波时，则可选用 Jet 配色方案，其区分相近幅值区域更加显著，通过增加缺陷回波之间的对比度，使作业人员更容易地判别缺陷回波的强弱。此外，在 Jet 配色方案中，由于中间青色和蓝色区分度降低，因此幅值较低的回波幅值区分不够明显，并且在灰度打印的状态下，会丢失高幅值数据与低幅值数据的信息。

　　如果需要在黑白显示屏或打印状态下显示缺陷，那么选用灰度图像比较合适。

例如，具有超声衍射时差（Time of Flight Diffraction，TOFD）成像功能的仪器中，通常采用灰度图像对缺陷回波进行显示，以便更好地观察微弱衍射波的相位信息。

2.5　超声图像的显示

2.5.1　波形显示的特点和类别

在超声成像检测中，射频信号主要用于 TOFD 中，用以区分衍射回波的相位；检波信号主要用在常规脉冲超声检测中，通过波高对缺陷进行定量；包络信号主要用在超声相控阵检测及全聚焦成像检测中，使检验人员更方便地通过圆滑的包络图像判断缺陷的位置和幅值信息。

图 2-17 所示为射频信号、检波信号和包络信号的三种显示模式。左侧图像为三种波形显示模式的某缺陷回波信号；中间图像为其三种波形缺陷回波信号在灰度模式下，沿 x 轴方向上幅值不断降低的空间三维成像；右侧图像为其空间三维成像俯视视角下使用 Jet 配色方案的颜色代替幅值信息后所成的 B 型超声图像。由于射频缺陷回波信号同时存在正幅值与负幅值，对缺陷信号成像时需要使用两种颜色表示正负幅值去得到丰富的相位信息进而判断缺陷等。此外，在射频缺陷信号中，存在较多幅值为零的点，导致缺陷回波的超声图像显示不连续，将会导致缺陷影像的失真从而造成误判。相较于射频信号成像，检波信号对射频信号取绝对值后只用一种颜色表示幅值信息，舍弃了相位信息使缺陷回波的超声图像更为直观，但是依旧存在零点导致缺陷显示不连续。相比之下，包络信号对射频信号使用希尔伯特变化后取模，缺陷信号内不存在负幅值且零点消失，完美解决了上述问题，使缺陷图像更为直观且易于识别，成像效果在三种波形显示模式中更好，因此在超声全聚焦成像中占主导地位。

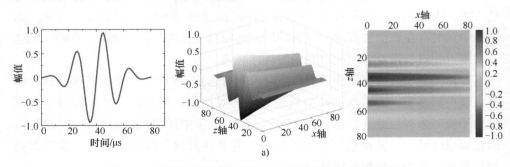

图 2-17　射频信号、检波信号和包络信号的三种显示模式

a）射频信号

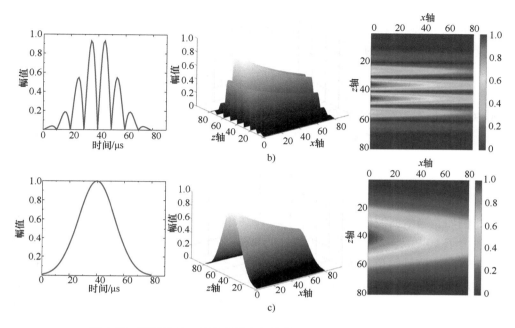

图 2-17　射频信号、检波信号和包络信号的三种显示模式（续）

b）检波信号　c）包络信号

2.5.2　幅值显示的特点

超声检测时，缺陷的回波信号时常较小而在仪器中不易识别出来。如常规超声检测中缺陷回波波高只有始波的千分之一甚至万分之一。对于超声仪器而言，如果不做任何处理，千分之一或万分之一波高很难在基准波高为 100% 的屏幕上显示。对缺陷回波进行成像显示时，也会导致超声图像中缺陷和噪声之间色差不易区分，造成检测人员难以识别出小幅度缺陷信息。因此，无论是 A 型脉冲超声回波信号显示还是 B 型超声视图显示，往往需要通过仪器调整增益，将信号中的缺陷回波进行放大，以便更好地显示缺陷。增益是超声检测必不可少的工具，下面将对增益的概念进行简要描述。

需要了解与增益密切相关的概念——分贝。分贝是以基准声强 I_1 为标准，通过另一处声强 I_2 与基准声强 I_1 之比，鉴于声压与声强之间的关系，分贝的表达式写作

$$\Delta \mathrm{dB} = 10\lg\left(\frac{I_2}{I_1}\right) = 20\lg\left(\frac{p_2}{p_1}\right) \tag{2-10}$$

式中，p_1 是基准声压；p_2 是另一处声压，对数项算得的结果单位为贝尔，将其乘

以 10 转换成分贝，由声压和声强之间的对应关系，可用对数项的 20 倍进行表示。

在超声检测过程中，通常认为超声信号回波波高与声压成正比。因此，超声仪器中的增益可通过式（2-11）表示。

$$\Delta dB = 20\lg\left(\frac{P_2}{P_1}\right) = 20\lg\left(\frac{H_2}{H_1}\right) \qquad (2-11)$$

式中，H_1 是作为对比的基准波高；H_2 是为 H_1 增益后的波高。

在超声仪器中，增益后的波高相当于将式（2-11）两端除以 20 再取以 10 为底的对数函数，其表达式为

$$\frac{H_2}{H_1} = 10^{(\Delta dB/20)} \qquad (2-12)$$

例如，当给回波信号增益为 6dB 时，根据式（2-12），相当于将回波信号幅值放大了 $10^{(6/20)} \approx 2$ 倍，波高为原来的 2 倍；当给回波信号增益为 12dB 时，相当于将回波信号幅值放大了 $10^{(12/20)} \approx 4$ 倍，波高为原来的 4 倍。由上文可知，某些超声检测中缺陷回波波高只有始波的千分之一甚至万分之一，此时就需要通过仪器的增益放大缺陷回波高度，使微弱的缺陷回波清晰地展现在仪器的屏幕上。因此，增益的作用是调节回波信号幅值，达到放大回波波高的目的。

图 2-18 所示为 A 型脉冲超声回波信号三种波形的幅值显示特点。左图为增益前的回波信号，缺陷回波波高与始发脉冲回波波高之间具有明显差异。进行增益 12dB 后，图 2-18 中间的三种波形回波信号波高均被放大 4 倍。此时，始发脉冲回波最高波高已达到 400%。对于实际的仪器而言，屏幕只显示绝对值在 100% 内的信号回波波高。因此，观察最右侧图像可知缺陷回波波高在绝对值 100% 波高范围内被放大。综上，超声仪器的增益相当于放大了信号回波波高，起到了放大缺陷回波波高的作用，便于操作人员更容易地观察和识别波高微弱的缺陷。

B 型超声视图显示与 A 型脉冲超声回波信号显示类似，都需要增加相应的增益从而使微弱的缺陷回波清晰地展现在仪器的屏幕上。不同增益值的增益成像结果如图 2-19 所示，其中图 2-19a 为未增益前的 B 型超声视图，由于缺陷回波与始发脉冲回波间的差异过大，缺陷回波与噪声间的色差难以分辨导致缺陷在此动态范围内难以识别；进行增益 6dB 后，屏幕原来显示范围由只显示绝对值 100% 内的回波波高变为显示绝对值 50% 内的回波波高，相当于放大了 2 倍，由图 2-19b 可以看出缺陷回波与噪声间的色差稍微明显一些；当继续加增益 12dB 后，同理 B 型超声视图只显示绝对值 25% 波高，相当于放大 4 倍，缺陷回波与噪声间的色差更为明显，可以看清缺陷回波的幅值信息与轮廓，如图 2-19c 所示。随着仪器不断提高增益到 20dB，缺陷回波与噪声间的色差逐渐变大，可以直观地识别缺陷

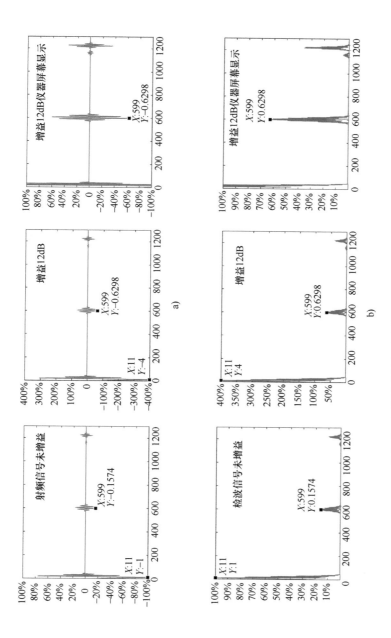

图 2-18　A 型脉冲超声回波信号三种波形的幅值显示特点

a) 射频信号增益 12dB 及显示　b) 检波信号增益 12dB 及显示

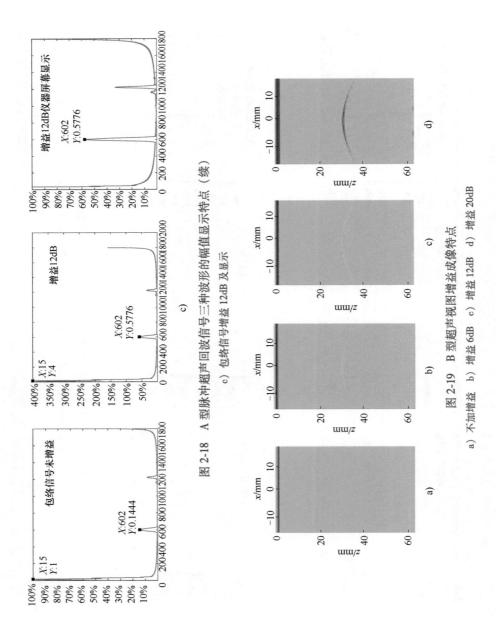

图 2-18　A 型脉冲超声回波信号三种波形的幅值显示特点（续）

c）包络信号增益 12dB 及显示

图 2-19　B 型超声视图增益成像特点

a）不加增益　b）增益 6dB　c）增益 12dB　d）增益 20dB

并发现缺陷回波的更多细节，如图 2-19d 所示。综上所述，随着增益的提高，不改变回波信号幅值大小而是通过改变显示范围的方式将目标缺陷回波信号波高进行放大，便于操作人员更容易地观察和识别波高微弱的缺陷。

在超声成像中，回波信号幅值波动范围很大，为 -10000 ~ 10000 甚至更高，因此需要将回波信号原始取值区间映射到成像系统的显像区间（由表 2-2 的比特数可知）。由射频信号所成 B 型超声视图常采用线性的归一化处理：以采集信号中的幅值绝对值的最高点 A_{max} 作为满屏 100% 波高，其他幅值 A_1 除以幅值最高点 A_{max} 为相对波高，从而将其原始取值区间映射到成像系统的显像区间。射频信号归一化后波高范围为 $[-100\%, 100\%]$，而检波信号与包络信号归一化后波高范围为 $[0, 100\%]$，因此在显示成像中增益的特点是在常用的检波信号与包络信号中，波高范围限制在 0% ~ 100%，如果需要显示不同的幅值区间，则需要调整仪器内的数字增益。

另一种超声回波信号的显示方式为对数压缩成像，检波信号与包络信号在归一化处理的基础上可采用非线性的对数压缩（常以 10 或 2 为底的对数）进行成像，见式（2-13）。

$$\Delta dB = 20\lg\left(\frac{A_1}{A_{max}}\right) \tag{2-13}$$

式中，A_1 是各个位置的幅值；A_{max} 是采集信号中幅值最高值。

对数压缩成像通过以 10 为底的对数并乘以系数 20，可以与分贝的概念相对应，如图 2-20 所示，如 1% 波高缺陷通过对数压缩计算为 -40dB 的缺陷，并将其 Jet 方案的对应颜色赋予 -40dB 缺陷进行伪色彩成像。并且能够直观得出对数曲线分为两个区域，当原始波高比值由 1% 降低至 0 时，红色对数压缩曲线将会极速从 -40dB 下降至负无穷，在实际检测中，采集中的噪声往往位于这个区间，这样能够降低噪声的显示，而当原始波高比值由 100% 降低至 1% 时，对数压缩曲线由 0dB 下降至 -40dB，缺陷回波的波高往往落在该区间，这样能够减小高幅值和低幅值缺陷显示的区别。

图 2-21a、图 2-21b 为同一个缺陷经过归一化处理和对数压缩处理后的 B 型超声图像，对数压缩处理后的 B 型超声图像的缺陷轮廓明显更大，能识别出缺陷的更多细节。在图 2-21a、图 2-21b 的 B 型超声图像的缺陷回波最大处各取一个 A 型脉冲超声回波信号图像进行对比，得到图 2-21c。由图 2-21c 可知，非对数压缩的 A 扫描图像中缺陷与幅值最高点原本存在较大的波高差异，通过对数压缩后明显减小了差异，与此同时缺陷回波与噪声间的色差也变大以便于识别幅度更小的缺陷。

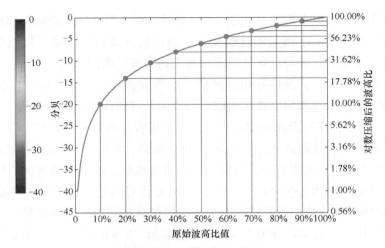

图 2-20　对数压缩示意图

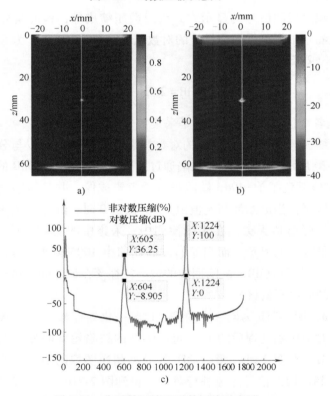

图 2-21　非对数压缩和对数压缩示意图

a）归一化处理　b）对数压缩处理　c）缺陷回波最大处的 A 型脉冲超声回波信号

第 **3** 章
超声阵列信号采集与图像重建

3.1　阵列探头所发声波传播特征

3.1.1　超声阵列探头

　　相比于常规超声检测所用的单压电晶片探头，全聚焦成像检测系统所用的超声阵列探头由多个阵元组成，每个阵元都能独立发射并接收超声回波信号。这样，可根据不同的成像检测要求控制每个阵元发射和接收的顺序，获取不同发射-接收位置下的超声回波信号数据，并通过计算机的图像重建功能实现阵列超声信号的可视化显示。为满足检测的需求，通常需要对阵元的排列方式和探头形状进行设计，以确保良好的检测效果。按照阵元的排列方式分类，超声阵列探头可分为如图 3-1 所示的 1 维线阵、1.5 维线阵、2 维面阵、1 维凸面阵、1 维凹面阵、环形阵、扇形阵、双线性阵、双 1.5 维阵等。

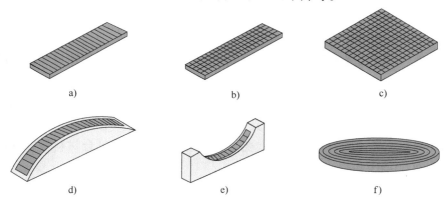

图 3-1　超声阵列探头的种类

a）1 维线阵　b）1.5 维线阵　c）2 维面阵　d）1 维凸面阵　e）1 维凹面阵　f）环形阵

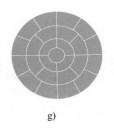
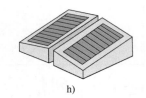
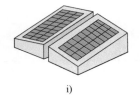

g)　　　　　　　　　　　h)　　　　　　　　　　i)

图 3-1　超声阵列探头的种类（续）

g）扇形阵　h）双线性阵　i）双 1.5 维阵

众所周知，超声波波前和指向性等特征与声源的形状、频率等因素密切相关。因此，超声阵列探头中阵元的形状和频率，对其所发声波的声束特征具有重要的影响，关乎全聚焦成像质量的优劣。同时，不同参数的阵元所发声波的特征也与被检构件的缺陷检出能力密切相关。基于此，本书以最常见的线性阵列探头为例，讨论阵列探头的阵元形状和频率对其所发声波特性和传播机理的影响。

3.1.2　线性阵列探头波前特征

首先，让我们回顾一下波阵面和波前的概念。波阵面：同一时刻，介质中振动相位相间的所有质点所连成的面。波前：某一时刻，波动所到达的空间各点所连成的面。波阵面和波前的形状特征具体如下[61]：

1）球面波：波阵面为同心球面的波，如图 3-2a 所示。球面波源为尺寸远小于波长的点声源。

2）柱面波：波阵面为同轴圆柱面的波，如图 3-2b 所示。柱面波源为长度远大于波长且截面小于波长的线状声源。

3）平面波：波阵面为互相平行的平面的波，如图 3-2c 所示。平面波源为尺寸远大于波长的刚性平面声源。

线性阵列探头阵元所发声波波前特征如图 3-3 所示。根据超声成像检测的习惯，探头通常摆放在 x-y 平面内，超声成像区域在 x-z 平面内。由图 3-3 可知，线性阵列探头的阵元为 y 轴长、x 轴短的矩形结构。通常，用于实际检测的线性阵列探头频率范围为 1~10MHz，其阵元长度为 10~20mm，宽度为 0.4~2mm。超声无损检测的被检对象多为钢、铝、树脂基碳纤维增强复合材料等，其声速范围为 2000~6500m/s。

通常，线性阵列探头阵元的宽度是小于超声波波长的，而阵元的长度一般大于波长。因此，在实际检测过程中，单个阵元所发声波在 x-y-z 三维空间内符合柱面波特征。观察图 3-3 可知，由于阵元宽度小于波长，因而单个阵元所发波前在 x-z 平面可认为是球面波。此时，x-z 平面内阵元所发声波可被简化为二维平面上的球面波，阵元宽度可视作圆形声源的直径。

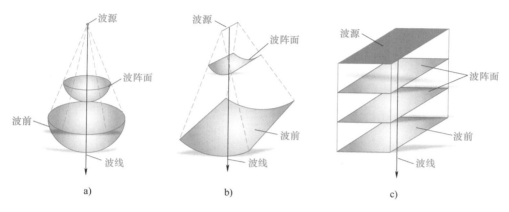

图 3-2　声源形状和所发波阵面及波前特征之间的关系

a）球面波　b）柱面波　c）平面波

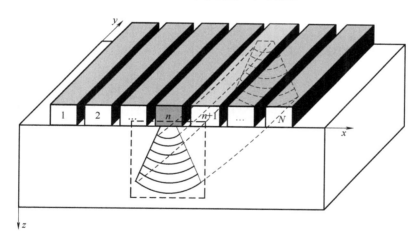

图 3-3　线性阵列探头阵元所发声波波前特征

图 3-4 所示为阵元在不同时刻下所发声波波前特征，阵元宽度为 0.6mm、中心频率为 10MHz，在声速为 5900m/s 的碳素钢中所发波前随时间的变化。由图 3-4 可知，在 0.8μs、2.5μs、5μs 和 7.5μs 时刻下，阵元在 x-z 平面内所发波前形状为二维平面上的圆弧，其圆心为该阵元中心。观察图 3-4 可知，10MHz 阵元所发波前的声压幅度具有明显的指向性，阵元正下方的波前声压明显高于偏离正下方的波前声压，并随偏离距离的增加呈逐渐递减状态。

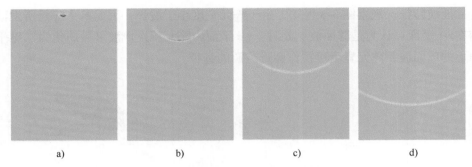

图 3-4　阵元在不同时刻下所发声波波前特征

a) 0.8μs　b) 2.5μs　c) 5μs　d) 7.5μs

3.1.3　线性阵列探头声束指向特征

图 3-5 所示为线性阵列探头阵元所发声束声压分布特征，图中蓝线、绿线和红线分别表示-6dB、-12dB、-20dB 时的等声压线，三条线围成的区域分别代表声束声压大于-6dB、-12dB 和-20dB 的范围。由图 3-5 可知，阵元所发声束的声压分布具有明显的指向性，声压幅度随偏离角度的增加逐渐减弱。通常，阵元所发声束的指向特征由声压下降至最高值一半时的扩散角度表征，即-6dB 半扩散角 θ_0 进行的评价，其表达式为

$$\theta_0 = \arcsin\left(1.22\,\frac{\lambda}{d}\right) \approx 70\,\frac{\lambda}{d} = 70\,\frac{c}{fd} \tag{3-1}$$

式中，λ 是超声波波长；d 是阵元宽度或 x-z 平面等效圆形声源直径；c 是介质声速；f 是阵元中心频率。

由式（3-1）可推导出声波在深度 z 上的声束扩散宽度 B，其表达式为

$$B = 2z\tan\theta_0 \approx 2z\tan\left(70\,\frac{c}{fd}\right) \tag{3-2}$$

由式（3-1）和式（3-2）可知，当介质声速 c 为定值时，半扩散角 θ_0 和声束扩散宽度 B 随阵元中心频率 f 和阵元宽度 d 的增加而减小。因此，阵元中心频率 f 和阵元宽度 d 越高，阵元所发声束的指向性越好。

由上文可知，阵元所发声束的指向性由其中心频率 f 和宽度 d 决定。在超声全聚焦成像检测应用过程中，需要考虑声束指向性对成像质量的影响。相同阵元中心频率 f 下，阵元宽度 d 增加，则声束指向性就会变强。图 3-6 所示为相同频率下不同宽度阵元所发声束的-6dB 声压覆盖范围。对比可知，当阵元宽度 d 较大时，其所发声束覆盖范围就会变小，有效覆盖到偏离阵元的缺陷声束也随之减小，缺陷回波幅值则较弱，因此，难以形成有效的超声图像重建，不足以满

足成像检测的要求。相反，当阵元宽度 d 较小时，其所发声束覆盖范围会增加，增强回波幅值实现有效图像重建。因此，用于成像检测的阵列探头阵元，尽量选择较窄的阵元宽度，以增加声束的覆盖范围。当然，如果阵元宽度过窄，会导致声束旁瓣能量过大，造成图像中出现伪缺陷回波。

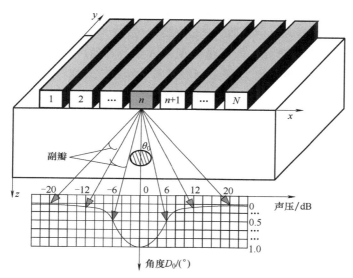

图 3-5　线性阵列探头阵元所发声束声压分布特征

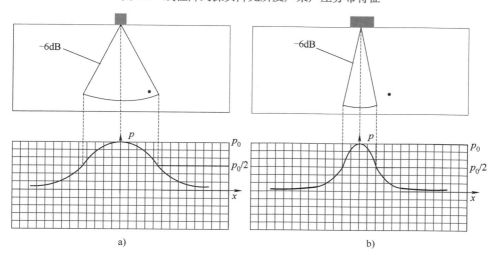

a)　　　　　　　　　　　　　　b)

图 3-6　相同频率下不同宽度阵元所发声束的 -6dB 声压覆盖范围

a）窄阵元发射声束　b）宽阵元发射声束

p—声压　p_0—初始声压

3.2　自发自收阵列信号采集

自发自收信号采集模式是指阵列中的发射阵元与接收阵元为同一阵元采集信号的过程，如图 3-7 所示。具体描述为逐次发射 1~N 号阵元，每次发射的声波经由介质后被该阵元自身接收，每次发射只接收到一条 A 型脉冲超声回波信号。依次发射 1~N 号阵元，即可获得 N 条 A 型脉冲超声回波信号。对应地，自发自收采集到的信号数据集为 N 条回波信号构成的二维矩阵，横向维度为阵元序号，纵向维度为信号的采样时间/采样点序列。

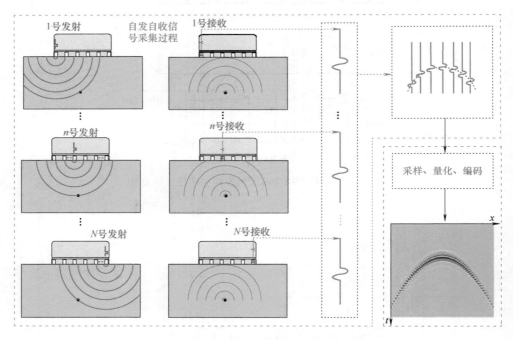

图 3-7　自发自收阵列信号的采集

由图 3-7 可知，线性阵列探头所采集的自发自收信号数据集，可理解为不同阵元位置对应的 A 型脉冲超声回波信号。将信号数据集中的各路信号按照线性探头阵元顺序排列后，能够显示出同时反映缺陷水平位置和时间信息的超声图像，这类显示缺陷的水平位置和时间截面信息超声图像被称为 B 扫描图像。

由上文可知，线性阵列探头阵元所发声束具有一定的扩散性，即使阵元偏离反射体也会受到该反射体的回波。受阵元所发声束能量宽度的影响，阵元和反射体之间的水平距离越大，反射体回波就越弱。这样，当自发自收信号数据集排列为 B 扫描图像后，缺陷长度就会被拉长，形成如图 3-7 所示的"甩弧"现象。研究表明：缺陷的"甩弧"程度与声束指向性呈反比，指向性越差甩弧现象就越明显[62]。此外，缺陷"甩弧"的发生时间具有一定的规律，只要了解和掌握这种规律就可对缺陷进行初步评定，为缺陷回波图像重建处理提供理论依据。下一节将通过时距曲线方程，解释自发自收过程中声波传播时间随接收阵元距离的变化规律，揭示"甩弧"现象的本质。

3.3　时距曲线和偏移理论

3.3.1　时距曲线

超声阵列成像的基本原理是：通过不同位置阵元所接收到的回波时间判断缺陷位置。自发自收信号采集模式下，不同位置阵元接收到的缺陷回波时间存在明显差异。下面将引入时距曲线的概念，对不同阵元之间回波时间差异的规律进行解释和说明。时距曲线，也被称为 x-t 曲线，表示超声波传播时间和阵元位置之间的关系曲线。

由 3.1 节可知在成像平面 x-z 上，线性阵列探头阵元所发波前为近似球面波。假设介质声速为 c，当声波传播至 t 时刻，波前轨迹在 x-z 平面上是以 ct 为半径的圆。如图 3-8 所示，阵元 x_0 位于 x-t 平面坐标原点 $(0,0)$，阵元中心间距为 x，在 $x_1=x$，$x_2=2x$，$x_3=3x$，$x_4=4x$ 和 $x_5=5x$ 五个阵元位置上接收声波。由图 3-8 左侧曲线可知，x_1，x_2，x_3，x_4，x_5 阵元接收到的回波信号波峰发生时间呈等差数列排列，即 x-t 平面上回波时间 t 随阵元间距 x 呈线性递增。因此，图 3-8 右侧时距曲线中点 (x_1,t_1)、(x_2,t_2)、(x_3,t_3)、(x_4,t_4)、(x_5,t_5) 的连线为一条直线。

图 3-8 描述的是一种由阵元出发，不经过反射、折射而直接传播至探头各接收阵元的超声回波，通常被称作直通波。假设 X_n 为发射阵元和接收阵元之间的距离，则此距离上直通波的传播时间 t_n 为

$$t_n = X_n/c \tag{3-3}$$

式（3-3）为直通波时距曲线方程，可知直通波传播时间 t 与接收阵元距离 x 成正比。时距曲线方程揭示了声波传播时间随接收阵元距离的变化规律。通过时距曲线方程可有效分析不同的声波传播状况，为后续超声图像重建提供理论支撑。

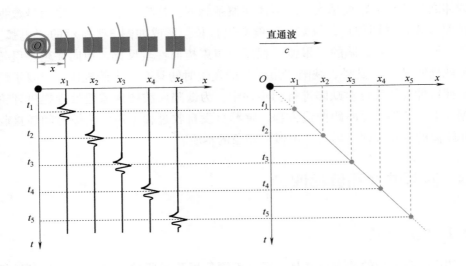

图 3-8　直通波的传播及其时距曲线

　　下面将介绍自发自收信号采集模式下，固定反射点的时距曲线方程，即固定反射点的反射回波时间 t 随阵元位置 x 的变化规律。在直角坐标系 x-t 平面上，假设反射点位于 (x,z)，线性阵列探头中的 N 个阵元的深度均为 z_0，各阵元水平位置为 x_1，x_2，$\cdots$，x_n，$\cdots$，x_N。如图 3-9 所示，探头中任意阵元 (x_n,z_0) 与反射点 (x,z) 之间的往返距离与球面波传播时间 t_n 满足

$$ct_n = 2\sqrt{(x_n-x)^2+(z_0-z)^2} \tag{3-4}$$

式中，反射点横纵坐标 x 和 z、阵元深度 z_0、声速 c 是已知量，阵元与反射点之间的距离 (x_n-x) 和传播时间 t_n 是变量。为理解反射回波时间 t 随阵元位置 x 的变化规律，可对式（3-4）进行整理为以 $X_n = (x_n-x)$ 为变量，t_n 为函数的表达式，具体为

$$t_n^2 = \frac{4X_n^2}{c^2} + \frac{4(z_0-z)^2}{c^2} \tag{3-5}$$

　　假设在反射点正上方存在一个 0 号阵元，在 x-t 平面上的坐标为 (x,z_0)。由式（3-5）可知，0 号阵元 (x_0,z_0)，此时为 (x,z_0)，与反射点 (x,z) 之间的水平距离为 $X=x-x=0$，因此往返 0 号阵元和反射点之间的距离为 $Z=z_0-z$，则上述两者之间的往返传播时间 $t_0 = Z/c$。由此，可推导出 t_0 和 t_n 之间的关系，写成如下形式

$$t_n^2 = t_0^2 + \frac{4X_n^2}{c^2} \tag{3-6}$$

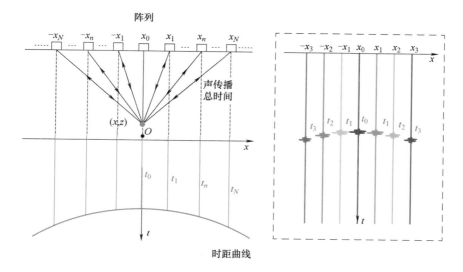

图 3-9 固定反射点的时距曲线

以 t_n 和 X_n 为变量，式（3-6）可写成

$$\frac{t_n^2}{t_0^2} - \frac{X_n^2}{Z^2} = 1 \qquad (3\text{-}7)$$

由式（3-7）可知，自发自收信号采集模式下反射点的时距曲线方程是以 $X_n = 0$ 为对称轴，沿 t 坐标方向对称的双曲线，其具有如下特征：

1）时距曲线 t_n-X_n 的顶点坐标为$(X_n = 0, t_0 = 2Z/c)$，即阵元位于 $X_n = 0$ 时，深度为 Z 的-反射点上球面波传播时间最短，且最短传播时间为 $t_{\min} = 2Z/c$。在实际检测过程中，可通过最短传播时间 $t_{\min}$ 确定反射点/缺陷的实际深度。如图 3-10a 所示，固有反射体超声回波形成的双曲线顶点发生时间为 10.17μs，通过 $Z = ct_{\min}/2$ 确定反射体的深度为 30mm。

2）时距曲线的渐近线为 $t_n = 2X_n/c$，即二倍直通波的时距曲线为固有反射体回波 t_n-X_n 曲线的渐近线。观察图 3-10a 可知，阵元与反射点之间的水平距离越大，时距曲线 t_n-X_n 的斜率变化就越大，并无限逼近渐近线。

3）反射点的埋深越深，时距曲线 t_n-X_n 中双曲线变化就越平缓。图 3-10b 所示为 10mm、30mm 和 50mm 埋深的 $\phi 2$ 边钻孔回波，其最短传播时间分别为 3.39μs、10.17μs 和 16.95μs。对比可知，10mm 埋深的边钻孔回波双曲线变化相对更加陡峻，而 50mm 埋深的边钻孔的双曲线回波则相对平缓。

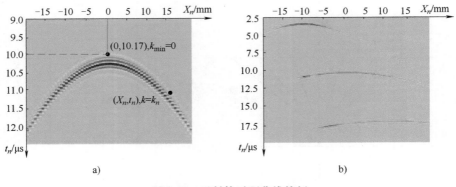

图 3-10　反射体时距曲线特征

a）单反射体时距曲线　b）多反射体时距曲线

3.3.2　时距曲线的偏移

由 3.2 节可知，在自发自收信号采集模式下，图 3-7 所示的甩弧曲线满足双曲线特征。当阵元接收到固定反射点的回波信号时，尽管能够通过简单顺序排列形成超声图像，但由于甩弧现象的存在，使得自发自收信号数据集构成的超声图像难以准确、有效地显示缺陷信息。在实际检测中，被检对象的内部结构未知，可能存在多个形状、位置各异的缺陷。如图 3-11 所示，当被检对象中出现多个缺陷时，严重的甩弧现象导致很难通过未经处理的超声 B 型视图辨认缺陷。因此，若要获得更为有效的超声图像，还需要进行图像重建处理，将缺陷的水平位置-时间信息转化为水平位置-深度位置信息，从而消除甩弧现象，并更为直观地显示缺陷的实际位置。

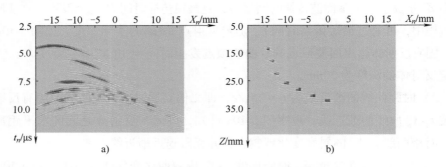

图 3-11　甩弧前后的超声缺陷图像对比

a）未经处理的超声 B 扫描图像　b）偏移后的超声 B 扫描图像

对比式（3-4）和式（3-7）可知，根据变量的性质，时距曲线既可看作是时距空间的反射体回波能量分布曲线，也可看作是球面波波前的运动轨迹。当

反射体深度 z 为定值时，则可像式（3-7）那样表示各阵元所收到的反射体回波能量分布曲线。当声波的传播时刻 t 确定后，则可像式（3-4）那样表示 x-z 平面上以 ct 为半径的圆形波前轨迹。因此，根据式（3-4）和式（3-7）描述的波前传播特点，可将反射体回波信号能量汇聚于双曲线顶点，实现自发自收信号数据集的时距曲线偏移，实现回波信号由时间-空间域到空间域的能量分配。

具体实现过程如下：假设在声速为常数的介质中，阵元在 x_1, x_2, $\cdots$, x_n, $\cdots$, x_N 处分别接收到来自深度为 z 反射体的回波信号，从而形成自发自收信号数据集。在阵元 x_n 处采集到的超声信号中，t 时刻出现了反射体脉冲回波。根据式（3-4），将反射体脉冲回波幅值分配到以 $ct/2$ 为半径、圆心位于 x_n 的半圆上，即可将反射体回波由时间域偏移至空间域。重复上述操作，得到阵元 x_1, x_2, $\cdots$, x_n, $\cdots$, x_N 对应的空间域回波后，将这些回波进行叠加就能够将反射体回波信号能量汇聚于双曲线顶点。

图 3-12a 所示为单个阵元接收到来自某固定反射体回波的 A 扫信号，其中 x_n 阵元接收到反射体回波信号时间最短。假设反射点位置坐标为 (x_n, z)，则其在时距曲线中的顶点位于 $(x_n, t_0 = 2z/c)$。由于阵元接收到的幅值无法判断反射体具体位置，因此可将 A 扫信号沿圆弧路径进行"分配"处理，如图 3-12b 所示，赋

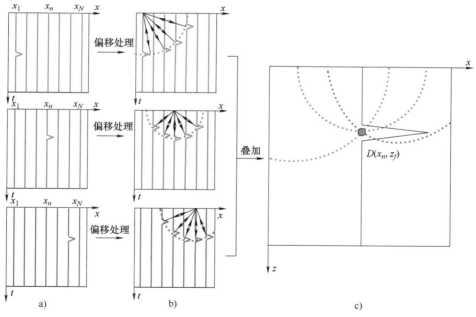

图 3-12　回波信号能量由时间域分配到空间域的"偏移"
a）单阵元所接收的 A 扫信号　b）分配至其余阵元所在位置　c）能量汇聚

予反射体的回波信号至其他阵元所在位置。根据时距曲线出现甩弧的双曲线特征，分配后各阵元位置接收到的反射体回波信号能量将汇聚于双曲线顶点，形成图 3-12c 所示的离散空间域能量，以此类推，所有阵元都将能量汇聚于双曲线顶点上。分配完成后，双曲线顶点包含了反射体的幅值和位置信息。时距曲线经过分配处理后可将图像显示的水平位置-时间信息转化为水平位置-深度位置信息，而汇聚后的双曲线顶点表示反射体的实际位置。这种将信号能量由时间-空间域分配到空间域的过程称为时距曲线的"偏移"。

3.4 延时叠加原理

由 3.3.2 节可知，时距曲线的偏移可将反射体回波信号由时间域偏移至空间域，实现反射点回波的聚焦与成像。本节接下来将介绍一种时距曲线偏移的实现方法——延时叠加。

3.4.1 等时面

在延时叠加之前，首先需要了解成像区域等时面的概念。由 3.3.2 节可知，线性阵列探头在成像平面内所发波阵面近似为球面波。当声波的传播时刻 t 为定值时，可像式（3-4）那样表示 $x\text{-}t$ 平面上以 ct 为半径的圆形波阵面轨迹。若传播时刻 t 发生变化，则成像平面上就形成了多条不同时刻的波阵线。如图 3-13 所示，多条以阵元中心为圆心，传播时刻 t 为半径的圆形波阵线，在 $x\text{-}t$ 平面上构成了圆形波阵线族。对于同一个阵元发出的声波，其等时线为不同半径 t 的同心圆。当阵元位置发生变化时，等时面的圆心位置也会发生变化。在自发自收

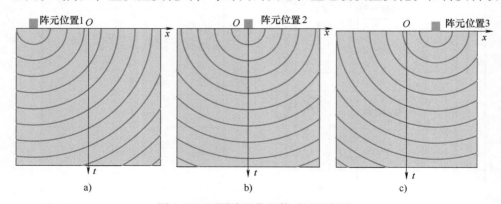

图 3-13　不同阵元位置等时面示意图
a）阵元位置 1　b）阵元位置 2　c）阵元位置 3

信号采集模式下，由于声波的发射和接收均来自同一位置。因此，根据声波传播的互易性，探头接收的时间为发射时间的 2 倍，因而自发自收模式下等时线为图 3-13 的 2 倍，且等时面中等时线趋势相同。

3.4.2　阵列信号能量的分配

当确定了反射体回波的接收时刻 t 后，该回波在等时面 x-t 上的等时线轨迹也随之确定，如图 3-14 所示。因此，根据时距曲线中的等时线轨迹，可将反射体回波信号的幅值分配至等时面对应的位置，即可获得该阵元接收回波在成像区域内各位置的幅值。在实际检测中缺陷的埋深未知，当反射体位于不同深度时，尽管其信号回波时距曲线的顶点位置和曲线形状发生变化，但仍然可以通过图 3-12 所示的方法使其能量汇聚于双曲线顶点。

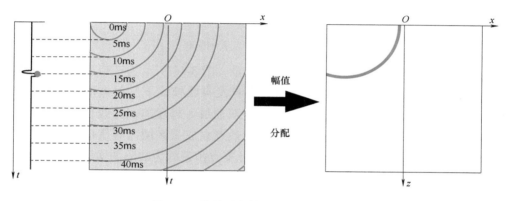

图 3-14　信号对应等时曲线图幅值分配

因此，无论实际被检构件中的反射体深度多大，数量有多少，均能通过上述方法实现回波能量双曲线的汇聚。当在某一深度上不存在反射点时，超声信号中对应发生时间上的回波幅值将不存在，即双曲线上的回波幅值为 0。叠加后空间域上的回波幅值也为 0，超声图像中将不会显示出信号。相反，假若某一深度上存在反射点，则叠加后反射点的能量将在汇聚的每个网格点上呈现。

图 3-15 所示为三个阵元位置接收的反射体回波信号进行幅值分配及叠加。由图 3-15 可知，单个阵元回波信号经幅值分配后，反射体幅值将在成像区域内呈与幅值相匹配的圆弧线。不同阵元接收的回波信号进行分配后，成像区域内这些回波幅值将进行叠加，幅值弧线将交汇于点 A。幅值叠加后，交点 A 处的幅值明显增强，并且交点位置即为缺陷实际位置。同时，对比反射体回波信号的时距曲线，可知交点位置同样为信号时距曲线中双曲线的顶点位置。

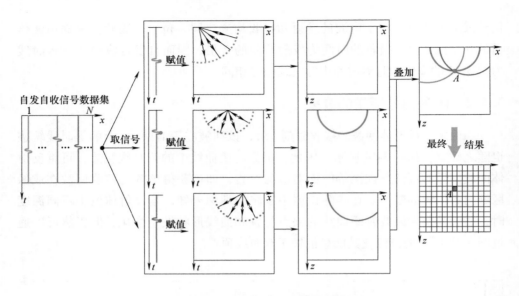

图 3-15　幅值分配及叠加流程图

采集的信号可包含多个反射点回波信号。图 3-16 所示为三个反射体信号幅值分配及叠加结果。由 3.2.2 节可知，在自发自收模式下反射点信号显示为双曲线形式，因此在时距曲线中共存在三个双曲线。越远离双曲线顶点位置，信号的幅值越弱。根据上述幅值分配原则，最终在成像区域内幅值信息存在三个交点位置，如图 3-16 中 B、C、D 位置。此交点位置即为缺陷的实际位置，交点位置同样为三个双曲线的顶点。

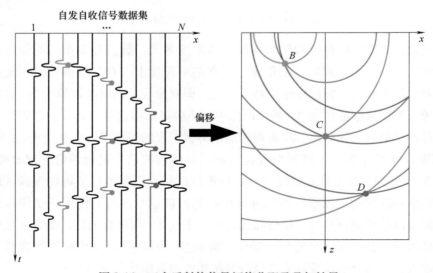

图 3-16　三个反射体信号幅值分配及叠加结果

　　综上，对于自发自收信号数据集，根据式（3-7）可知，反射点的回波信号在时距曲线中显示为双曲线形式。当根据等时面对各阵元接收信号进行幅值分配时，其幅值信息将汇聚反射体的实际位置，即信号幅值汇聚于双曲线顶点。上述图像重建的实现过程通常被称为"延时叠加"。

3.5　延时叠加图像重建的实现

　　由 3.4 节可知，延时叠加是根据各阵元与成像区域内各个像素点之间的传播时间来计算等时面，并将时距曲线中每条信号的时间与该阵元和像素点的等时面相对应，将对应的幅值信息插入等时面所对应的像素点内。对于反射体所处的像素点，时距曲线中双曲线上的幅值信息均被汇聚于对应像素点上；而无反射体处的像素点，时距曲线中双曲线上的幅值信息则很少被汇聚于对应像素点上。此时缺陷位置处的幅值信息将明显高于非缺陷处的幅值信息，达到聚焦成像的目的。下面，通过合成孔径聚焦成像（Synthetic Aperture Focusing Technique，SAFT）的案例介绍延时叠加图像重建的实现[63]。

3.5.1　合成孔径聚焦成像

　　通常，合成孔径聚焦成像的过程可以被理解为自发自收信号数据集的延时叠加图像重建过程，其基本原理如图 3-17 所示。假设线性阵列超声探头共有 N 个阵元，在二维平面 x-z 中，x 轴为水平方向，z 轴为深度方向，图像重建区域为相互垂直网格划分的像素点，即图像重建的虚拟焦点。假设像素点坐标为 $F(x,z)$，则声波由第 n 号发射阵元 $(x_n,0)$ 至像素点 (x,z) 的传播时间 t_n 为

$$t_n = \frac{\sqrt{(x_n-x)^2+z^2}}{c} \tag{3-8}$$

　　由于发射与接收路径相同，此时接收延时与发射延时相等。第 n 号阵元发射接收的总延时 $t_{nn}=2t_n$，则所有发射-接收对中该像素点回波幅值的总和，即像素点 (x,z) 的信号回波幅值 $I(x,z)$ 可表示为[64]

$$I(x,z) = \frac{1}{N}\sum_{n=1}^{N}S_n(t_{nn}) \tag{3-9}$$

式中，S_n 是第 n 个通道上的信息。

　　基于式（3-9），对成像区域中所有像素点进行 N 次回波幅值叠加后，将叠加后的幅值除以叠加次数 N，实现幅值分配的统一化，即可实现自发自收信号数据集的图像重建。

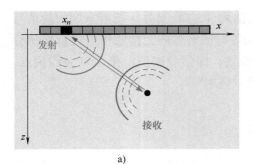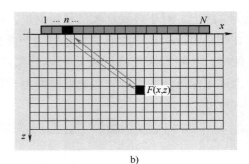

图 3-17　合成孔径聚焦成像原理示意图

a）自发自收模式的声传播路径　b）阵元至像素点的声传播路径

为便于理解延时叠加图像重建过程，下面将详细说明合成孔径聚焦成像的 MATLAB 实现过程。

例 3-1：需要图像重建的自发自收信号数据集为碳素钢中 30mm 深处直径为 2mm 边钻孔回波模拟信号。被检工件的材质为碳素钢，纵波声速为 5900m/s。阵列探头阵元中心频率设置为 5MHz，探头相邻阵元中心距为 0.6mm，采样频率设置为 100MHz。通过本案例解释和说明自发自收信号数据集的延时叠加过程。

由前面的描述，可知延时叠加的实现需要定义时距曲线、定义等时面以及幅值分配几个重要的步骤。此外，在计算机运算时还需要定义图像重建区域。因此，本书在描述延时叠加 MATLAB 实现过程中，将实现步骤划分为定义时距曲线参数、定义成像区域参数和图像重建三个步骤。其中，图像重建这一步骤包含了定义等时面以及幅值分配两个延时叠加中最为重要的环节。

步骤 1：定义时距曲线参数。

下面 6 行为定义时距曲线参数的代码，其作用为定义自发自收信号数据集中回波信号对应的各阵元水平位置为 x_1，x_2，$\cdots$，x_n，$\cdots$，x_N，以及各阵元所采信号回波的发生时间序列，相当于图 3-9 所示的阵元水平位置和回波时间序列。

```
1 load('example3_1.mat');        % 导入文件,导入文件名按照实际名称
2 [sampling_number,element_number]=size(RF_data);
                                 % 通过数据集设置超声矩阵的采样点数、阵元数
3 pitch =0.0006;                 % 阵元中心间距[单位:m]
4 element_location=(-(element_number-1)/2:(element_number-1)/2)*pitch;
                                 % 时距曲线中阵元在 x 轴的位置
5 sampling_frequency =100*1e6;   % 采样频率,可计算时距曲线中的时间序列
6 sampling_time =(0:(sampling_number-1))/sampling_frequency;
                                 %采样时间
```

第 1 行代码的功能为将自发自收信号数据集导入 MATLAB 软件。执行此行代码后，在工作区打开名为"RF_data"的数据，可知自发自收信号数据集为 2534×64 的二维矩阵，其列数和行数分别为 2534 和 64。为了更形象地说明"RF_data"，输入 imagesc（RF_data）得到图 3-18a 所示图像，双击"RF_data"后，得到图 3-18b 所示结果。由此可知，矩阵中的每一列数据，对应着各阵元自发自收得到的 A 型脉冲回波信号。例如，数据第 5 列表示 5 号阵元所采的信号。因此，二维矩阵"RF_data"等同于图 3-11b 所示的未经处理的超声 B 扫视图。观察图 3-18b 可知，二维矩阵"RF_data"所对应的横、纵坐标是以整数序号形式给出的，而并非各阵元水平位置和时间序列，需要后边的参数设置，定义时距曲线的阵元水平位置和回波时间序列。

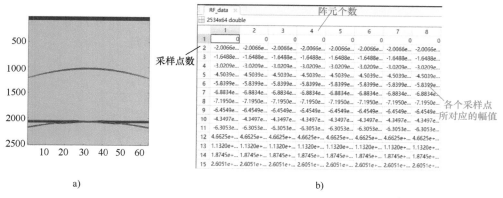

图 3-18　自发自收信号数据集

a）自发自收信号数据集图像　b）自发自收信号数据集节选

定义时距曲线参数的代码中，第 2 行代码定义了数据集 RF_data 的大小，sampling_number 为二维矩阵的采样点数，element_number 为阵元数或 A 型脉冲回波信号数，作为后续计算阵元水平位置和回波时间序列参数。第 3 行和第 4 行代码的功能为定义阵元水平位置，其中第 3 行代码定义了线性阵列探头的相邻阵元中心距 pitch，第 4 行代码利用阵元中心距 pitch 和阵元数 element_number 定义各阵元水平位置。

需要说明的是，定义各阵元水平位置时，首先需要考虑原点位置。通常，原点位置有两种设置方式：第一种原点设置方式是以左边 1 号阵元为坐标原点，如图 3-19a 所示；另外一种原点设置方式是以探头中心为坐标原点，如图 3-19b 所示。在例 3-1 中，坐标原点的设置采用图 3-19b 的方式，即各阵元水平位置被定义为（-(element_number-1)/2：(element_number-1)/2）* pitch。

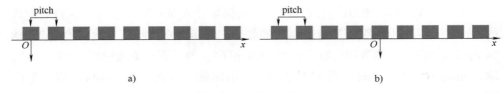

图 3-19　原点坐标设置

a）以第一个阵元中心为原点　b）以阵列中心为原点

完成阵元水平位置定义后，接下来便是设置采样点的时间序列。如第 7 行代码所示，采样时间的计算可通过各阵元采样的点数与对应采样频率的比值计算得来，即 sampling_time = (0 : (sampling_number - 1))/sampling_frequency。如图 3-20 所示，相邻采样点之间的间隔为采样时间，相邻采样点的密度由采样频率决定[65]。在相同采样时间内，采样频率越高，采样点间隔越小。图 3-20 中阵元位置的水平坐标由阵元序号和中心距 pitch 决定。这样，即可利用 element_location 表示阵元水平位置，sampling_time 表示回波时间序列。

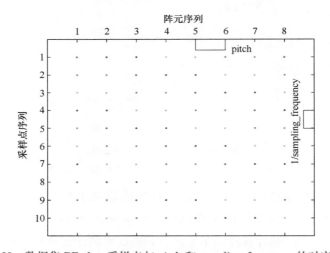

图 3-20　数据集 RF_data 采样点与 pitch 和 sampling_frequency 的对应关系

步骤 2：定义图像重建区域。

由上文可知，延时叠加图像重建的本质是将信号回波信息由时间域重建为空间域，即将成像平面 x-t 上的能量聚焦到成像平面 x-z 上。因此，在重建前需要定义空间域参数，用以确定重建图像范围、像素点规模的参数信息。图 3-21a 所示为图像重建区域示意图，该图规定了成像区域宽度 ROI_width、成像区域深度 ROI_depth、成像区域宽度上的步进间隔 gap_width 和成像区域深度上的步进间隔 gap_depth。代码 7 ~ 10 行对上述四个参数进行了定义。需要说明的是，

ROI_width 和 ROI_depth 决定了图像重建区域的范围，gap_width 和 gap_depth 决定了重建图像的像素点密度和重建的精度。

代码 11~12 行的作用为计算成像区域各像素点水平坐标 ROI_x 和深度坐标 ROI_z，其计算结果为 2 个一维数组。随后，利用第 13 行代码中的 meshgrid 函数生成二维矩阵 X 和 Z，分别用于表示重建图像各像素点的水平坐标和深度坐标。运行第 13 行代码后，可得到如图 3-21b 和 c 所示的重建图像 x 轴像素点坐标和 z 轴像素点坐标。图 3-21b 和 c 中对应像素点的坐标可理解为式（3-9）中的 x 和 z，区别在于式（3-9）中的像素点只有一个，而图 3-21b 和 c 中则表示成像区域的所有像素点。

```
7   ROI_width=45*1e-3;                          % 成像区域宽度[单位:m]
8   ROI_depth=90*1e-3;                          % 成像区域深 [单位:m]
9   gap_width=0.6*1e-3;                         % 成像区域宽度上的步进间隔[单位:m]
10  gap_depth=0.05*1e-3;                        % 成像区域深度上的步进间隔[单位:m]
11  ROI_x=-(ROI_width/2-gap_width):gap_width:(ROI_width/2-gap_width);
                                                % 成像区域各像素点水平坐标[单位:m]
12  ROI_z=0:gap_depth:ROI_depth;               % 成像区域各像素点深度坐标[单位:m]
13  [X,Z]=meshgrid(ROI_x,ROI_z);               % 建立成像区域的水平和深度像素点矩阵集，
                                                  X—水平位置矩阵、Z—深度位置矩阵
```

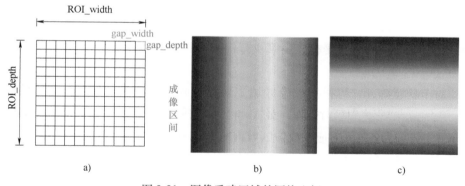

图 3-21　图像重建区域的网格坐标

a）图像重建区域示意图　b）x 轴像素点坐标　c）z 轴像素点坐标

步骤 3：图像重建的实现。

前两部分介绍的时距曲线及离散化成像区域的设置为图像重建提供原始数据及其成像后的位置信息，所以才得以将各阵元采集到的 A 扫信号幅值进行能量的重新分配后赋值到整个空间域中，实现图像重建功能。图像重建实现的整个过程本质上是 3.4 节所介绍的延时叠加，这是合成孔径聚焦成像中最为关键的一步。延时叠加图像重建实现的代码如下：

```
14  c =5900;                              % 材料声速
15 shifted_data =zeros(length(ROI_z),length(ROI_x));
                                          % 建立用于图像重建的全零矩阵
16 for n=1:element_number
17     isochronous_surface =2 * sqrt((element_location(n)-X).^2+(Z).^
       2)/c;                              % 计算第 m 个阵元位置的等时面矩阵
18     shifted_data_n =interp1(sampling_time,RF_data(:,n),isochronous_
       surface,'spline',0);              % 将第 m 个阵元所收到的信号分配到整个
                                              成像区域
19     shifted_data =shifted_data+shifted_data_n;
                                          % 超声重建图像的叠加,即将所有阵元的
                                              重建图像进行叠加
20 end
```

前面离散化成像区域确定了图像各像素点的大小及位置信息,而图像的形成还需要存放在空间域中各像素点幅值信息的容器中,因此第 15 行代码建立了一个与成像区域规模相同的空矩阵存放像素点的幅值。第 16~20 行的 for 循环代码中实现了图 3-15 所示等时面的计算,再将幅值信息插入至等时面所对应的像素点内,然后对所有阵元采集的数据信号叠加图像重建。

第 17 行代码作用为计算图 3-13 所示的等时面。其中,element_location(n)表示第 n 号阵元的位置坐标,由第 4 行代码计算得到。例如第 48 号阵元位置坐标为 (0.0093,0)。

对于任意阵元,可根据成像区域 x 坐标矩阵以及成像区域 z 坐标矩阵利用式 (3-8) 可求得发射延时矩阵,而总延时是 2 倍的发射延时。计算后的isochronous_surface 矩阵即为各阵元对应在成像区域内的等时面。为方便理解,对总延时矩阵数据集成像观察,令 m 为 1、32、48,得到如图 3-22a、b、c 各阵元的总等时面分布。

第 18 行代码的作用是将阵列信号能量重新分配到时距曲线的等时面上,如图 3-15 所示的幅值过程。具体实现方法是利用一维插值实现,在 MATLAB 中是采用 interp1 函数。interp1 函数为一维插值函数,可提供多种插值方式,如默认的分段线性插值 liner、邻近插值 nearest 和球面插值 spine。本例使用了最为光滑的球面插值 spine 方法,感兴趣的读者可以自行查阅了解。利用插值将信号的幅值分配到成像区域各像素点上,以临时矩阵 shifted_data_n 进行存储。

第 19 行代码是对各阵元插值后得到的 shifted_data_n 矩阵进行幅值叠加,可得到图像重建结果数据集 shifted_data,具体流程为图 3-15 所示的叠加过程。

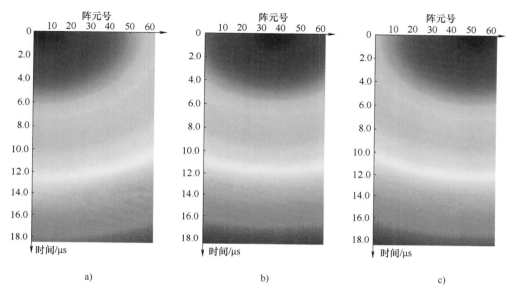

图 3-22　自发自收信号数据集的等时面

a）1 号阵元发射接收　b）32 号阵元发射接收　c）48 号阵元发射接收

图 3-23a、b、c 分别是 1 号、32 号和 48 号阵元，图 3-23d 所示为 1 号、32 号和 48 号阵元所采信号能量分配后各像素点幅值叠加图像，由于阵元幅值叠加的较少，图像仍显示出反射体的甩弧现象。

　　图 3-23e 所示为 1 号、5 号、9 号、52 号、56 号、60 号和 64 号阵元采集的信号插值后的各像素点幅值叠加后的图像，可以发现图像依旧存在明显的甩弧现象，但是反射体处的幅值信息略有增强，图 3-23f 所示为最终叠加后的 shifted_data 成像，观察可知能量分配后的信号幅值全部汇聚于缺陷位置。

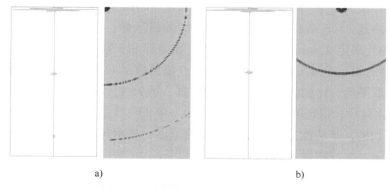

图 3-23　能量分配后的幅值叠加图像

a）1 号阵元　b）32 号阵元

53

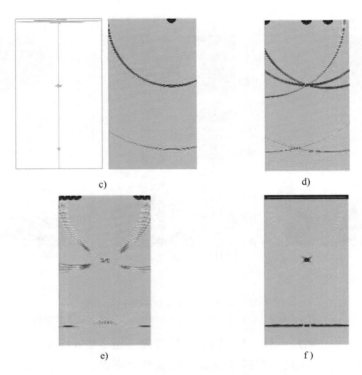

c)　　　　　　　　　　　　　　　d)

e)　　　　　　　　　　　　　　　f)

图 3-23　能量分配后的幅值叠加图像（续）

c) 48 号阵元　d) 三个阵元叠加　e) 七个阵元叠加　f) 所有阵元叠加

3.5.2　重建图像的显示模式

　　在完成重建图像的三个步骤后，还需要显示重建后的 shifted_data 数据，获得合成孔径聚焦图像。本案例使用 surf 函数使 shifted_data 数据进行图形化显示，需要说明的是，surf 函数要求给出图形化后的横坐标、纵坐标，因此利用 21 行和 22 行的代码定义 shifted_data 数据的 x 轴坐标和 z 轴坐标，并将刻度更改为 mm。重建后的 shifted_data 数据由各像素点幅值叠加后得到，需要利用 24 行代码使数据取平均，得到统一化处理后的数据。第 25 行代码是对 shifted_data 进行 surf 图形化显示，得到图 3-24a 所示的图像。第 23~41 行代码是 MATLAB 自带的图形设置句柄，其功能为控制图像显示的范围、显示风格和文字等，读者可自行查阅了解。生成图像 3-24a 的代码具体如下：

```
21 IMAGE_X=X*1e3;                    % 将 X 轴坐标刻度改为 mm
22 IMAGE_Z=Z*1e3;                    % 将 Z 轴坐标刻度改为 mm
```

```
23 figure(1);
24 Shifted_data=shifted_data/element_number;
                                    % 对射频信号进行统一化
25 surf(IMAGE_X,IMAGE_Z,Shifted_data);    % 利用 surf 函数对信号进行成像
26 shading interp;                   % 进行插值着色
27 view(0,90);                       % 将 surf 函数呈现的三维视图以俯
                                     视视角观察,显示二维平面 X-Z
28 set(gca,'xAxisLocation','top');   % 将 x 轴置于图像顶端
29 set(gca,'ydir','reverse');        % 代码将 y 轴进行翻转
30 set(gcf,'color','w');             % 图片背景颜色设置为白色
31 set(gca,'Clim',[-100000/element_number 100000/element_number]);
                                     % 设置颜色映射 colormap 的范围
32 set(gca,'xtick',-20:10:20);       % 设置 x 轴取值范围和间隔
33 set(gca,'XTicklabel',{'-20','-10','0','10','20'});
                                     % 标签记为-20,-10,0,10,20
34 set(gca,'ytick',0:20:80);         % 设置 y 轴取值范围和间隔
35 set(gca,'fontangle','normal','fontweight','bold','fontsize',12);
                                     % 设置 y 轴 labal 字体为加粗,黑体,
                                     字号 12
36 ccc =colorbar;
37 set(ccc,'fontangle','normal','fontweight','bold','fontsize',12,
   'ytick',-100000/element_number:50000/element_number:100000/element_
   number);                          % 设置 colorbar 字体为加粗,黑体,
                                     字号 12
38 xlabel('x/mm');                   % 设置 x 轴名称为 x/mm
39 ylabel('z/mm');                   % 设置 z 轴名称为 z/mm
40 colormap('jet');                  % 对 colormap 采用 jet 配色方案
41 axis equal;                       % 将两坐标轴刻度等长
42 axis ([-21 21 0 70]);             % x 轴显示范围为-21~21mm,z 轴显
                                     示范围为 0~70mm
```

在实际检测过程中,往往需要考虑图像和信号的增益,对射频信号图像进行统一化处理后,还需要通过归一化处理使射频信号图像幅值取值区间为 -100%~100%,满足图像的增益条件。射频信号图像归一化处理命令见第 44 行代码,生成图 3-24b 的代码具体如下:

```
43 figure(2);
44 Shifted_data_normalization = shifted_data/max(max(abs(shifted_da-
   ta)));    % 归一化处理,使范围为-100%~100%
45 surf(IMAGE_X,IMAGE_Z,Shifted_data_normalization);
...
51 set(gca,'Clim',[-100 100]);
```

由图 3-24b 可知, 图像的幅值显示范围被调整后, 已经很难从图像中看到缺陷回波影像。因此, 利用式 (2-12) 对图像进行增益后, 可再次调整超声图像的幅值显示范围。20dB 增益后缺陷回波影像再次出现在超声图像中, 如图 3-24c 所示。20dB 增益显示的成像代码如下:

```
63 figure(3);
64 shifted_data_gain_num=20;    % 放大 20dB
65 shifted_data_gain=10^(shifted_data_gain_num/20);
                               % 将 20dB 换算为对应放大倍数
66 shifted_data_gain_display = Shifted_data_normalization * shifted_
   data_gain * 100;            % 将射频信号进行放大 20dB
67 surf(IMAGE_X,IMAGE_Z,shifted_data_gain_display);
                               % 利用 surf 函数对信号进行成像
...
73 set(gca,'Clim',[-100 100]);
```

检验人员可以通过随时调整增益, 使缺陷图像便于识别, 例如采用 10dB 进行放大, 观察 20dB 增益显示与 10dB 增益显示的区别, 对比发现在一定范围内, 增益给的越高, 缺陷图像越明显, 如图 3-24d 所示, 其 10dB 增益显示成像代码如下:

```
85 figure(4);
86 Shifted_data_gain_num_10=10;  % 放大 10dB
87 shifted_data_gain_10=10^(shifted_data_gain_num_10/20);
                               % 将 10dB 换算为对应放大倍数
88 shifted_data_gain_display_10 = Shifted_data_normalization * shifted_
   data_gain_10 * 100;         % 将射频信号进行放大 10dB
89 surf(IMAGE_X,IMAGE_Z,shifted_data_gain_display_10);
                               % 利用 surf 函数对信号进行成像
...
95 set(gca,'Clim',[-100 100]);
```

在实际全聚焦成像检测设备中，通常采用圆滑的包络显示呈现缺陷的回波信号，用以方便检测人员判别缺陷。包络处理后的重建图像中回波圆滑，且图像上所有回波幅值均变为非负值，使缺陷图像更为直观、还原及易于识别，能够使检验人员更方便地通过圆滑的包络图像评判缺陷，如图 3-24e 所示。包络信号的统一化成像代码如下：

```
107 figure(5);
108 envelope=abs(hilbert(shifted_data))/element_number;
                            % 将包络信号平均,进行统一处理
109 surf(IMAGE_X,IMAGE_Z,envelope);    % 利用 surf 函数对信号进行成像
...
115 set(gca,'Clim',[-100 100]);
```

与射频信号图像类似，包络信号图像也需要进行归一化处理和增益，如图 3-24f 所示。包络信号图像的归一化显示代码如下：

```
127 figure(6);
128 normalization =envelope/max(max(abs(envelope)));  % 将包络信号归一化,使
                                    范围为 0~100%
129 surf(IMAGE_X,IMAGE_Z,100*normalization);    % 利用 surf 函数对信
                                    号进行成像
...
135 set(gca,'Clim',[-100 100]);
```

20dB 增益后包络信号图像中的缺陷回波幅值明显增强，使缺陷易于识别，但也出现了一些低噪，如图 3-24g 所示。包络信号图像的 20dB 增益显示成像代码如下：

```
147 figure(7);
148 gain_num=20;                    % 放大 20dB
149 gain=10^(gain_num/20);          % 将 20dB 换算为对应放大倍数
150 gain_display=normalization*gain*100;  % 将包络信号放大 20dB
151 surf(IMAGE_X,IMAGE_Z,gain_display);    % 利用 surf 函数对信号进行成像
...
157 set(gca,'Clim',[0 100]);
```

图 3-24h 所示为对数压缩处理后的包络信号成像结果，对比图 3-24f 可知对数压缩能通过非线性幅值显示减小回波之间的波高差异，提高小缺陷的辨识能力。值得注意的是对数压缩处理后的成像，颜色条动态范围设定为 $-40\sim0$dB，如代码中 177 行所示，可以通过更改颜色条来显示需要重点关注的回波幅值区

域，而增益成像代码中的颜色条动态范围为0~100%，如代码中157行所示，需要通过更改增益值来对图像进行更改，使得图像显示需要的幅值区间。对数压缩成像的代码如下：

```
169 figure(8);
170 lc=20*log10(normalization);
171 surf(IMAGE_X,IMAGE_Z,lc);
...
177 set(gca,'Clim',[0-40]);
```

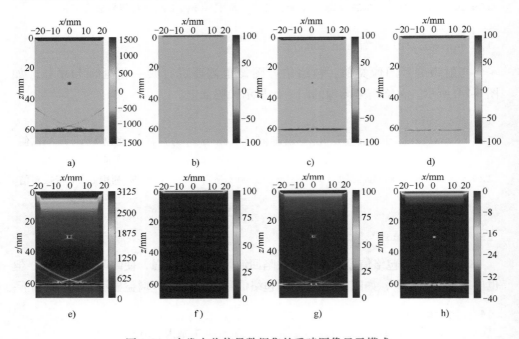

图3-24　自发自收信号数据集的重建图像显示模式

a）射频统一化　b）射频归一化　c）射频增益20dB　d）射频增益10dB
e）包络统一化　f）包络归一化　g）包络增益20dB　h）包络对数压缩成像

第 **4** 章
全聚焦和相干复合平面波成像

第 3 章中，我们了解了自发自收阵列信号采集过程、时距曲线和延时叠加图像重建等合成孔径聚焦成像相关的原理。然而，由于受超声阵列探头有效孔径的限制，合成孔径聚焦成像的成像质量略显不足，实际应用时往往难以满足检测要求。对此，本章以自发自收阵列信号采集技术为基础，全面介绍了一发多收阵列信号采集和平面波阵列信号采集两种克服有效孔径限制的技术。同时，介绍了一发多收阵列信号和平面波阵列信号的延时叠加图像重建方法，即全聚焦成像和相干复合平面波成像。

4.1　全矩阵捕捉

相比于自发自收阵列信号采集模式，一发多收阵列信号采集模式在阵列探头声束特征、成像仪器硬件上的要求是基本相同的，均为一次发射采集都是只激励一个阵元。两者最大的区别为：一发多收阵列信号采集模式要求硬件为探头的每个阵元提供独立的接收通道，完成单个阵元发射、多个阵元采集、信号保存等一系列过程。图 4-1 以阵元数为 N 的线性阵列探头为例，解释和说明一发多收全矩阵信号采集过程。

假设发射阵元的序号为 $n_e(n_e = 1, 2, \cdots, N)$，接收阵元的序号为 $n_r(n_r = 1, 2, \cdots, N)$，即发射和接收阵元序号均为 1~$N$ 之间的任意整数。若线性阵列探头 1~N 号阵元被逐次单个激励，每次发射的超声回波被 1~N 阵元全部接收，接收到的回波信号以 $s(t) \times N \times N$ 三维矩阵形式，通常以某一采样频率下的离散点形式存储。上述超声回波信号的采集及存储过程被称为全矩阵捕捉（Full Matrix Capture，FMC）技术，所接收到的三维矩阵为全矩阵信号数据集，也被称为 FMC 数据集[66]。

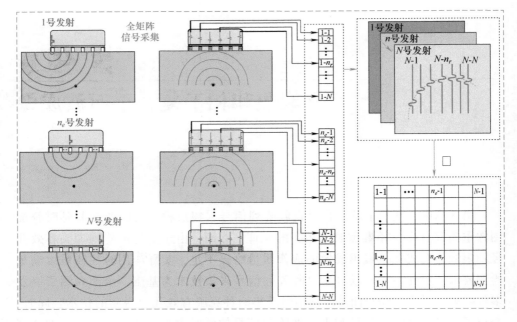

图 4-1　一发多收的全矩阵信号采集过程

图 4-2 所示为全矩阵信号数据集与三角矩阵信号数据集。全矩阵信号数据集通常用发射阵元序号 n_e 和接收阵元序号 n_r 规定 A 型脉冲超声回波信号的序号。例如，发射阵元序号 $n_e = 1$、接收阵元序号 $n_r = N$ 时，则图 4-2 中的 S_{1N} 表示 1 号阵元发出，被 N 号阵元接收的 A 型脉冲超声回波信号 $s(t)$。图 4-2 中的每个网格代表一个 A 型脉冲超声回波信号，其下标对应的两个数字表示发射和接收阵元的序号，这两个数字通常被称为发射-接收对（Emit-Receive Pair，ERP）。这样，发射-接收对 n_e-n_r 表示 n_e 号阵元发出，被 n_r 号阵元接收的 A 型脉冲超声回波信号。图 4-2 左侧图像为由 $N \times N$ 个回波信号组成的满阵状态的全矩阵数据集。相比于图 4-2 中红色区域由 N 个回波信号组成的自发自收信号数据集，全矩阵数据集包含了更为丰富的信息[4]。

然而，全矩阵数据集中也存在一定冗余的缺陷信息，导致全聚焦图像重建的效率严重下降。因此，在实际检测中可通过减少全矩阵数据集中的冗余发射-接收对，用有限的计算资源去提升图像重建的效率。根据声传播互易原理，阵元 n_e-反射体-阵元 n_r 的声波传播路径与阵元 n_r-反射体-阵元 n_e 的声波传播路径是相同的。当介质声速为常数时，两条路径上的声传播时间也是相同的，发射阵元和接收阵元互易后，发射-接收对 n_r-n_e 和 n_e-n_r 的信号回波信息是基本一致的。去除全矩阵数据中互易的发射-接收对，将满阵状态的全矩阵数据集简化为三角全矩阵数据集，可将需要计算的数据量减少近一半。

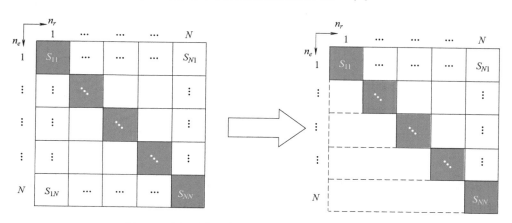

图 4-2　全矩阵信号数据集与三角矩阵信号数据集

渐进式全矩阵数据重排是另一种去除全矩阵数据集中冗余信号的方法。通常，发射阵元和接收阵元之间的水平距离越长，声波传播至同等深度下的路径就越长，图像的质量越容易受衰减和散射等因素的影响。相比之下，发射阵元和接收阵元之间的水平距离越短，重建图像的质量就越好。因此，通过放弃发射阵元和接收阵元水平间距较长的低质量信号，不仅能够降低运算量、提高成像速度，还能够通过剔除较差的信号提升图像的质量。根据上述思路，将以发射-接收序号为索引的满阵全矩阵数据集重排为以阵元序号间隔 n_g 为索引的数据集，可得到图 4-3 所示的渐进式全矩阵数据集。阵元序号间隔 n_g 的取值范围为 $-(N-1) \leqslant n_g \leqslant (N-1)$，重排后的渐进式全矩阵数据呈平行四边形形状，矩阵数据选取的信号随着 n_g 的增加而减少。这样，可以通过设置参数 $N_g (1 \leqslant N_g \leqslant N-1)$，对阵元序号间隔 n_g 的选取范围进行定义，选取 $-(N_g-1) \leqslant n_g \leqslant (N_g-1)$ 范围内的信号进行成像。因此，选取范围后图 4-3 中出现了 1 个保留区域和 2 个舍弃区域，有效保留间隔较近的发射-接收对信号，剔除间隔较远的发射-接收对信号。当 $N_g = 0$ 时，索引对应的信号为自发自收信号数据集。当 $N_g = N$ 时，索引对应的信号为全矩阵信号数据集。因此，N_g 的选取对成像效率和质量具有至关重要的影响，在实际应用过程中需要根据检测工况确定合适的 N_g 值。

为更直观地理解全矩阵信号数据集，图 4-4 为全矩阵中 1 号、32 号和 64 号阵元发射的全矩阵切片信号图像。按照 1~N 序号逐次激励单个阵元，每次激发后阵元所发声波经由被检介质后，缺陷反射回波被全部阵元所接收并由系统硬

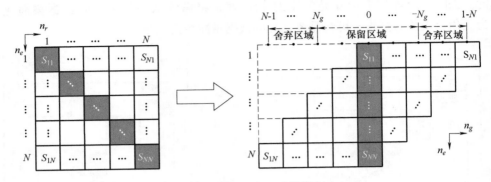

图 4-3　渐进式全矩阵数据集

件进行存储，得到 64 组数据切片。观察可知，1 号、32 号和 64 号切片图像中缺陷回波也出现了甩弧现象，且以回波影像构成的曲线更为复杂，已不能用自发自收的双曲线表示。不过，利用第 3 章中的延时叠加理论，仍然可以根据发射-接收对的声传播路径计算等时线，实现信号回波的能量进行分配，通过叠加将各发射-接收对的缺陷回波进行汇聚。

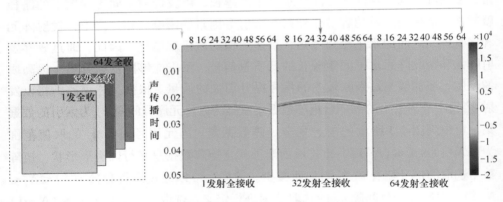

图 4-4　不同阵元发射的全矩阵切片信号图像

4.2　全聚焦图像重建

4.2.1　一发多收时距曲线

全聚焦成像的本质是对全矩阵数据进行延时叠加。类似于自发自收的合成孔径聚焦成像[67]，通过计算不同发射-接收对到各像素点的声传播时间，得到各发射-接收对的等时面，再将所有发射接收对的信号能量依次分配在各自的等时面上，得到 $N×N$ 组发射接收对的图像切片。最后，将所有发射接收对的图像切片进行叠加求和，得到全聚焦成像图像。

在图 4-5a 所示的 x-z 二维平面中，假设线性阵列探头的中心在原点 $O(0,0)$ 位置，x 轴沿阵列-被检试块界面，取阵元编号增大的方向为 x 轴的正半轴，z 轴垂直于阵列耦合界面指向被检区域。假定线性阵列的阵元数为 N，发射阵元的坐标为 $(x_e,0)$，接收阵元的坐标为 $(x_r,0)$。对于坐标为 (x,z) 的反射体，从发射阵元到缺陷再到接收阵元的声传播时间为

$$t_{er} = \frac{\sqrt{(x_e-x)^2+z^2}+\sqrt{(x_r-x)^2+z^2}}{c} \tag{4-1}$$

式中，c 是声波在介质中的声速。

假设点 $(x_{er},0)$ 为发射阵元 $(x_e,0)$ 和接收阵元 $(x_r,0)$ 两坐标之间的中点，x_h 为发射阵元 $(x_e,0)$ 与中点 $(x_{er},0)$ 之间的水平距离，x_h 通常被称为中心偏移量，英文为 half-offset。这样，阵元 $(x_e,0)$ 和 $(x_r,0)$ 可由点 $(x_{er},0)$ 和中心偏移量 x_h 表示，即 $x_e = x_{er}-x_h$，$x_r = x_{er}+x_h$。根据时距曲线的定义，发射-接收对 n_e-n_r 的时距曲线表达式为

$$ct_{er} = \sqrt{(x_{er}-x_h-x)^2+z^2}+\sqrt{(x_{er}+x_h-x)^2+z^2} \tag{4-2}$$

由式（4-2）可知，发射-接收对 n_e-n_r 的时距曲线为 z 轴正半轴的椭圆，阵元 $(x_e,0)$ 和阵元 $(x_r,0)$ 可视作椭圆的两个焦点。发射-接收对 n_e-n_r 确定的椭圆形等时线 t_{er} 经过反射体 (x,z)，如图 4-5 所示。因此，当声波的传播时刻 t 为定值时，x-t 平面上所有发射-接收对的波前轨迹 ct 为椭圆。阵元 $(x_e,0)$ 和 $(x_r,0)$ 之间的间距 $2x_h$ 越大，波前轨迹形成的椭圆离心率就越大，等时线的形状就越扁。$2x_h$ 越小，波前轨迹形成的椭圆离心率就越趋近于 0，等时线的形状就趋近于圆。当 $2x_h = 0$，发射阵元和接收阵元处于同一位置时，波前轨迹的形状就变成

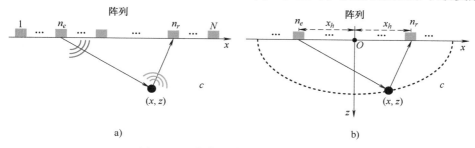

图 4-5　一发多收模式的声传播示意图

a）发射-接收对的声传播路径　b）发射-接收对的波前轨迹

正圆，其时距曲线表达式则变为式（3-4）。式（4-2）是式（3-4）的拓展形式，将相同阵元的时距曲线波前轨迹变化规律延伸到了不同阵元，也可以理解为将时距曲线的适用范围由自发自收信号采集模式拓展至一发多收信号采集模式。

4.2.2　全聚焦成像的实现

图 4-6 所示为不同发射-接收对所对应的波前轨迹等时线。由图 4-6 可知，全聚焦成像下各发射-接收对的等时面是以 $(x_{er}, 0)$ 为中点，以 t 为短轴的一系列椭圆，其中每根红线对应于不同时刻的波前轨迹等时线。当发射阵元和接收阵元之间的间距越大，等时线的形状就越扁。随传播时间 t 的增加，椭圆的形状逐渐由扁趋近于圆形。由上文可知，当发射阵元和接收阵元不在同一位置时，可通过式（4-2）确定波前轨迹。对于全矩阵信号数据集，可根据 $N×N$ 组发射-接收对的序号，确定每一组信号对应的发射和接收位置，利用式（4-2）构建每组发射-接收对在不同传播时刻上的等时面，用以实现全聚焦图像重建。图 4-7 所示为全矩阵信号数据集的能量分配和叠加示意图。图 4-7 中三个信号为全矩阵中不同发射-接收对采集到的回波信号，将三个回波信号的幅值分配到等时线后，就完成了回波能量的分配。将能量分配的回波轨迹进行叠加，就能使这些信号的能量汇聚于反射体[3]。

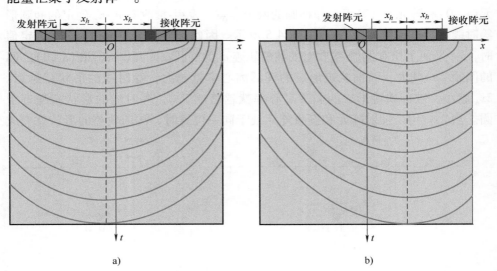

图 4-6　不同发射-接收对所对应的波前轨迹等时线

a）发射阵元和接收阵元间距较大　b）发射阵元和接收阵元间距较小

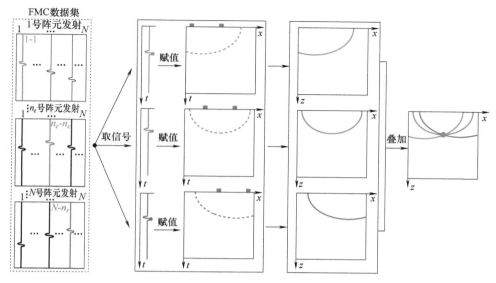

图 4-7 全矩阵信号数据集的能量分配和叠加示意图

根据图 4-7 描述的过程，逐次对 $1 \sim N$ 号阵元发射所采集的 N 个一发多收数据集进行上述处理，即可将全矩阵数据集中的所有信号进行幅值分配和叠加，最终得到全聚焦图像。因此，一发多收信号采集下，即使时距曲线变成椭圆轨迹，各发射-接收对所采集的缺陷信号幅值仍然可以分配，其幅值叠加后这些信号的能量仍然可以汇聚于反射体位置。

尽管声传播时间和重建所需信号不同，但一发多收模式的 FMC 同样能够按照例 3-1 的方式进行延时叠加图像重建。全聚焦成像的实现步骤也可以划分为以下三个部分：定义时距曲线参数、定义成像区域参数和图像重建三个步骤。

例 4-1：需要图像重建的全矩阵数据集为碳素钢中 30mm 深处直径 2mm 边钻孔回波模拟信号。被检测工件的材质为碳素钢，纵波声速为 5900m/s。阵列探头阵元中心频率设置为 5MHz，探头相邻阵元中心距为 0.6mm，采样频率设置为 100MHz。通过本案例解释和说明全聚焦的图像重建过程。

步骤 1：定义时距曲线参数。

与例 3-1 类似，下面 6 行为定义全矩阵数据集时距曲线参数的代码，其作用同样为定义全矩阵回波信号对应的各阵元水平位置和各阵元所采信号回波的发生时间序列。执行代码具体如下：

```
1  Load ('example_4_1.mat');        % 导入文件,导入文件名按照实际名称
2  [sampling_number,element_number,firing_number]=size(RF_data);
                            % 超声矩阵的采样点数、接收阵元数和发射阵元数
```

```
3    pitch=0.0006;                           % 阵元中心间距[单位:m]
4    element_location=(-(element_number-1)/2:(element_number1)/2)*pitch;
                                             % 时距曲线中阵元在 x 轴的位置
5    sampling_frequency=100*1e6;    % 采样频率,用于计算时距曲线中的时间序列
6    sampling_time=(0:(sampling_number-1))/sampling frequency;
                                             % 信号的离散点
```

对比例 3-1 可知,两个案例中 3~6 行代码完全相同,功能均为定义时距曲线参数。相比之下,执行第 1 行代码后,发现读取的数据集 RF_data 为三维矩阵,而不是例 3-1 中读取的二维矩阵。因此,第 2 行代码中的 size 函数的统计项中增加了变量 firing_number,即发射阵元的序号。由前面的章节可知,由于全矩阵捕捉采用了一发多收的采集模式,因此获得的数据集为三维矩阵:第一个维度 sampling_number 表示一个发射-接收对的采样点数;第二个维度 element_number 表示接收阵元的数量;第三个维度 firing_number 表示发射阵元的数量。

随后,在工作区提取数据集 RF_data 中 firing_number 为 1、32、48 的二维矩阵,通过图形化显示为图 4-8 所示的三张图像,分别表示 1 号、32 号、48 号阵元发射,所有阵元接收的原始 FMC 切片,未经处理的原始一发多收数据中,缺陷回波形状仍为类双曲线形状。观察可知,1 号阵元发射形成的回波曲线最深,48 号阵元发射的回波曲线次之,32 号阵元发射的回波曲线最浅。这与阵元和反射体之间的距离有关,1 号与反射体之间的水平距离最远,因此回波时间最长。以此类推,32 号阵元回波时间最短,48 号阵元回波时间介于两者之间。

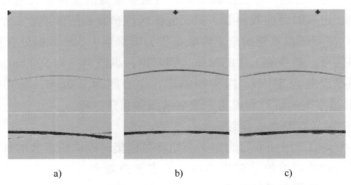

a)   b)   c)

图 4-8   不同阵元发射的 FMC 切片原始数据图形化显示

a) 1 号阵元   b) 32 号阵元   c) 48 号阵元

步骤 2:定义成像区域参数。

对比例 3-1 和例 4-1 可知,两个案例中 7~13 行代码完全相同,其功能为定义

成像区域中的成像范围和网格密度，ROI_x 为成像区域 x 轴范围，ROI_z 为成像区域 z 轴范围，gap_x 为 x 轴网格大小，gap_z 为 z 轴网格大小，具体详见例 3-1。

执行代码如下所示：

```
7   ROI_width=45*1e-3;                    % 成像区域宽度[单位:m]
8   ROI_depth=90*1e-3;                    % 成像区域深度[单位:m]
9   gap_width=0.6*1e-3;                   % 成像区域宽度上的步进间隔[单位:m]
10  gap_depth=0.05*1e-3;                  % 成像区域深度上的步进间隔[单位:m]
11  ROI_x=-(ROI_width/2-gap_width):gap_width:(ROI_width/2-gap_width);
                                          % 成像区域各像素点水平坐标[单位:m]
12  ROI_z=0:gap_depth:ROI_depth;          % 成像区域各像素点深度坐标[单位:m]
13  [X,Z]=meshgrid(ROI_x,ROI_z);          % 建立成像区域的水平和深度像素点矩阵集,
                                            X 为水平位置矩阵、Z 为深度位置矩阵
```

步骤 3：图像重建的实现。

完成前面两个步骤后，执行第 14 行代码定义材料的声速 c，再执行第 15 行代码建立一个与成像区域规模相同的空矩阵存放像素点的幅值。接下来，便是全聚焦成像最为关键的步骤——图像重建的实现。其思路为：根据前面定义的成像区域各像素点水平位置 X、深度位置 Z 以及阵元水平位置 element_location，利用式（4-1）计算各发射-接收对的等时面。然后，利用插值函数将各发射-接收对的信号幅值分配在等时面上，得到 $N×N$ 组发射-接收对的图像切片。最后，将 $N×N$ 组能量分配后的图像切片的数据叠加求和，得到最终的全聚焦成像图像。执行代码具体如下：

```
14  c=5900;                               % 材料声速,更改材料时需作相应修改
15  shifted_data=zeros(length(ROI_z),length(ROI_x));
                                          % 建立用于图像重建的全零矩阵
16  for e=1:firing_number                 % 计算第 e 号发射阵元的等距面矩阵
17      emit_surface=sqrt((element_location(e)-X).^2+(Z).^2)/c;
18      for r=1:element_number            % 计算第 r 号接收阵元的等距面矩阵
19          receive_surface=sqrt((element_location(r)-X).^2+(Z).^2)/c;
                                          % 计算发射-接收对 e-r 的等距面矩阵
20          isochronous_surface=transmit_delay+receive_delay;
                                          % 将发射-接收对 e-r 所收到的信号分配到成像区域
21          shifted_data_er=interp1(sampling_time,RF_data(:,r,e),isoch-
            ronous_surface,'spline',0);
                                          % 超声重建图像的叠加,即将所有阵元的重建图
                                            像进行叠加
```

```
22    shifted_data=shifted_data+shifted_data_er;
23  end
24 end
```

由于全矩阵信号数据集中包含了 $N×N$ 组发射-接收对，全聚焦图像重建过程中每组发射-接收对都对应一组确定的等时面。因此，第 16~24 行代码中采用了两个 for 语句，依次算得 $N×N$ 组发射-接收对的等时面后，进行延时叠加图像重建。第 16 行和 18 行代码分别表示发射阵元和接收阵元的序号，用于定义第 17 行和 19 行中的发射阵元位置 element_location(e) 和接收阵元位置 element_location(r)。需要说明的是，第 16 行和 18 行代码确保了 $N×N$ 个信号的能量分配。

第 17 行和 19 行代码的作用分别为构建发射阵元 e 和接收阵元 r 的等时面，通过第 20 行代码将 emit_surface 和 receive_surface 两个等时面进行求和，可得到发射-接收对 e-r 对应的等时面数据 isochronous_surface。以图 4-9 为例，解释和说明第 17 行和 19 行代码的作用。图 4-9a 和 b 分别为 5 号阵元和 59 号阵元对应的等时面。图 4-9c 为图 4-9a 和图 4-9b 相加而成的发射-接收对 e-r 等时面。由图 4-9 可知，5 号阵元和 59 号阵元对应的等时面形状与例 3-1 中自发自收数据集等时面相似。但不同的是，图 4-9c 所示的发射-接收对等时面为椭圆形，5 号阵元和 59 号阵元为椭圆焦点。

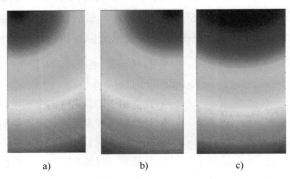

a)   b)   c)

图 4-9　发射-接收对对应的等时面

a) 5 号阵元发射　b) 59 号阵元接收　c) 总等时面

第 21 行代码的作用是将各发射-接收对信号的能量分配到等时面上，第 22 行代码是对各阵元插值后得到的 shifted_data_er 矩阵进行幅值叠加，可得到图像重建结果数据集 shifted_data。图 4-10d 所示为 1 号阵元发射，3 号、32 号和 48 号阵元接收所采信号能量分配后的各像素点幅值叠加图像。对比图 4-10a、b 和 c 可知，分配后的图像幅值在叠加后汇聚于缺陷位置。

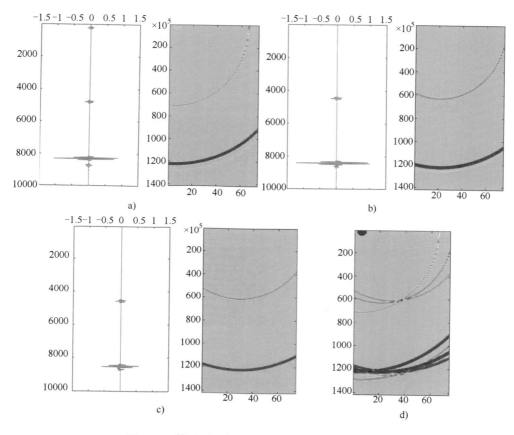

图 4-10　等时面上各发射-接收对信号的能量分配

a）发射接收对 1-3　b）发射接收对 1-32　c）发射接收对 1-48　d）所有阵元叠加

执行第 17~24 行代码后，即可对等时面上各发射-接收对信号进行能量分配和叠加，获得重建后的全聚焦图像。利用例 3-1 中的图像显示脚本，可获得不同显示下的全聚焦重建图像，如图 4-11 所示。

对比图 3-24 可知，相比于自发自收信号数据集的重建图像，全聚焦图像的缺陷回波幅值更高，且回波幅值水平宽度更窄。增益 20dB 后，全聚焦图像中没有出现能量分配的痕迹和非缺陷背景噪声。对比结果表明，全聚焦图像具有更加优异的缺陷显示能力。这得益于全矩阵捕捉技术，全矩阵数据中包含更丰富的缺陷特征信息，克服了自发自收信号采集技术发射数量受限的不足，使全聚焦图像具有更高的成像质量，其缺陷检测能力和定量精度更高，这也是相关学者将其称为相控阵超声检测技术中的"黄金标准"算法的原因。

69

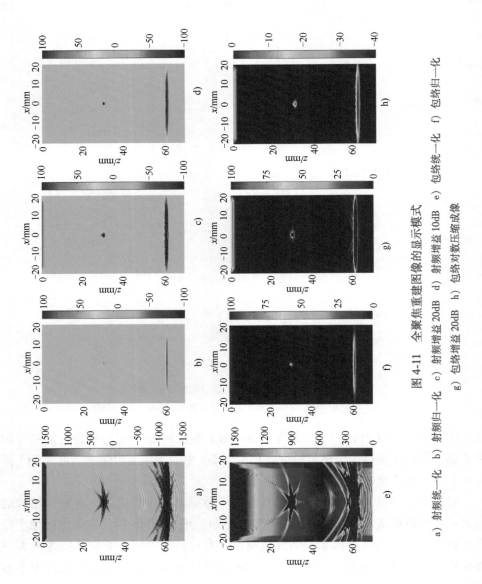

图 4-11 全聚焦重建图像的显示模式

a) 射频统一化 b) 射频归一化 c) 射频增益 20dB d) 射频增益 10dB e) 包络统一化 f) 包络归一化
g) 包络增益 20dB h) 包络增益 20dB h) 包络对数压缩成像

4.3 平面波阵列信号的采集

4.3.1 阵列探头平面波的发射

在图 4-12a 中声速为 c 的各向同性介质中，若同时激励线性阵列的所有阵元，则 x-z 平面内各阵元发出的球面波波前的等相位面与阵元平行。根据惠更斯原理，这些阵元所发波前相互干涉并在空间叠加，形成一个平行于探头的波前包络线。由于其形状近似为平面，因此同时激励所有阵元后形成的波前为平面波。如图 4-12b 所示，当发射的间隔时间呈等差数列递增后，各阵元所发波前的等相位面将与探头方向呈某一偏转角 θ，相互干涉并在空间中叠加后，波前包络线将沿着与 x 轴呈倾角 θ 方向传播，波前的形状仍为平面波[68]。

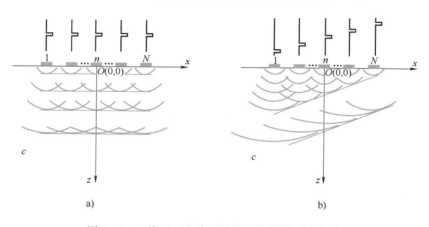

图 4-12 二维平面上线性阵列探头的平面波发射

a）线性阵列的不偏转平面波 b）线性阵列的偏转平面波

当激励的时间间隔呈单调递增的等差数列，且第 1 号阵元的激励延时为 0 时，线性阵列将激发正偏转角度 θ 的平面波，如图 4-13a 所示。平面波的发射偏转角度随时间间隔增大而变大，发射偏转角度范围为 $[0°,90°)$。当激励的时间间隔呈单调递减的等差数列，且第 N 号阵元的激励延时为 0 时，线性阵列将激发负偏转角度 θ 的平面波，如图 4-13b 所示。平面波的发射偏转角随时间间隔增大而变小，发射偏转角度范围为 $(-90°,0°)$。假设线性阵列探头的阵元数为 N，相邻两阵元的中心间距为 d，则以 c 为声速的介质中，线性阵列探头中任意阵元 $n(n=1,2,\cdots,N)$ 的激励延时 τ_n 可表示为

$$\tau_n = \begin{cases} (n-1)\dfrac{d\sin\theta}{c}, & \theta \in [0°, 90°) \\[2mm] (n-N)\dfrac{d\sin\theta}{c}, & \theta \in (-90°, 0°) \end{cases} \tag{4-3}$$

当平面波的偏转角度 $\theta \in [0°, 90°)$ 时，则各阵元的延时可由一维数组表示，其表达式为 $\tau_\theta = [0°, d\sin\theta/c, \cdots, (n-1)d\sin\theta/c, \cdots, (N-1)d\sin\theta/c]$。当平面波偏转角度 $\theta \in (-90°, 0°)$ 时，则延时数组 $\tau_\theta = [(N-1)d\sin\theta/c, (N-2)d\sin\theta/c, \cdots, (N-n)$ $d\sin\theta/c, \cdots, 0°]^{[69]}$。

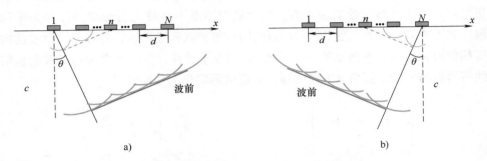

图 4-13　线性阵列探头所发射的平面波

a) $\theta \in [0°, 90°)$　b) $\theta \in (-90°, 0°)$

4.3.2　平面波信号的采集和存储

图 4-14 所示为平面波信号数据集的采集和存储过程。相比于自发自收和全矩阵信号采集模式，平面波信号采集模式采用所有阵元通过激励延时发射平面波，即全孔径发射平面波。与前两者的最大区别为：需要设置激励延时和全孔径发射。因此，除要求硬件为探头的每个阵元提供独立的接收通道外，还需要提供额外的激励延时。

下面，将以阵元数为 N 的线性阵列探头为例，解释和说明平面波信号数据集的采集和存储过程。根据检测需求设定 M 组激励延时，形成 M 组全孔径发射序号。按照 $1 \sim M$ 次序逐次发射全孔径，每次发射的超声回波被 $1 \sim N$ 阵元全部接收，形成一组回波信号矩阵。类似于全矩阵捕捉，M 次发射后，接收到的回波信号为 $s(t) \times N \times M$ 三维矩阵，以某一采样频率下的离散点形式存储。对比图 4-1 可知，平面波信号数据集的采集和存储过程类似于全矩阵捕捉。与全矩阵捕捉不同的是，平面波信号采集的发射次数 M 是可以控制和改变的。换句话说，在平面波信号采集过程中，发射次数 M 不总是等于阵元数量 N 的。

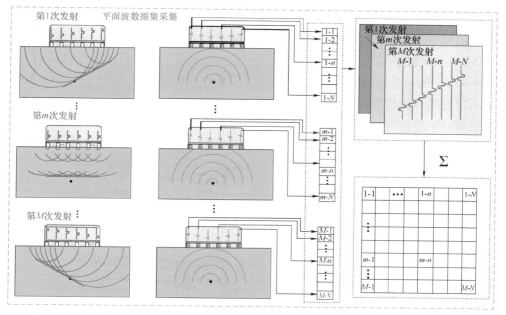

图 4-14　平面波信号数据集的采集和存储过程

　　图 4-15 所示为平面波信号采集过程中的激励延时矩阵和信号数据集排序示意图。平面波的发射是需要激励延时的，每次激励前需要利用式（4-3）计算 1~N 号阵元，以得到所需要的平面波偏转角。这样，M 次发射就需要 $N \times M$ 个激励延时 τ，进而形成了激励延时矩阵 $\tau \times N \times M$。如图 4-15a 所示，每次发射时在激励延时矩阵中选取发射序号对应的一列延时数组就可实现平面波的偏转。例如，第 m 次发射时，选取 4-15a 中第 m 列延时数组，就可以使平面波以偏转角 $\theta_m (1, 2, \cdots, M)$ 发射。图 4-15a 中的每个网格代表一个延时数值。

$\frac{m}{n}$	1	...	...	m	...	M
1	τ_{11}					τ_{M1}
:	τ_{12}					τ_{M2}
:	τ_{13}					τ_{M3}
n	:	:	:	τ_{mn}	:	:
:	:					:
N	τ_{1N}					τ_{MN}

a)

$\frac{m}{n}$	1	...	...	m	...	M
1	S_{11}					S_{M1}
:	S_{12}					S_{M2}
:	S_{13}					S_{M3}
n	:	:	:	S_{mn}	:	:
:	:					:
N	S_{1N}					S_{MN}

b)

图 4-15　平面波信号采集过程中的激励延时矩阵和信号数据集排序示意图

a）激励延时矩阵　b）信号数据集

平面波信号数据集通常用发射序号 m 和接收阵元序号 n 规定 A 型脉冲超声回波信号的序号。例如，发射序号 $m=1$、接收阵元序号 $n=N$ 时，则图 4-15b 中的 S_{1N} 表示发射序号为 1 时，被 N 号阵元接收的 A 型脉冲超声回波信号 $s(t)$。图 4-15b 中的每个网格代表一个 A 型脉冲超声回波信号，其下标对应的两个数字表示发射序号和接收阵元，即前文所述的发射-接收对。对比图 4-15a 和 b 可知，激励延时矩阵和信号数据集的发射序号和接收序号是一一对应的，但不同的是激励延时矩阵中每个网格代表一个延时数值，而平面波信号数据集中每个网格代表一个信号。

平面波信号采集过程中探头所发声波是以一定偏转角在介质内传播的。在遇到反射体前，声波的波前形状为平面波。与反射体交互作用后，反射波波前形状变为球面波。对于成像平面 x-z 而言，遇到反射体前波阵面为平面内的一条直线，经反射后波阵面变成圆形。由于平面波和球面波的传播规律不同，导致平面波信号数据集排列为 B 扫描图像后，反射体回波影像明显不同于自发自收和一发多收信号数据集。

图 4-16 所示为不同偏转角下的平面波 B 扫描图像，被检介质及反射体模型如图 4-16a 所示。对比图 4-16b、c、d 可知，B 扫描图像的始发脉冲和底面回波会随偏转角的变化而变化，这与平面波的传播路径有关。例如，−16° 和 16° 偏转角下始发脉冲回波、反射体回波、底面回波都发生了偏转，而 0° 偏转角下这三类回波影像未发生偏转。此外，−16° 和 16° 偏转角下的 B 扫描图像始发脉冲回波和底面回波呈晶面对称状。值得注意的是，由于反射波为球面波，图像中两个反射体回波均出现了甩弧现象。

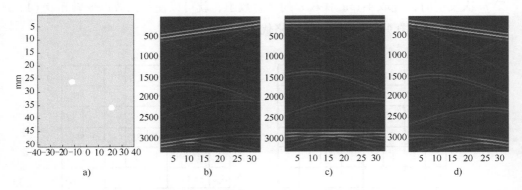

图 4-16　不同偏转角下的平面波 B 扫描图像
a）被检介质　b）−16°偏转角　c）0°偏转角　d）16°偏转角

4.4　相干复合平面波成像

4.4.1　平面波视速度

在如图 4-17a 所示的直角坐标系中，假设某平面波的波长为 λ，以声速 c 和偏转角 $\theta(\theta \neq 0°)$ 沿坐标系下方传播。根据平面波的特性，可将沿 θ 方向传播的波长 λ 分解为沿 x 轴传播分量 λ_x 和沿 z 轴传播分量 λ_z。根据图 4-17a 中几何关系，x 轴的波长分量 λ_x 和 z 轴的波长分量 λ_z 为

$$\lambda_x = \frac{\lambda}{\sin\theta}, \quad \lambda_z = \frac{\lambda}{\cos\theta} \tag{4-4}$$

由波长、频率和声速之间的关系式 $c = f\lambda$ 可知，声速 c 等于频率 f 与波长 λ 的乘积。因此，图 4-17a 中平面波沿 x 轴和 z 轴的速度分量表达式为

$$c_x = f\lambda_x = \frac{f\lambda}{\sin\theta} = \frac{c}{\sin\theta}, \quad c_z = f\lambda_z = \frac{f\lambda}{\cos\theta} = \frac{c}{\cos\theta} \tag{4-5}$$

式中，c_x 和 c_z 是视速度，即平面波在直角坐标系中沿 x 轴和 z 轴的速度分量。

由式（4-5）可知，当偏转角 $\theta \neq 0°$ 时，波长 λ 总是小于波长分量 λ_x 和 λ_z。当偏转角 $\theta = 0°$ 时，如图 4-17b 所示，波长沿 z 轴的分量 λ_z 等于波长 λ。可以理解为，当偏转角 $\theta = 0°$ 时平面波将以声速 c 沿 z 轴方向传播。

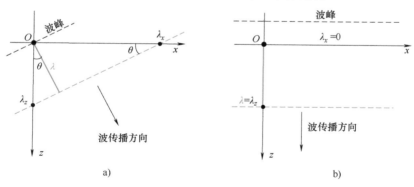

图 4-17　相角 θ 平面波的视速度分解

a）$\theta \neq 0°$　b）$\theta = 0°$

4.4.2　平面波声传播时间

如图 4-18a 所示，平面波以偏转角 θ 在声速为 c 的介质中传播。假设 $O(0,0)$ 为坐标系原点，$F(x,z)$ 为介质中的任意一点，$A(0,z)$ 为 z 轴上与 $F(x,z)$ 处于

同一水平位置的一个点。根据图 4-18a 的位置关系可知，平面波由点 O 传播至点 F 的时间等于点 O 至点 A 与点 A 至点 F 传播时间之和。即 $t_{OF}=t_{OA}+t_{AF}$。根据式（4-5）描述的视速度，平面波由点 O 至点 A 的声传播时间为

$$t_{OA}=\frac{z}{c_z}=\frac{z\cos\theta}{c} \tag{4-6}$$

同理，平面波由点 A 传播至点 F 的时间为

$$t_{AF}=\frac{x}{c_x}=\frac{x\sin\theta}{c} \tag{4-7}$$

由于点 O 传播至点 F 的时间等于点 O 至点 A 与点 A 至点 F 传播时间之和，因此点 O 传播至点 F 的时间为

$$t_{OF}=t_{OA}+t_{AF}=\frac{x}{c_x}+\frac{z}{c_z}=\frac{x\sin\theta+z\cos\theta}{c} \tag{4-8}$$

如图 4-18b 所示，当平面波偏转角度 $\theta=0°$ 时，平面波波前恰好与 x 轴重合，此时平面波的声传播速度 $c_x=0$。对应地，点 O 至点 F 的声传播时间为 $t_{OF}=z/c$。

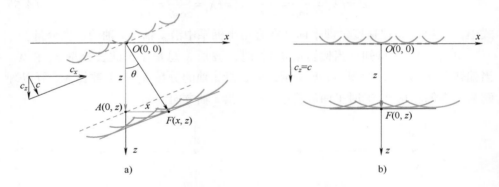

图 4-18　平面波波前到成像点的声传播路径

a) $\theta\neq0°$　b) $\theta=0°$

综上，由原点 $O(0,0)$ 发出传播至介质内任意一点 $F(x,z)$ 的平面波声传播表达式为

$$t_{(x,z)}=\frac{x\sin\theta+z\cos\theta}{c} \tag{4-9}$$

若将式（4-9）推广至平面波在介质中传播的每一个点，能够获得平面波在空间中传播的等时面。图 4-19 所示为平面波以不同角度发射所对应的波前轨迹等时线。平面波的等时面由多条相互平行的直线组成，每条线代表不同时刻下的等时线，即平面波波阵面位置。对比图 4-19a、b、c 可知，平面波等时线的法线方向等于平面波偏方向。如图 4-19a 和 c 所示，当偏转角 $\theta\neq0°$ 时法线与 z 轴

呈夹角 θ。如图 4-19b 所示，当偏转角 $\theta=0°$ 时法线平行于 z 轴。

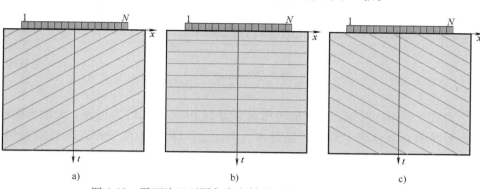

图 4-19 平面波以不同角度发射所对应的波前轨迹等时线

a) $\theta=-30°$ b) $\theta=0°$ c) $\theta=30°$

了解了平面波等时面的特点后，让我们一起分析平面波信号数据集的图像重建。对于线性阵列探头中心位于坐标原点 $O(0,0)$ 的情况，图 4-18a 中的点 $F(x,z)$ 可视作成像区域中任意像素点，则可由式（4-9）计算出以等时线 $O(0,0)$ 为 0 时刻，成像区域各像素点对应的等时面。然而，由式（4-3）可知，实际仪器若要发射 $\theta\neq0°$ 的偏转角，就必须先激励线性阵列探头两侧的阵元，即当 1 号阵元先发射时偏转角 $\theta>0°$，当 N 号阵元先发射时偏转角 $\theta<0°$。线性阵列探头所发平面波的声传播路径如图 4-20 所示，无论 1 号阵元先发射还是 N 号阵元先发射，平面波的发射位置均不在原点。此时，平面波的发射时刻 $t=0$ 位于 1 号阵元或 N 号阵元。

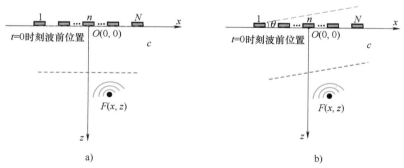

图 4-20 线性阵列探头所发平面波的声传播路径

a) $\theta=0°$ b) $\theta\neq0°$

由于发射时刻 $t=0$ 已不再位于原点 $O(0,0)$，因此需要修正式（4-9）才能计算出成像区域各像素点对应的等时面。由图 4-20 可知，无论 1 号阵元先发射还是 N 号阵元先发射，平面波的发射位置均与原点相距半个探头的长度，即半

孔径 $x_{N/2}=(N-1)\,d/2$。根据式（4-7），可推导出 1 号阵元或 N 号阵元到原点 $O(0,0)$ 的平面波传播时间，其表达式为

$$t_{1N}=\begin{cases}\dfrac{(N-1)\,d\sin\theta}{2c}, & \theta>0°\\[3mm] \dfrac{(1-N)\,d\sin\theta}{2c}, & \theta<0°\end{cases} \tag{4-10}$$

由式（4-10）可知，不管偏转角 $\theta>0°$ 还是 $\theta<0°$，t_{1N} 均为正值。无论平面波的发射时刻 $t=0$ 位于 1 号阵元还是 N 号阵元，均相较于位于原点时提前发射。因此，平面波传播至任意像素点 (x,z) 的时间为

$$t_{\theta}=\frac{z\cos\theta+x\sin\theta}{c}+\frac{|(N-1)\,d\sin\theta|}{2c} \tag{4-11}$$

需要说明的是，式（4-11）可以适用于偏转角 $\theta=0°$ 时的传播时间计算。当 $\theta=0°$ 时，式（4-11）中 $\sin\theta=0$ 且 $\cos\theta=1$，此时 $t_{\theta=0}=z/c$。

图 4-21 所示为平面波的发射和采集，是不同时刻下平面波传播的波场快照，由图 4-21 可知，在遇到反射体前平面波波阵面为二维内的一条直线，经反射后变为球面波波阵面。

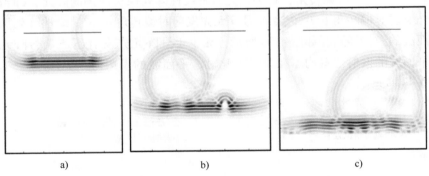

图 4-21　平面波的发射和采集

a）平面波发射　b）与缺陷相互作用　c）反射回波

平面波成像时还要考虑由像素点返回至阵元的传播时间。与自发自收模式的传播方式类似，从像素点 (x,z) 到阵元 $(x_n,0)$ 的声传播时间为

$$t_n=\frac{\sqrt{(x_n-x)^2+z^2}}{c} \tag{4-12}$$

综上，偏转角为 θ 的平面波经由反射体传回至阵元 n 的声传播时间 t_{θ_n} 为

$$t_{\theta_n}=\frac{z\cos\theta+x\sin\theta}{c}+\frac{|(N-1)\,d\sin\theta|}{2c}+\frac{\sqrt{(x_n-x)^2+z^2}}{c} \tag{4-13}$$

4.4.3　相干复合平面波成像的实现

相比于自发自收和一发多收信号采集模式，平面波发射波阵面为平面，导致声传播时间发生显著改变，但仍然可以按照例 3-1 和例 4-1 的方式进行延时叠加图像重建。相干复合平面波成像的实现步骤为：定义时距曲线参数、定义成像区域参数和图像重建。下面，通过例 4-2 介绍相干复合平面波成像的实现过程。

例 4-2：需要图像重建的平面波信号数据集为碳素钢中 30mm 深处直径 2mm 边钻孔回波模拟信号。被检工件的材质为碳素钢，纵波声速为 5900m/s。阵列探头阵元中心频率设置为 5MHz，探头相邻阵元中心距为 0.6mm，采样频率设置为 100MHz。平面波偏转角度范围为 −30°~30°，角度间隔为 1°，发射次数为 61 次。通过本案例解释和说明平面波信号数据集的图像重建过程。

时距曲线参数、定义成像区域参数代码如下所示，其功能与例 3-1 和例 4-1 完全相同，此处不再赘述。

```
1  Load ('example_4_2.mat');          % 导入文件,导入文件名按照实际名称
2  [sampling_number,element_number,firing_number]=size(RF_data);
                                      % 超声矩阵的采样点数、阵元数和发射次数
3  pitch=0.0006;                      % 阵元中心间距[单位:m]
4  element_location=(-(element_number-1)/2:(element_number1)/2)*pitch;
                                      % 时距曲线中阵元在 x 轴的位置
5  sampling_frequency=100*1e6;        % 采样频率,用于计算时距曲线中的时间序列
6  tt=(0:(sampling_number-1))/sampling_frequency;
                                      % 信号的离散点
7  ROI_width=45*1e-3;                 % 成像区域的宽度[单位:m]
8  ROI_depth=90*1e-3;                 % 成像区域的深度[单位:m]
9  gap_width=0.6*1e-3;                % 成像区域宽度上的步进间隔[单位:m]
10 gap_depth=0.05*1e-3;               % 成像区域深度上的步进间隔[单位:m]
11 ROI_x=-(ROI_width/2-gap_width):gap_width:(ROI_width/2-gap_width);
                                      % 成像区域各像素点的水平坐标[单位:m]
12 ROI_z=0:gap_depth:ROI_depth;       % 成像区域各像素点的深度坐标[单位:m]
13 [X,Z]=meshgrid(ROI_x,ROI_z);       % 建立成像区域的水平和深度像素点矩阵集,
                                        X—水平位置矩阵、Z—深度位置矩阵
```

对比例 4-1 可知，平面波信号数据集的图像重建与全聚焦成像类似。其思路均为通过第 17~25 行代码中采用了两个 for 循环语句，依次算得 N×M 组发射-接收对的等时面后，进行延时叠加图像重建。与全聚焦图像重建不同的是，

平面波图像重建前需要定义发射角度，即通过第 16 行按照要求定义 61 个偏转角度，以便利用式（4-11）计算某一偏转角下的发射等时面。执行代码具体如下：

```
14 c=5900;                              % 材料的声速,更改材料时需进行相应修改
15 shifted_data=zeros(length(ROI_z),length(ROI_x));   % 建立用于图像重
                                                        建的全零矩阵
16 angles=(-30:1:30).*pi/180;          % 平面波发射的角度
17 for m=1:firing_number               % 计算第 m 次发射的等时面矩阵
18   emit_surface=(X*sin(angles(m))+Z*cos(angles(m))+(element_
     number-1)/2*pitch*sin(angles(m))*sign(angles(m)))/c;
19   for n=1:element_number            % 计算第 n 号接收阵元的等时面矩阵
20     receive_surface=sqrt(((element_location(n)-X).^2+(Z).^2)/c;
                                        % 计算 m-n 组的等距面矩阵
21     isochronous_surface=transmit_delay+receive_delay;
                                        % 将 m-n 组所收到的信号分配到成像区域
22     shifted_data_mn=interp1(tt,fmc_data(:,n,m),isochronous_surface,
       'spline',0);                    % 超声重建图像的叠加,即将所有阵元的重
                                        建图像进行叠加
23     shifted_data=shifted_data+shifted_data_mn;
24   end
25 end
```

在平面波信号数据集图像重建步骤中，需要说明的是发射等时面"emit_surface"的计算方法。由于平面波的传播方式不同于球面波，因此需要基于式（4-13）计算成像区域内所有像素点的等时面矩阵，具体详见代码第 18 行。接收等时面"receive_surface"的计算与全聚焦图像的重建完全相同。图 4-22 所示为发射角 -30° 时，64 号阵元接收形成的等时面。平面波偏转角为 -30° 的等时面由多条相互平行的斜线组成，如图 4-22a 所示。当发射等时面与图 4-22b 所示等时面相加后，可以看出，图 4-22c 中总等时面的圆弧弧度有一定程度的削弱。

当第 1~25 行代码被执行后，即可获得重建后的相干复合平面波图像。执行例 3-1 中的图像显示脚本，可算得图 4-23 所示的射频统一化、归一化、增益 20dB、增益 10dB 以及包络统一化、归一化、增益 20dB 和对数压缩成像显示模式。将图 4-23 对比图 4-11 和图 3-24 可知，平面波图像的缺陷回波幅值和回波水平宽度与全聚焦成像大体相当。回波幅值较合成孔径聚焦成像更高，回波水平宽度更窄。相比于全矩阵数据集的重建图像，平面波图像的缺陷回波幅值和水

平宽度与全聚焦图像基本相当。对比后可知，类似于全聚焦成像，相干复合平面波成像也克服了孔径受限的影响，通过相干复合提升成像效果。

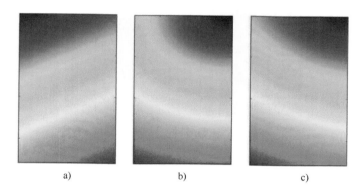

图 4-22　发射角−30°时 64 号阵元接收形成的等时面

a）偏转角为−30°时的发射等时面　b）64 号阵元的接收等时面　c）总等时面

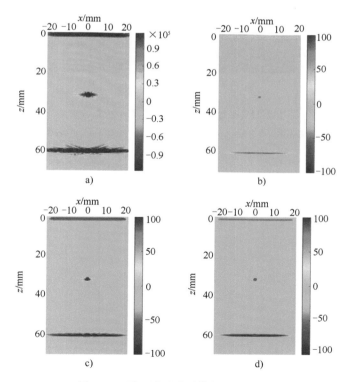

图 4-23　平面波重建图像的显示模式

a）射频统一化　b）射频归一化　c）射频增益 20dB　d）射频增益 10dB

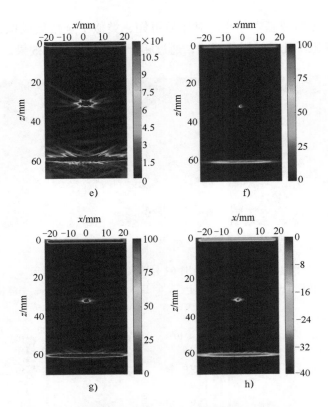

图 4-23　平面波重建图像的显示模式（续）

e）包络统一化　f）包络归一化　g）包络增益 20dB　h）包络对数压缩成像

第 5 章

全聚焦成像质量和图谱特征

第 3 章和第 4 章介绍了基于超声后处理成像技术的图像重建，给出了带有缺陷影像的成像过程。为了更好地表征缺陷，需要关注重建图像后的成像质量。超声成像质量受多种因素影响，如像素点规模、阵元参数、有效孔径等，因此在本章，将通过引入分辨率和对比度两大类超声图像质量评估指标，讨论成像过程中各参数对图像质量的影响，为提高超声成像质量提供理论依据，最后介绍全聚焦的图谱特征及面积型缺陷的定量方法。

5.1 超声图像质量指标

从超声图像的角度来讲，分辨率和对比度基本决定了超声图像的质量，分辨率主要决定超声系统缺陷的识别能力，对比度主要决定目标缺陷图像的细节和轮廓识别并与周围图像能区分的能力。

5.1.1 分辨率

瑞利判据（Rayleigh Criterion）通过观察一个点光源的衍射图像中央最亮处与另一个点光源第一暗纹重合时，波形会互相叠加至区分不出来，此距离为最小分辨率，如图 5-1 所示。瑞利判据同样适用于超声成像检测领域。

通常，超声成像中采用纵向和横向分辨率评价缺陷检出能力。纵向分辨率也称为轴向分辨率，它是在沿探头波束轴线方向上恰好区分两个检测目标缺陷的最小距离。如图 5-2 所示，在实际的脉冲激励超声检测系统中，设置 P_1 与 P_2 为同一垂直平面的两个目标缺陷，脉冲信号遇到目标缺陷 P_1、P_2 时形成缺陷回波 S_1、S_2，随着 S_1 和 S_2 之间间距 ΔL 变窄，两缺陷回波会进行相干叠加。当 $\Delta L > \rho_L$ 时，由于两个缺陷距离较远，缺陷回波信号相干叠加后，两缺陷回波 S_1、

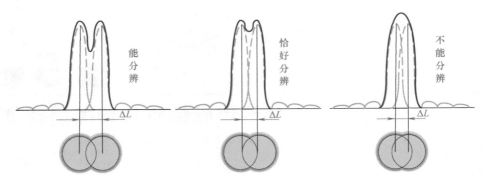

图 5-1　通过瑞利判据区分反射体的原理

S_2 能看出两个波峰；当 $\Delta L = \rho_L$ 时，两缺陷回波信号相干叠加后，两缺陷回波 S_1、S_2 恰好能分辨，此时两缺陷 P_1、P_2 间的距离为缺陷的最小可识别距离，即纵向分辨率；当 $\Delta L < \rho_L$ 时，两个缺陷回波 S_1、S_2 叠加为一个缺陷回波，只显示出一个波峰，不能分辨出两个缺陷回波，因此超声检测系统识别相邻缺陷的能力是有限的，当两回波叠加后恰好能识别的极限最小距离被称为纵向分辨率，而纵向分辨率 ρ_L 由式（5-1）决定。

$$\rho_L = c \frac{W}{2} \tag{5-1}$$

式中，c 是声速；W 是脉冲宽度。

由式（5-1）可知，纵向分辨率取决于脉冲宽度[70]。提高中心频率或减少脉冲循环数，均能够提高纵向分辨率[71]。

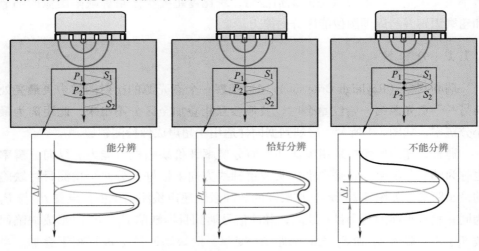

图 5-2　纵向分辨率原理示意图

84

　　横向分辨率也称为侧向分辨率，它是在沿探头波束轴线的垂直方向上恰好区分两个检测目标缺陷的最小距离。如图 5-3 所示，P_3 与 P_4 为同一水平面的两个目标缺陷，$\beta_{0.5}$ 为主瓣高度一半时的角度，当 P_3 与 P_4 分别在 $[-\theta, -\beta_{0.5})$ 与 $(\beta_{0.5}, \theta]$ 时，由于两个缺陷距离较远，缺陷回波信号未相干叠加，两缺陷能被分辨；当 P_3、P_4 分别在 $-\beta_{0.5}$ 与 $\beta_{0.5}$ 时，缺陷回波信号相干叠加后，两缺陷恰好能分辨，此时两缺陷 P_3、P_4 间的距离为缺陷的最小可识别距离，即横向分辨率；当 P_3、P_4 在 $(\beta_{0.5}, -\beta_{0.5})$ 时，两个缺陷回波相干叠加为一个缺陷回波，不能分辨出两个缺陷回波。因此，-6dB 主瓣宽度越窄，横向分辨率越高。随着检测深度的增加，波束在扩散区的 -6dB 主瓣宽度变宽，横向分辨率会略微下降。为进一步提高超声成像系统的横向分辨率，由式（3-1）可知，在适当范围内提高中心频率 f 和阵元宽度 d 可降低半扩散角 θ，从而增加波束指向性，使主瓣的 -6dB 宽度变窄。

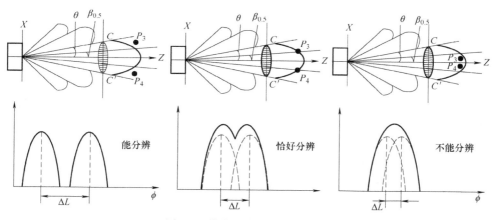

图 5-3　横向分辨率原理示意图

　　半峰值宽度（The Full Width at Half Maximum，FWHM）是评价图像分辨率的指标，其原理如图 5-4 所示。FWHM 的执行过程如下：选择对数压缩超声图像中缺陷回波所在区域，找到缺陷回波的最高幅值，并在回波处能量降低一半处作一条直线，则直线与波峰两侧焦点之间的距离即为纵向半峰值宽度[72]。同理，横向半峰值宽度是在横向上取最大回波处缺陷信号，用来评价成像的横向分辨率。FWHM 的单位与所检测缺陷的单位一致。根据定义可知，FWHM 值越小，成像分辨率越高，缺陷的识别能力越强。

　　除 FWHM 外，在全聚焦成像这种后处理相控阵超声成像检测中，还专门引入阵列性能参数指标（Array Performance Indicator，API）的概念来定量横向分辨率与纵向分辨率的综合体现，即空间分辨率。API 的计算式为

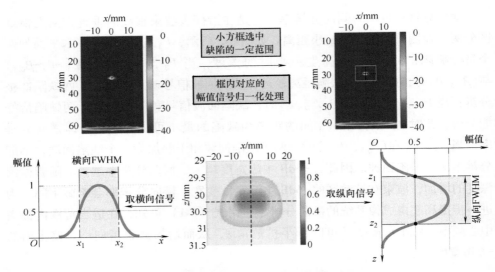

图 5-4　半峰值宽度评价图像分辨率的原理

$$\text{API} = \frac{A_{-6\text{dB}}}{\lambda^2} \tag{5-2}$$

式中，$A_{-6\text{dB}}$ 是缺陷最大幅值的一半所占面积；λ 是声波波长[73]。

下面，通过图 5-5 进一步理解 API 的概念。首先，选取超声图像中缺陷回波及周围区域，并将选取框内对应的回波信号幅值进行归一化处理；然后，以

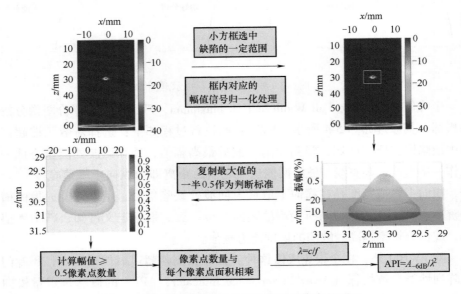

图 5-5　阵列性能指标 API 评价图像分辨率的原理

归一化后信号幅值最大值的一半为标准[74]，统计幅值 ≥ 0.5 的像素点数量，将算得的像素点数量乘以单个像素点的面积即得到缺陷最大幅值的一半所占的面积 A_{-6dB}，其与检测声波波长 λ 的平方比即为阵列性能参数指标 API。根据定义可知，图像缺陷的 API 值越小，缺陷图像的空间分辨率越高。

5.1.2　对比度

在超声图像质量评价中，对比度是指反射体回波和周围图像背景之间的差异，即回波与周围的反差。对比度的差异范围越大，反射体回波的轮廓、特征显示就更为清晰。反之，反射体回波和背景之间难以区分，给缺陷的识别和判定造成困难。对于超声图像而言，通常以信噪比和动态范围评价超声图像的对比度。作为评价超声图像对比度的评价指标，信噪比（Signal-Noise Ratio，SNR）的计算式为[75]

$$SNR = 10\log\left(\frac{A_{signal}^2}{A_{noise}^2}\right) = 20\log\left(\frac{A_{signal}}{A_{noise}}\right) \tag{5-3}$$

式中，A_{signal} 是缺陷回波平均幅值；A_{noise} 是回波周围的平均噪声幅值。

图 5-6 所示为信噪比评价图像对比度的原理。在超声图像中选取图 5-6 红色圆圈所示的缺陷回波区域，统计回波区域的平均幅值 A_{signal}；然后，选中缺陷回波周围的背景区域，统计图 5-6 中两条绿线围成被选区域的 A_{noise}；最后，利用式（5-3）计算该缺陷回波的信噪比。需要说明的是，图 5-6 所示的方法只适用于图 3-24 中统一化、归一化和增益这些非对数压缩超声图像的信噪比计算。对超声图像中的幅值进行对数压缩后，应采用式（5-4）计算信噪比。

$$SNR = A_{signal} - A_{noise} \tag{5-4}$$

一个质量较好的超声图像必须要有较高的信噪比，以便有效区分缺陷回波与周围噪声。通常，评价图像质量时，需要设置一个信噪比的下限，当超过下限时才能认为这是合格的超声图像。例如，相关检测标准规定，要求相控阵超声图像的信噪比至少达到 6dB，即缺陷回波信号波高至少为噪声信号波高的 2 倍才能勉强将缺陷回波信号从噪声信号中区分[76]。信噪比越高，意味着噪声的干扰越小。当信噪比提高到一定数值时，噪声就不再是影响图像质量的主要因素，若要进一步提高成像质量，则需要考虑其他因素。

作为另一个评价对比度的指标，动态范围对超声图像中缺陷的显示具有重要的影响[77]。如图 3-24 所示，即使是同一图像，不同动态范围下缺陷回波的区分难易也是不同的。对比图 3-24b 和图 3-24c 可知，增益 20dB 后合成孔径聚焦图像中缺陷回波更加明显。因此，在超声成像系统中，为清晰显示出接收到回

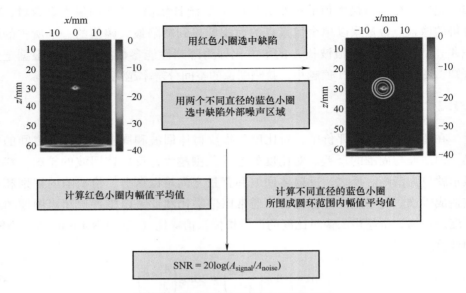

图 5-6 信噪比评价图像对比度的原理

波信号的所有信息，超声图像的动态范围必须在适合区分缺陷回波的范围内，以便更清晰地显示所需要观察的缺陷。受被检介质的声界面特性、吸收衰减和检测深度的影响，缺陷回波信号的动态范围为 40~120dB。然而，超声无损检测的动态范围一般比较小，为 10~50dB。例如，图 3-24f 的动态范围设定在-40~0dB，符合 10~50dB 动态显示范围[78]。

5.2　重建像素点间隔

根据第 3 章和第 4 章中的相关描述，全聚焦图像重建前需要定义空间域参数，用以确定重建图像范围、像素点规模等参数信息，这些参数直接决定了重建图像的范围和质量。由第 3 章可知，成像区域的宽度 ROI_width 和深度 ROI_depth 决定了成像区域的范围，横向像素点间隔 gap_width 和纵向像素点间隔 gap_depth 分别决定了重建图像的横向和纵向分辨能力，进而影响重建图像的质量。下面，我们通过例 4-1 中的全矩阵数据一起探究像素点间隔对全聚焦重建图像的影响。

5.2.1　横向像素点间隔

由例 4-1 可知，全聚集成像所用全矩阵数据集由阵元中心距 pitch = 0.6mm 的探头所采。为研究横向像素点间隔对成像质量的影响，将横向像素点间隔设置为 5pitch、3pitch、pitch 和 1/2pitch，获得图 5-7 所示的全聚焦重建图像。同时，统计不同横向像素点间隔对应的反射体回波横向半波高水平宽度，见表 5-1。当 gap_width 为 5pitch 时，横向像素点间隔 gap_width 远大于阵元中心间隔 pitch，反射体回波影像被拉长，回波信号幅值较弱，横向 FWHM = 6，表明 gap_width 为 5pitch 时的横向分辨率最差；当 gap_width 为 3pitch 时，反射体回波变窄，回波信号能量集中，横向分辨率较 5pitch 时有所改善，但成像质量效果仍然不够理想；当 gap_width 为 pitch 时，反射体回波影像与例 4-1 中 gap_width 为 0.05mm 所重建的图像几乎相同，横向分辨率较图 5-7a 和图 5-7b 明显改善；当 gap_width 为 1/2 * pitch 时，反射体回波影像和横向 FWHM 与 gap_width 为 pitch 时基本相同，反射体影像边缘花状回波几乎一致。

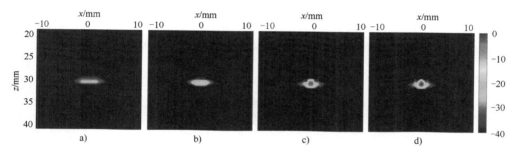

图 5-7　不同横向像素点间隔下的全聚焦重建图像

a）5pitch　b）3pitch　c）pitch　d）1/2pitch

表 5-1　不同横向像素点间隔对应的反射体回波横向半波高水平宽度

gap_width	5pitch	3pitch	pitch	1/2pitch
横向 FWHM	6	3.6	1.4	1.4

综上所述，全聚焦图像重建时应选择横向间隔 gap_width 不大于 pitch 的像素点间隔。当像素点间隔大于 pitch 时，成像质量将随间隔的增加而逐渐变差，不能有效呈现反射体或缺陷特征。除考虑阵元中心距 pitch 外，选择横向像素点间隔时还需要考虑需要呈现的最小反射体尺寸。当横向像素点间隔过大时，存在相邻缺陷被包含在同一像素点的情况，导致成像显示图中两个反射体被混为一个缺陷的情况。因此，横向像素点间隔通常要小于最小可检反射体水平尺寸。

5.2.2　纵向像素点间隔

由例 4-1 可知，材料声速为 5900m/s、探头中心频率为 5MHz，进而推导出

波长 λ 为 1.18mm。将纵向像素点间隔（gap_depth）分别设为 λ/2、λ/4、λ/8、λ/16，分析不同纵向像素点间隔对成像质量的影响，如图 5-8 所示。当 gap_depth 为 λ/2 时，纵向像素点间隔过大，且由于信号经过希尔伯特变换和对数压缩，导致图中反射体的回波幅值被明显拉长，出现了第 2 章所述的欠采样情况；同时，由表 5-2 可知，反射体纵向 FWHM 过大，纵向分辨率较低，反射体回波能量不集中，成像效果较差。当 gap_depth 减小至 λ/4 时，其成像质量与图 5-8a 相比略有提升，纵向 FWHM 有所减小，纵向分辨率得到改善，但仍无法更好地显现缺陷。当 gap_depth 分别减小到 λ/8 与 λ/16 时，两者的图像基本一致，成像质量没有显著变化，都能很好地显示出缺陷，且两者的纵向 FWHM 相同，故纵向分辨率相同。

由图 5-8 可知，反射体纵向分辨率随着纵向像素点间隔 gap_depth 的减小逐渐增大，图像的成像质量也变得越来越好。然而，当纵向像素点间隔减小到一定程度时，纵向分辨率保持不变，图像的成像质量也基本保持不变。

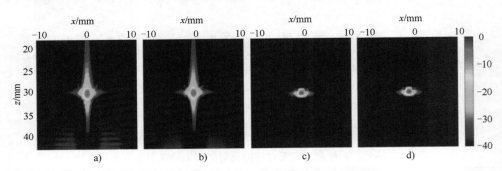

图 5-8　不同纵向像素点间隔下的全聚焦重建图像
a) λ/2　b) λ/4　c) λ/8　d) λ/16

表 5-2　不同纵向像素点间隔对应的反射体回波纵向半波高水平宽度

gap_depth	λ/2	λ/4	λ/8	λ/16
纵向 FWHM	2.0	1.6	1.0	1.0

5.3　阵元参数

对于线性阵列探头而言，阵元的宽度、数量和阵元的中心间距决定了阵元的有效孔径，而发射阵元的波前与阵元晶片的数量和宽度密切相关，故阵元的参数会影响全聚焦成像质量[79]。阵元参数包括阵元数量、阵元间隔和阵元中心频率等。下面将通过实际图像与数据，研究分析阵元参数对全聚焦成像质量的影响。

5.3.1　阵元数量

根据例 4-1，阵元中心间距为 0.6mm，通过设置不同的阵元数量（分别为 12、24、32 和 64）来观察其对成像质量的影响。阵元按照图 5-9 所示的排列方式进行配置，不同阵元数量的成像效果如图 5-10 所示。

表 5-3 列出了不同阵元数量下所成图像的横向 FWHM 与纵向 FWHM。保持阵元中心间距不变，将阵元数量分别设为 12、24、32、64，通过改变阵元数量来改变阵元的有效孔径。当阵元数量为 12 时，反射体回波被拉长，回波中心能量不集中，成像的横向 FWHM 最大，横向分辨率最低。

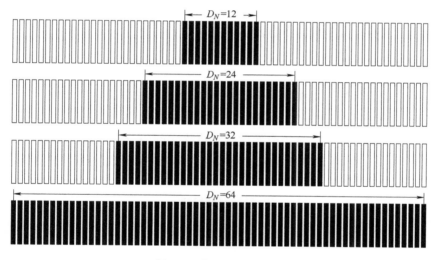

图 5-9　阵元的排列方式

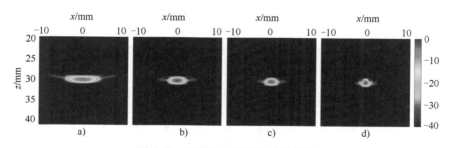

图 5-10　不同阵元数量的成像效果

a）12 阵元　b）24 阵元　c）32 阵元　d）64 阵元

表 5-3　不同阵元数量成像的 FWHM

阵元数量	12	24	32	64
横向 FWHM/mm	4	2.2	1.4	1.0
纵向 FWHM/mm	1.0	1.0	1.0	1.0

随着阵元数量增加至 24 和 32，阵元发射-接收对也随之增加为 24^2 和 32^2，图 5-10c 中反射体回波不断变窄，回波中心能量不断提升，横向 FWHM 不断减少，成像的横向分辨率逐步提升，但两者的纵向 FWHM 没有变化且与阵元数量为 12 时的纵向 FWHM 相同，说明阵元数量的改变对重构图像的纵向分辨影响较小。当阵元数量增至 64 时，图像中的反射体回波更加集中，成像质量较好且与例 4-1 的图像相同；相较于其他阵元，其横向 FWHM 最小，横向分辨率最高，纵向 FWHM 不变。随着阵元数量的增加，横向 FWHM 呈现下降趋势，意味着横向分辨率增加；而纵向 FWHM 基本保持不变，表明阵元数量的变化主要影响横向分辨率，对纵向分辨率的影响较小。

5.3.2　阵元间隔

下面研究线性阵列探头不同阵元间隔对全聚焦成像质量的影响。当阵元数量为 12 时，使用中心频率为 5MHz 的线性阵列探头，通过改变阵元间隔来改变阵元有效孔径从而影响全聚焦成像质量。将阵元间隔分别设为 0.6mm、1.2mm、1.8mm 和 3mm，使用 TFM 算法来进行成像，阵元排布情况如图 5-11 所示。

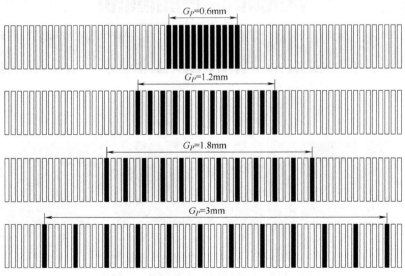

图 5-11　阵元间隔

图 5-12 所示为不同阵元间隔下的重建图像，当阵元间隔为 0.6mm 时，即 12 个阵元紧密排列，观察到反射体回波被拉长，能量不集中。

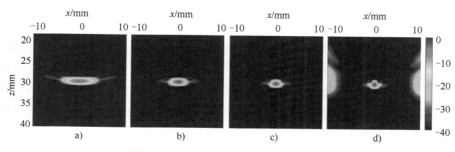

图 5-12　不同阵元间隔下的重建图像

a) 0.6mm　b) 1.2mm　c) 1.8mm　d) 3mm

随着阵元间隔增至 1.2mm 和 1.8mm，反射体回波逐渐变窄，能量较为集中，横向 FWHM 随之降低，横向分辨率显著提高，而纵向 FWHM 不变，纵向分辨率保持不变；进一步将阵元间隔增大至 3mm 时，相比于 1.8mm 间隔，反射体回波能量更为集中，成像更加清晰，但反射体周围却出现了能量分配不均的情况。通过比较表 5-4 不同阵元间隔成像的 FWHM 值，发现横向 FWHM 值随阵元间隔的增大而减小，横向分辨率随之提高[43]，增大阵元间隔有助于减小各个阵元之间的相互干扰，从而提高成像的清晰度。

表 5-4　不同阵元间隔成像的 FWHM

阵元间隔/mm	0.6	1.2	1.8	3
横向 FWHM	2.5	1.4	0.9	0.9
纵向 FWHM	1.0	1.0	1.0	1.0

5.3.3　阵元的脉冲宽度

探头的脉冲宽度直接影响超声波在其传播方向的分辨率，脉冲宽度越小，纵向分辨率越高[80]，这是因为脉冲宽度与脉冲回波的持续时间有关，而脉冲回波的持续时间受脉冲回波的振动周期数及频率的影响。简单来说，脉冲宽度是由脉冲内包含的振动周期数和每个周期持续时间的乘积决定的。振动周期数是指在一个脉冲内发生的完整振动次数，频率是指单位时间内振动的次数，如果振动周期数不变，频率增加会导致脉冲宽度减小，从而提高纵向分辨率。如果频率保持不变，增加振动周期数会增加脉冲宽度，从而降低纵向分辨率。

下面分析探头不同脉冲循环数对成像图像质量的影响，试验中保持阵元数量为 64，中心频率为 5MHz 不变，通过改变脉冲循环数 n（2、4、6）来观察 TFM 图像的变化，见图 5-13。当循环数为 2 时，脉冲宽度最窄，成像效果不佳，同时还有甩弧现象；当循环数为 4 时，脉冲宽度增大，成像效果良好，具备良好的纵向分辨率；当循环数为 6 时，脉冲宽度最大，中心缺陷被拉长，纵向分辨率降低。在满足成像质量的前提下，脉冲宽度越窄对检测结果越有利，纵向分辨率越高。随着脉冲循环数的增加，反射体回波能量逐渐变窄，反射体不断往下移，不同脉冲循环数所成图像不在同一水平位置。脉冲循环数的增加使纵向 FWHM 不断增加，纵向分辨率降低，但其不影响横向分辨率，因此横向 FWHM 基本不变，见表 5-5。

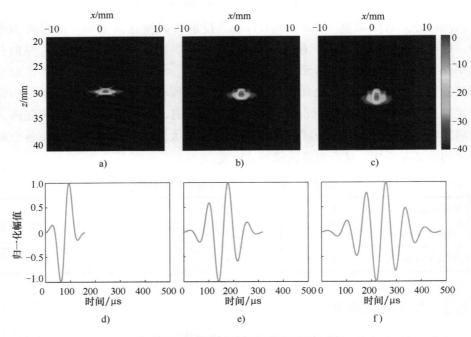

图 5-13　不同脉冲循环数的成像示意图

a) $n=2$　b) $n=4$　c) $n=6$　d) $n=2$ 脉冲宽度　e) $n=4$ 脉冲宽度　f) $n=6$ 脉冲宽度

表 5-5　不同脉冲循环数成像的 FWHM

脉冲循环数	2	4	6
纵向 FWHM	0.5	1.0	1.4
横向 FWHM	1.4	1.4	1.4

5.3.4　阵元的中心频率

探头的中心频率直接决定了该探头能够检测出的最小缺陷尺寸，中心频率越高，其阵元的脉冲宽度越小，纵向分辨率越高。脉冲宽度与频带成反比，频率越高，超声探头的带宽越宽，其主要的频率成分越多，能够使更多频率的超声在工件中传播，高频部分提高小缺陷的检出率，而低频部分降低其指向性。图 5-14 所示为不同频率的成像示意图，试验中保持阵元数量为 64，脉冲循环数为 4 不变，通过改变阵元中心频率（1MHz、2MHz、5MHz）来观察其对成像质量的影响。

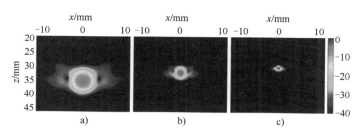

图 5-14　不同频率的成像示意图

a）1MHz　b）2MHz　c）5MHz

当阵元中心频率为 1MHz 时，反射体回波能量较为分散，成像不清晰。表 5-6 为不同频率成像的 FWHM，阵元中心频率为 1MHz 的纵向 FWHM 和横向 FWHM 以及 API 值最大，故成像分辨率最差。随着阵元中心频率的增加，反射体回波逐渐变窄，能量分布更加集中，纵向 FWHM 和横向 FWHM 以及 API 值呈现下降趋势，表示成像分辨率在逐渐提高。这种变化是因为阵元中心频率的增加导致了脉冲宽度的减小和波束指向性的提高。脉冲宽度的减小有利于提高纵向分辨率，而波束指向性的提高有利于提高横向分辨率。因此，随着阵元中心频率的增加，纵向分辨率和横向分辨率均得到提升，进而提高了整体的图像质量。

表 5-6　不同频率成像的 FWHM

频率	1MHz	2MHz	5MHz
纵向 FWHM	4.8	2.5	1.0
横向 FWHM	4.7	2.5	1.4
API	22.4364	3.5593	0.8618

5.4 平面波发射有效孔径

由例 4-2 可知，平面波成像所用数据集由偏转角度−30°~30°所采。为研究发射角度范围对成像质量的影响，将固定发射次数定为 5，更改不同的角度范围，角度范围见表 5-7，成像示意图如图 5-15 所示。

表 5-7 角度范围 单位：（°）

角度范围	−30~30	−24~24	−16~16	−14~14	−12~12	−8~8	−6~6	−2~2
1 次发射	−30	−24	−16	−14	−12	−8	−6	−2
2 次发射	−15	−12	−8	−7	−6	−4	−3	−1
3 次发射	0	0	0	0	0	0	0	0
4 次发射	15	12	8	7	6	4	3	1
5 次发射	30	24	16	14	12	8	6	2

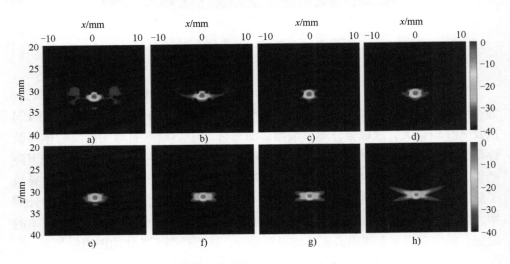

图 5-15 相同发射次数不同角度范围的成像示意图

a) −30°~30° b) −24°~24° c) −16°~16° d) −14°~14° e) −12°~12°

f) −8°~8° g) −6°~6° h) −2°~2°

由图 5-15a~c 可知，当角度范围较大，且发射次数固定时，缺陷两旁会产生杂波信号干扰缺陷成像。随着角度范围的缩小，杂波逐渐减弱直至几乎消失，图像质量逐渐提高。角度范围再次缩短，如图 5-15d~e 所示，缺陷周围旁瓣能量与衍射回波逐渐增强，图像质量逐渐降低。角度范围继续缩短，如图 5-15f～h 所示，缺陷开始出现甩弧现象，随着角度范围的缩短甩弧现象逐渐增强，直到图 5-15h 达到最强。将图 5-15h 与例 4-2 中 0°单角度发射角度下的平面波成像进行对比，图像并未发生显著变化，说明当角度范围过小时，发射次数的增加对图谱的改善效果不大。

综上所述，当角度范围过大时，会出现杂波干扰；当角度过小时，会出现甩弧现象，且与单角度成像区别不大，在成像时应根据实际情况选择适宜的成像范围，在本例中，应选择−16°～16°进行成像最佳。

下面我们保持角度范围恒定，观察不同发射次数下平面波的成像图谱。因为已知本例在−16°～16°范围下成像效果最佳，因此选择−16°～16°进行试验。按照表 5-8 角度选择得到图 5-16 所示平面波图谱成像。

表 5-8　相同角度范围不同发射次数角度选择

发射次数	9	5	3	2
角度选择	−16：4：16	−16：8：16	−16：16：16	−16：32：16

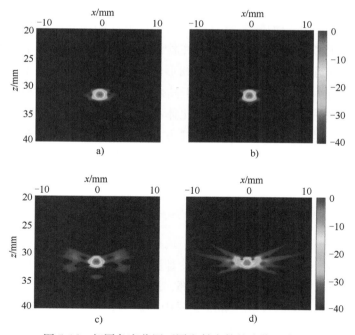

图 5-16　相同角度范围不同发射次数的成像示意图

a）发射次数 9　b）发射次数 5　c）发射次数 3　d）发射次数 2

由图 5-16a、b 可知，当发射次数较多，且角度范围固定时，缺陷两旁会产生杂波信号干扰缺陷成像。随着发射次数的减小，杂波逐渐减弱，图像质量逐渐提高。当发射次数继续减小时，如图 5-16c 所示，缺陷周围杂波不再减弱反而大幅增强，影响图像质量。当发射次数再次减小时，如图 5-16d 所示，图像两侧杂波不但继续增强，同时旁瓣能量也有所提高，缺陷显示效果变差。

综上所述，当角度范围固定时，平面波成像质量会随着发射次数的减小先变好后变差。当角度范围过大时，会有杂波影响。当角度范围过小时，不光有杂波，缺陷显示也不够清晰。由此可知，平面波发射次数选择与角度范围类似，都需要根据实际情况进行调整。

5.5 全聚焦图谱特征

根据超声检测的特点，缺陷可分为体积型缺陷和面积型缺陷。体积型缺陷指的是可以用三维尺寸或一个体积来描述的缺陷，通常在工件内部呈现尺寸不一的圆体或近球体。例 3-1、例 4-1、例 4-2 所使用的反射体就是人工制造的体积型缺陷的一种，该反射体在各方向上的尺寸完全相同，各方向反射的超声回波强度相同。由于体积型缺陷没有明显的方向性，超声检测在任意方向检测体积型缺陷时，对检测结果影响甚微。在检测范围内，无论从哪个方向入射至缺陷，图像中所显示的形状均为圆形或圆形轮廓。与体积型缺陷不同，面积型缺陷是指其第三维尺寸（厚度 D）远小于其余两维尺寸（长度 L 和宽度 W）的缺陷，通常在工件内部呈现长条形。相比体积型缺陷，面积型缺陷取向对检测带来的影响更大。当取向垂直于声波传播方向，反射回波极强检测结果良好。然而，随着缺陷与声波传播方向的夹角减小，反射回波能量逐渐变弱。当缺陷平行于声波传播方向时，回波能量最弱且缺陷检出能力最低。

5.5.1 体积型缺陷的特征

常见的体积型缺陷有气孔、夹渣、疏松和疏孔等孔洞类缺陷。气孔是焊接过程中熔池高温时吸收的过量气体在冷却凝固之前来不及逸出而残留在焊缝金属内形成的孔穴，通常产生于铸件内部、表面或近表面。宏观气孔分布形貌如图 5-17 所示。夹渣是指残留在焊缝金属中的熔渣，其形状可能是线状的、孤立的、成簇的，其本身是残留在焊缝金属中的外来金属颗粒，来源可能是在焊接时混入焊缝中的钨、铜或其他金属，如果对夹渣金属进一步划分，又可将其划分为夹钨、夹铜等。

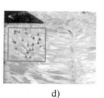

a)　　　　　　　b)　　　　　　　c)　　　　　　　d)

图 5-17　宏观气孔分布形貌

a）加强筋气孔　b）焊缝气孔　c）法兰面气孔　d）金相气孔

夹渣与气孔的最大区别之一就是其组成性质，气孔往往是由空气所构成，夹渣通常是在均匀介质中混入了其他金属元素，回波幅值会相应变化，例 3-1、例 4-1、例 4-2 所述的球形反射体在实际检测中有可能被分类为气孔或是夹渣。宏观夹渣分布形貌如图 5-18 所示。

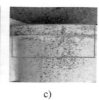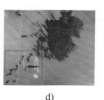

a)　　　　　　　b)　　　　　　　c)　　　　　　　d)

图 5-18　宏观夹渣分布形貌

a）焊接夹渣　b）金相夹渣　c）溶剂夹渣　d）截面夹渣

缩松、缩孔缺陷是合金铸件的常见缺陷，主要集中分布在产品厚大热节中心位置，其形状呈现出不规则、不光滑，表面呈暗色且较粗糙的孔洞形，如图 5-19 所示。此类缺陷主要是由于在凝固过程中合金液补缩不足造成的。缩松、缩孔缺陷在一定程度上导致了合金铸件力学性能变差，从而减少了工件的使用寿命。此外，出现在一般铝合金压铸件内部的尺寸较小的缩孔和缩松，难以通过常规检测检测出，以至对工艺生产产生了困扰。

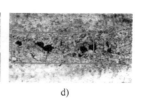

a)　　　　　　　b)　　　　　　　c)　　　　　　　d)

图 5-19　宏观缩孔分布形貌

a）压铸件缩孔　b）阀体缩孔　c）内部缩孔　d）金相缩孔

如第 4 章所述，全聚焦利用成像范围内所有像素点到达阵元的距离计算等时面并对其进行赋值，这样，当试样中的散射体越大时，散射体所占据的像素点也越多，赋值以后的缺陷回波幅值也越高，全聚焦所成像的缺陷所占区域也越广。综上所述，全聚焦成像符合超声检测成像规律，下面让我们一起了解体积型缺陷的全聚焦图谱特征。为说明不同尺寸的体积型缺陷全聚焦图谱，选用 5MHz、64 阵元、阵元中心距 0.6mm 的纵波线性阵列探头，对不同大小的球形反射体在 1300×1000 像素点的二维平面长方体试块进行仿真，试块声速为 5900m/s，采样频率为 400MHz。模拟反射体尺寸选择直径 2mm、3mm、5mm 和 10mm 球形，全聚焦成像结果如图 5-20 所示。

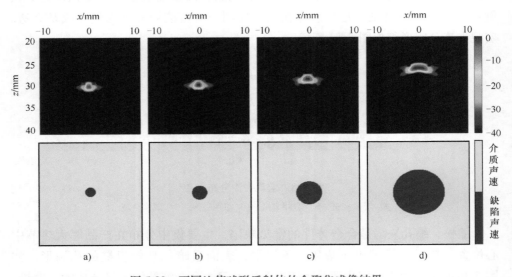

图 5-20 不同比值球形反射体的全聚焦成像结果

a) 2mm($\lambda/D=1.69$) b) 3mm($\lambda/D=2.54$) c) 5mm($\lambda/D=4.24$) d) 10mm($\lambda/D=8.47$)

根据波长的定义 $\lambda=c/f$ 可知，5MHz 在钢中的波长为 1.18mm。这样，直径 2mm、3mm、5mm 和 10mm 球形对应的波长-直径比 λ/D 分别为 1.69、2.54、4.24 和 8.47。由图 5-20 可知，不同比值的球形反射体成像效果不同。当直径为 2mm、3mm 时，缺陷与波长大小相差不大，体积型缺陷呈现圆润的球形，3mm 的中心幅值回波略高于 2mm，且整体略有上移，如图 5-20a、b 所示；当直径为 5mm 时，缺陷与波长的比值逐渐增大，圆润的球形反射回波开始上凸呈现月牙结构，如图 5-20c 所示，同时由于整个体积型缺陷增强，缺陷回波有一定程度的向上偏移；当直径为 10mm 时，缺陷与波长的比值继续增大，月牙形反射回波已经变得显著，同时，整体幅值继续向上偏移，如图 5-20d 所示。

5.5.2　面积型缺陷的特征

常见的面积型缺陷有裂纹、未熔合与未焊透等。当裂纹扩展到一定程度，便会造成材料的断裂，从而造成重大的安全隐患。因此，裂纹被称为是最严重的缺陷之一，宏观裂纹分布形貌如图 5-21 所示。

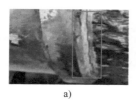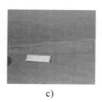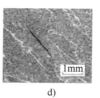

a)　　　　　　　　b)　　　　　　c)　　　　　　　　d)

图 5-21　宏观裂纹分布形貌

a）阀体开口裂纹　b）墙壁表面裂纹　c）贯穿裂纹　d）贯穿裂纹金相图

未熔合类缺陷是在焊接过程中，固体金属与填充金属之间，或者填充金属之间因局部未完全熔化而形成的缺陷，与裂纹同为面积型缺陷，其图谱也与裂纹图谱相似，如图 5-22 所示。

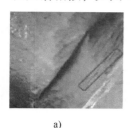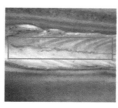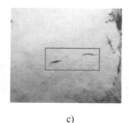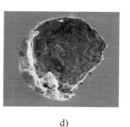

a)　　　　　　　　b)　　　　　　　c)　　　　　　　d)

图 5-22　宏观未熔合分布形貌

a）管道未熔合　b）焊缝未熔合　c）堆焊层未熔合　d）堆焊层未熔合金相图

未焊透与未熔合相似，都是在焊接过程中焊接接头形成的缺陷。其中未焊透是指母材金属未熔化，焊缝金属没有进入接头根部的现象，如图 5-23 所示。

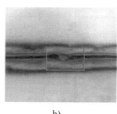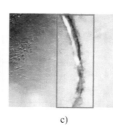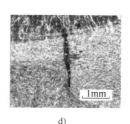

a)　　　　　　　　b)　　　　　　c)　　　　　　　　d)

图 5-23　宏观未焊透分布形貌

a）轮毂焊缝未焊透　b）钢板焊缝未焊透　c）管道焊接未焊透　d）管道未焊透金相图

根据超声检测特点，将裂纹等效为不同取向的刻槽，分析和说明全聚焦图像中面积型缺陷的图谱特征。在不同位置，不同长度、角度的刻槽模拟底面开口裂纹与埋藏裂纹，如图 5-24 所示。图 5-24a 为底面开口裂纹模型及其参数，图 5-24b 为埋藏裂纹模型及其参数。面积型缺陷的参数设置见表 5-9。L 是缺陷的长度；W 是缺陷的宽度；φ 是缺陷的取向。

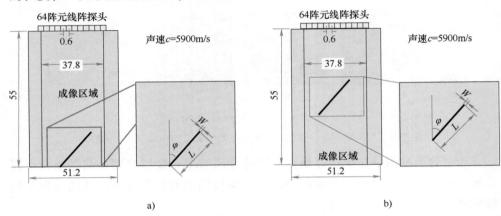

a)   b)

图 5-24   面积型缺陷模型示意图

a）底面开口裂纹   b）埋藏裂纹

表 5-9   面积型缺陷的参数设置

底面开口裂纹				埋藏裂纹			
编号	L/mm	W/mm	φ/(°)	编号	L/mm	W/mm	φ/(°)
1-2	2			2-2	2		
1-3	3			2-3	3		
1-4	4			2-4	4		
1-5	5			2-5	5		
1-6	6	—	—	2-6	6	—	—
1-7	7			2-7	7		
1-8	8			2-8	8		
1-9	9			2-9	9		
1-10	10			2-10	10		
1-11			−15	2-11			15
1-12			−30	2-12			30
1-13	10	0.5	−45	2-13	10	0.5	45
1-14			−60	2-14			60
1-15			−75	2-15			75

图 5-25 所示为 0°取向下不同长度底面开口裂纹图谱。当裂纹与声波传播方向一致，即 0°取向时，难以接收到裂纹纹身的反射，只能接收到裂纹上尖端的反射回波。裂纹的上尖端回波呈现圆润的椭球形，随着裂纹长度的增加，裂纹上端回波越往中心靠拢。

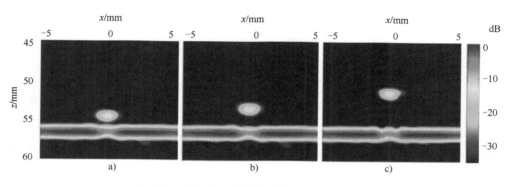

图 5-25　0°取向下不同长度底面开口裂纹图谱

a) 2mm　b) 3mm　c) 5mm

为了减少长度的影响，突出夹角的图谱特征，选择 10mm 长的裂纹作为夹角仿真的对象，如图 5-26 所示。当裂纹与声波传播方向存在夹角时，随着夹角的增大，上尖端回波也跟着夹角偏离中心位置，这导致裂纹在底面投影大小也逐渐增大，并且其声波与裂纹的缺陷接触面积也增大，底面回波被裂纹遮挡的面积也随之增大，由此，底面回波被裂纹分割为两部分，可以根据被遮挡的底波长度与上尖端回波高度计算裂纹的长度以及其取向角的大小。当偏离角度过大时，如图 5-26c~f 所示，裂纹中心也会有一部分收到反射回波显现，并随着角度继续增大，中心部位显现的部位越多，75°时已经能够近乎完整地观察到裂纹的形貌。

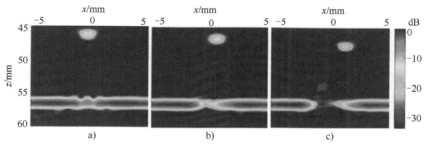

图 5-26　不同角度取向下 10mm 底面开口裂纹图谱

a) 0°　b) 15°　c) 30°

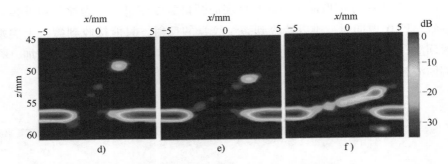

图 5-26　不同角度取向下 10mm 底面开口裂纹图谱（续）

d) 45°　e) 60°　f) 75°

下面按照裂纹长度以及取向角度的不同，介绍埋藏裂纹的图谱特征，如图 5-27a 所示，当埋藏裂纹较小时，上尖端反射信号较强，下尖端由于距离上尖端较近，衍射回波显得较小。随着裂纹长度逐渐增大，上下尖端回波的相对距离也逐渐增大，同时，由于下尖端偏离上尖端位置，衍射回波信号逐渐变得明显。

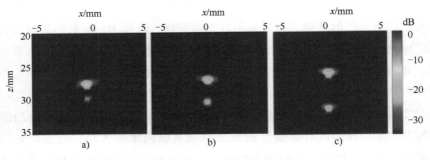

图 5-27　0°取向下不同长度埋藏裂纹图谱

a) 2mm　b) 3mm　c) 5mm

图 5-28 所示为不同角度取向下 10mm 底面埋藏裂纹图谱。当埋藏裂纹取不同角度时，此时裂纹不再遮挡底波。

在对埋藏裂纹进行定位分析时，可以根据上下尖端回波之间线段的长度作为裂纹的长度，将线段与法线之间的夹角作为角度取向。当角度逐渐增大时，大角度取向埋藏裂纹中心部分同样出现了表面反射回波，同样也是取向 75°的表面回波幅值最强，裂纹的轮廓清晰可辨。

综上所述，裂纹的长度对于上下尖端的回波幅值影响不大，对于底面开口裂纹而言，缺陷过短可能会导致上尖端回波受底波所影响，而埋藏裂纹长度过短可能会导致上、下尖端回波混叠在一起，与点状缺陷图谱特征类似，容易造

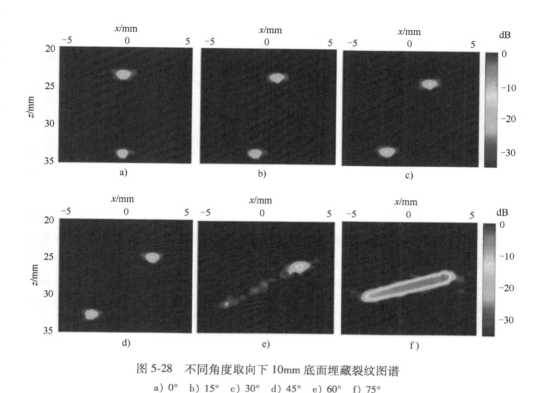

图 5-28　不同角度取向下 10mm 底面埋藏裂纹图谱

a) 0°　b) 15°　c) 30°　d) 45°　e) 60°　f) 75°

成误判；对于裂纹的取向，无论是底部开口裂纹还是埋藏裂纹，在小角度取向时，只能接收到裂纹的部分衍射信息，导致不能准确给出裂纹轮廓图像，但是可以根据底波被遮掩的长度或者上下尖端回波的相对位置间接计算出缺陷信息。随着取向角的增大，裂纹与声波的接触面积变大，对底波的影响也增强。接收阵元不仅能接收尖端回波，还可以接收裂纹表面的反射回波，使缺陷的幅值强度增大且逐渐使裂纹轮廓变得完整。

5.5.3　面积型缺陷定量

在无损检测领域，超声相控阵技术常被用来检测和表征裂纹类缺陷。裂纹的检测和尺寸的确定对于结构件的监测、维护和损伤评估至关重要。准确确定裂纹的长度、位置及取向可以有效地检测结构中潜在的损伤，以便及时采取必要的措施进行修复或维护，确保结构的安全性。

对于裂纹、未焊透等面积型缺陷，由于宽度太小，一般不以面积进行定量，而是使用长度与角度两个指标进行定量。由于全聚焦算法对每一个像素点都进行了虚拟聚焦[81]，每个像素点都有其位置信息，因此在定量过程中，只要通过裂纹的图谱特征，找到上、下尖端的像素点就能得到上、下尖端坐标(x_R,z_R)和(x_D,z_D)，即可计算出裂纹的长度 L 和取向 φ[82,83]

$$L=\sqrt{(x_R-x_D)^2+(z_R-z_D)^2} \tag{5-5}$$

$$\varphi=\arctan\left(\frac{x_R-x_D}{z_R-z_D}\right) \tag{5-6}$$

对于底面开口裂纹而言，裂纹与声波夹角为小角度时，上尖端坐标信息可以通过选中上尖端衍射波的幅值最高点得到，而下尖端衍射波被底波覆盖，无法找到衍射波，此时需要利用底波回波被遮挡的部分为裂纹在底部的投影这一特点，找到下尖端裂纹的投影位置(x_D,z_D)。而裂纹与声波夹角为大角度时，随着角度的增大，缺陷的表面回波幅度增强，其缺陷的轮廓、位置与取向清晰可见，此时选中上端离底面回波最远的幅值最高点的像素点，视作上尖端坐标(x_R,z_R)，找到裂纹上尖端和表面回波的最大幅值点，做一条线段，延长该线段与底波相交一点，即可确定下尖端的位置(x_D,z_D)，使用式（5-5）与式（5-6）即可对缺陷定量，如图 5-29 所示[84]。

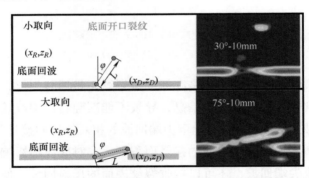

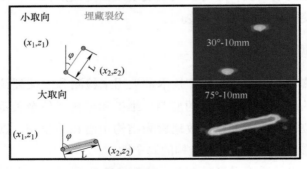

图 5-29　裂纹取向示意图

5.6　定位误差分析

本节将对体积型缺陷的深度误差进行误差分析，使读者对出现体积型缺陷误差出现的原因有所了解。同时根据式（5-5）与式（5-6）对图 5-24 中碳素钢模型的底面开口槽和埋藏槽分别代表的埋藏裂纹和底部开口裂纹进行测量，得到底面开口裂纹与埋藏裂纹的深度、长度与取向的模拟测量值并与理论值相比，通过对误差结果进行分析总结，使读者对超声全聚焦相控阵技术检测裂纹的精度与造成误差的原因有较为准确的理解。

5.6.1　体积型缺陷定位误差分析

在现实检测中，体积型缺陷的形状大部分不规律，难以准确定位，只能通过缺陷图像中幅值最高的一点，作为体积型缺陷大致的位置，通过 DAC 曲线对体积型缺陷进行定量，最终确定其大小。

由图 5-14 可知，中心位置深度为 30mm 的 2mm 球型反射体在不同探头频率下，缺陷图像位置不等深，存在测量误差。分别取 1MHz、2MHz、5MHz 的最高幅值处的 A 扫信号，通过缺陷波峰所在水平轴为测量的深度与理论深度 30mm 进行对比，得到缺陷在不同频率下的测量误差分别为 5.65mm、2.05mm、0.25mm，如图 5-30 所示。测量误差随探头频率的增加，测量的缺陷深度越来越接近实际位置。造成误差的原因与发射脉冲的脉冲宽度有关，由于当超声波到达缺陷上表面时，会形成回波幅值，接收阵元接收到缺陷反射的回波信号，此来回的声程经过换算即为缺陷回波的起始位置，由于为同一缺陷，因此，缺陷

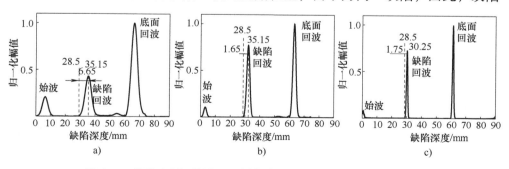

图 5-30　缺陷在同一深度、不同频率下，幅值最高处的 A 扫信号
a）1MHz　b）2MHz　c）5MHz

回波的起始位置都为28.5mm，而缺陷中心位置不能直接被超声波打到，其位置的测量误差受纵向分辨率影响，而阵元频率的改变会导致脉冲宽度的改变，进而影响纵向分辨率，使缺陷的波峰处位置下沉，且发射脉冲的脉冲宽度越宽，测量深度较实际深度下沉得也越严重，测量误差也越大。由图5-30可知，当脉冲循环数越大，发射脉冲的脉冲宽度越宽，体积型缺陷的测量深度也下沉得越严重。

5.6.2 面积型缺陷定位误差分析

碳素钢模型的底面开口槽参数由表5-9可知，取0°取向裂纹的TFM图像，测量9组裂纹取向皆为0°、长度分别为2~10mm的底面开口槽的上、下尖端最高幅值点处的深度位置。以0°取向、长度为5mm底面开口槽上、下尖端的深度测量为例，在5mm底面开口槽的全聚焦图像中，取底面开口裂纹缺陷最高幅值处横坐标所在的A扫信号，如图5-31所示。

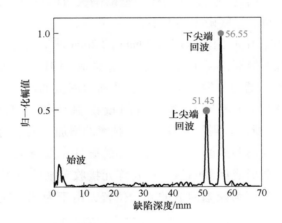

图5-31 取向0°、长度5mm的底面
开口槽缺陷A扫信号

以A扫信号中上、下尖端回波的最大幅值处的纵坐标为模拟测量值，得到其上尖端和下尖端测量深度分别为51.45mm、56.55mm，其理论值由模型可得为50mm、55mm，得到上、下尖端深度误差分别为1.45mm、1.55mm，因此裂纹的长度误差只有0.1mm，其测量长度与实际长度的误差很小，基本一致。为了防止偶然情况的发生，将2~10mm的开口裂纹上、下尖端的深度误差与长度误差一一列出，具体数据见表5-10。

表 5-10 取向 0°、不同长度的底面开口槽深度对比 （单位：mm）

L	上尖端			下尖端			长度误差
	实际值	测量值	误差	实际值	测量值	误差	
2	53	54.45	1.45		56.45	1.45	0
3	52	53.45	1.45		56.45	1.45	0
4	51	52.45	1.45		56.4	1.4	0.05
5	50	51.45	1.45		56.55	1.55	0.1
6	49	50.45	1.45	55	56.4	1.4	0.05
7	48	49.4	1.4		56.4	1.4	0
8	47	48.4	1.4		56.4	1.4	0
9	46	47.45	1.45		56.45	1.45	0
10	45	46.4	1.4		56.4	1.4	0

由表 5-10 可知，测量长度与理论值基本相同，测量精度很高，而取向 0°、长度不同的底面开口裂纹的上、下尖端的深度测量值均比理论值大，且误差值在 1.4～1.55mm 间浮动，为找到误差产生的原因，放大 A 扫描图像中上、下尖端回波所在的区域，图 5-32 所示为取向 0°、长度 5mm 的底面开口槽缺陷深度，可以看出，底面开口裂纹上尖端及下尖端深度的测量值与实际值大约相差半个波宽的长度。

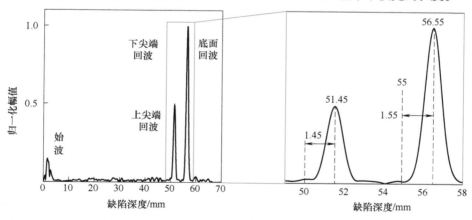

图 5-32 取向 0°、长度 5mm 的底面开口槽缺陷深度 （一）

取表 5-9 中碳素钢模型的埋藏槽参数，对埋藏裂纹进行上述操作步骤，观察是否出现相同的现象，得到 2～10mm 的埋藏裂纹上、下尖端的深度误差与长度误差，见表 5-11。由表 5-11 可知，埋藏裂纹的测量长度与理论值误差很小，基本一致，而取向 0°、长度不同的埋藏裂纹的上、下尖端的深度测量值同样均比理论值大，且误差值在 1.1～1.3mm 间浮动。分析误差原因时，将 2～10mm 的埋藏裂纹的深度进行对比，发现埋藏裂纹上尖端及下尖端深度的测量值与实际值一样大约相差半个波宽的长度，并不是偶然现象，取其中5mm埋藏裂纹深度为例，如图5-33所示。

表5-11　取向0°、不同长度的埋藏槽深度对比

L	上尖端			下尖端			长度误差
	实际值	测量值	误差	实际值	测量值	误差	
2	26.5	27.7	1.2	28.5	29.8	1.3	0.1
3	26.0	27.2	1.2	29.0	30.3	1.3	0.1
4	25.5	26.7	1.2	29.5	30.8	1.3	0.1
5	25.0	26.2	1.2	30.0	31.3	1.3	0.1
6	24.5	25.7	1.2	30.5	31.8	1.3	0.1
7	24.0	25.2	1.2	31.0	32.3	1.3	0.1
8	23.5	24.7	1.2	31.5	32.8	1.3	0.1
9	23.0	24.1	1.1	32.0	33.3	1.3	0.2
10	22.5	23.6	1.1	32.5	33.8	1.3	0.2

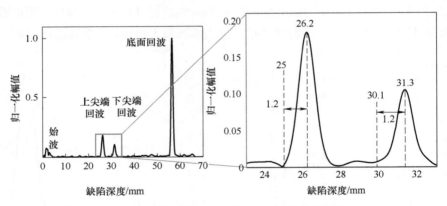

图5-33　取向0°、长度5mm的底面开口槽缺陷深度（二）

由上述分析可知，引起这一误差的原因可能是：当超声波到达缺陷上尖端时，其回波幅值很弱，接收阵元接收到的回波信号很弱。随着波的继续传播，回波幅值增强，形成有效信号，出现波峰，波峰处即深度的测量深度，实际深度则是缺陷回波的起始位置，从而出现了发射脉冲的半个波宽的误差。

由于上、下尖端测量深度均存在相同的误差，导致测量的长度误差很小，误差范围在0~0.2mm内，其TFM成像的裂纹长度的测量精度很高，在深度方向的测量有发射脉冲的半个波宽的误差，可以通过提高探头频率或使用脉冲宽

度更窄的探头进一步提高深度测量的精度。

取向 0° 的裂纹其水平位置均在 $x = 0$ 处，测量误差几乎为 0，因此对表 5-9 中长度固定为 10mm、不同取向的底面开口槽与埋藏槽进行角度测量，对取向裂纹的上、下尖端最高幅值处的坐标进行统计，得到底面开口槽上、下尖端坐标，计算出各底面开口槽的角度测量值并与理论值进行对比，具体数据见表 5-12 和表 5-13。

表 5-12　底面开口槽取向的测量值

$\theta/(°)$	上尖端坐标	下尖端坐标	$\theta_测/(°)$	$\Delta\theta/(°)$	长度误差/mm
15	(20.4,46.7)	(18.0,56.4)	13.8	−1.2	0.01
30	(21.6,47.7)	(16.8,56.5)	28.6	−1.4	0.11
45	(22.2,49.3)	(15.6,56.5)	42.5	−2.5	0.23
60	(23.4,51.3)	(14.4,56.5)	60.0	0	0.39
75	(23.4,53.7)	(13.8,56.6)	73.2	−1.8	0.03

表 5-13　埋藏槽取向的测量值

$\theta/(°)$	上尖端坐标	下尖端坐标	$\theta_测/(°)$	$\Delta\theta/(°)$	长度误差/mm
15	(20.4,23.8)	(17.4,33.7)	16.9	1.9	0.30
30	(21.6,24.3)	(16.2,33.2)	31.2	1.2	0.37
45	(22.8,25.1)	(15.0,32.7)	45.4	0.4	0.89
60	(23.4,26.1)	(14.4,31.2)	60.5	0.5	0.82
75	(24.0,27.3)	(14.4,29.8)	75.4	0.4	0.53

由表 5-12 和表 5-13 可知，无论是底面开口裂纹还是埋藏裂纹，其裂纹取向对于裂纹长度测量的影响很小，误差范围基本小于 1mm。在实际测量中，各组裂纹深度的测量依旧存在半个波宽的误差。底面开口裂纹由于下尖端坐标位置的不确定，通过延长线与底波的交点确定下尖端的位置坐标，因此测量所得的角度误差较埋藏槽稍大。由于取向 45° 的底面槽顶部尖端为斜面矩形，导致上尖端的位置测量都不准确，在一系列裂纹取向中出现 −2.5° 的最大误差，其误差大小为 1°~3°。综上，不论是埋藏槽还是底面开口槽，其取向测量的绝对值误差均不超过 3°，这一误差在视觉上不易察觉，故而可以认为模拟时裂纹上、下尖端的深度下沉，对其取向测量影响不大，同时不论裂纹取向如何，其裂纹长度测量的精度很高，为实际检测工作中真实裂纹的定量及判废依据提供重要参考。

第 6 章

双层介质全聚焦成像

尽管合成孔径聚焦成像、全聚焦成像和平面波成像能够提供高质量的缺陷超声图像，但其均为基于延时叠加算法的超声成像技术。从成像原理上看，第 3、4 章描述的延时叠加不能直接应用于双层介质的超声成像。遗憾的是，实际检测过程中为保证耦合质量，将不可避免地采用水浸或楔块等耦合方式实施检测[85]。在上述检测工况下，若在实施过程中无法有效测定声束在双层介质中的传播时间，则延时叠加算法后的图像将严重的失真和错位[86]。

对此，本章从声阻抗界面上的超声波传播特性出发，分析了双层介质界面处声波入射点难以确定的原因。基于费马原理，介绍了双层介质上超声波的声传播规律，并根据费马原理推导了求解双层介质声束入射点的一般表达式。在此基础上，将合成孔径聚焦成像、全聚焦成像和平面波成像范围由单声速介质拓展至双层介质，满足水浸或楔块检测的需求。

6.1 声阻抗界面处的超声波反射与折射

6.1.1 垂直入射时的反射和透射

当超声波射入由不同介质构成的光滑声阻抗界面时，会出现图 6-1 所示的反射和透射现象。反射回波与透射回波能量（声压或声强）的分配比例，通常由声压反射率和声压透射率，或声强反射率和声强透射率表示。假设 Z_1 和 Z_2 分别为介质 1 和介质 2 的声阻抗，p_0 为入射声压，p_r 为反射声压，p_t 为透射声压[87]。p_r 与 p_0 之比为声压反射率，用 $r=p_r/p_0$ 表示，p_t 与 p_0 之比为声压透射率，用 $t=p_t/p_0$ 表示。

声阻抗界面两侧传播的超声波，需要符合以下两个条件[88]：

1）界面两侧的总声压相等，即 $p_0 + p_r = p_t$。

2）界面两侧质点振动速度幅值相等，即 $(p_0 - p_r)/Z_1 = p_t/Z_2$。

结合 $r = p_r/p_0$、$t = p_t/p_0$，可推导出 r 和 t 声阻抗之间的关系为

$$r = \frac{p_r}{p_0} = \frac{Z_2 - Z_1}{Z_2 + Z_1} \tag{6-1}$$

$$t = \frac{p_t}{p_0} = \frac{2Z_2}{Z_2 + Z_1} \tag{6-2}$$

式中，Z_1 是第一种介质的声阻抗；Z_2 是第二种介质的声阻抗。

根据声压和声强之间的关系，可推导出声强反射率 R 和声强透射率 T 的表达式为

$$R = \frac{\dfrac{p_r^2}{2Z_1}}{\dfrac{p_0^2}{2Z_1}} = \frac{p_r^2}{p_0^2} = r^2 = \left(\frac{Z_2 - Z_1}{Z_2 + Z_1}\right)^2 \tag{6-3}$$

$$T = \frac{I_1}{I_0} = \frac{\dfrac{p_t^2}{2Z_2}}{\dfrac{p_0^2}{2Z_1}} = \frac{Z_1}{Z_2} \times \frac{p_t^2}{p_0^2} = \frac{4Z_1 Z_2}{(Z_1 + Z_2)^2} \tag{6-4}$$

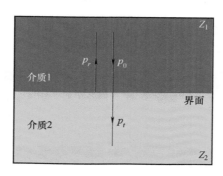

图 6-1　超声波垂直入射至声阻抗界面时的反射和透射

6.1.2　斜入射时的反射和折射

当超声波以一定角度传播至声阻抗界面时，会在声阻抗界面上产生反射和折射，入射角度达到一定条件时，还会出现波型转换现象。超声波的反射、折射和波形转换行为遵循 Snell 定律，其表达式为

$$\frac{c_1}{\sin\theta_1} = \frac{c_2}{\sin\theta_2} \tag{6-5}$$

式中，c_1 是入射声波的声速；c_2 是反射或折射声波的声速；θ_1 是界面法线与入射方向的夹角；θ_2 是界面法线与反射/折射方向的夹角。

由式（6-5）可知，Snell 定律表示为：声阻抗界面两侧的声速之比等于它们各自对应的入射角与反射角/折射角的正弦值之比。通过 Snell 定律可分析超声波斜入射至声阻抗界面时的反射、折射以及波形转换规律，能够为双层介质成像检测过程中超声波传播时间规律分析奠定理论基础。下面将利用 Snell 定律对超声波斜入射至声阻抗界面时的反射和折射规律进行分析。

由于在超声相控阵全聚焦检测过程中，横波不能由探头直接发出，且横波入射在实际检测过程中用得少。所以本文只分析纵波入射，即纵波斜入射到液-固双层介质和固-固双层介质的反射与折射。

1. 超声纵波在液-固界面的反射与折射

在超声检测过程中，由于检测工况的不同，探头的耦合方式也会发生变化。当被检工件表面为规则平面且探头能直接接触界面时，可以使用探头直接耦合界面进行检测。但当被检工件表面为曲面或探头不能直接接触界面时，为保证耦合效果，可以将工件水浸，由于水和目标工件之间的声阻抗不同，水-工件之间形成了液-固界面，声波入射到液-固界面会发生反射与折射。超声纵波在液-固界面的反射与折射如图 6-2 所示，当纵波从一种液体材料入射到另一种固体材料时，声波在两种材料分界面处会出现反射和折射现象，并且会出现波形转换的现象。需要注意的是，在液体中只能传播纵波。

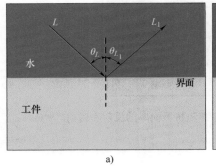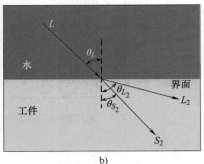

a)   b)

图 6-2 　超声纵波在液-固界面的反射与折射

a）液-固界面的声波反射　b）液-固界面的声波折射

根据 Snell 定理，超声反射波遵循式（6-6），超声折射波遵循式（6-7）。

$$\frac{c_L}{\sin\theta_L} = \frac{c_{L_1}}{\sin\theta_{L_1}} \qquad (6\text{-}6)$$

$$\frac{c_L}{\sin\theta_L} = \frac{c_{S_2}}{\sin\theta_{S_2}} = \frac{c_{L_2}}{\sin\theta_{L_2}} \qquad (6\text{-}7)$$

式中，c_L 是入射纵波声速；c_{L_1} 是反射纵波声速；c_{L_2} 是折射纵波声速；c_{S_2} 是折射横波声速；θ_L 是纵波入射角；θ_{L_1} 是纵波反射角；θ_{L_2} 是纵波折射角；θ_{S_2} 是横波折射角。

2. 超声纵波在固-固界面上的反射与折射

当被检工件表面为曲面或探头不能直接接触界面时，为保证耦合效果，除了可以将工件水浸，还可以使用定制楔块进行耦合。由于楔块和目标工件之间的声阻抗不同，楔块-工件之间形成了固-固界面，声波入射到固-固界面会发生反射与折射。具体过程为：当超声纵波从一种固体材料斜入射到另一种固体材料时，声波在两种材料的分界面处会发生反射和折射现象，并且会出现波形转换的现象。具体反射声波如图 6-3a 所示，折射声波如图 6-3b 所示。根据 Snell 定理，超声反射波遵循式（6-8），超声折射波遵循式（6-9）。

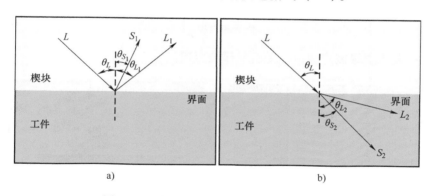

图 6-3　超声纵波在固-固界面的反射与折射

a）纵波斜入射固-固界面时反射　b）纵波斜入射固-固界面时折射

$$\frac{c_L}{\sin\theta_L} = \frac{c_{L_1}}{\sin\theta_{L_1}} = \frac{c_{S_1}}{\sin\theta_{S_1}} \qquad (6\text{-}8)$$

$$\frac{c_L}{\sin\theta_L} = \frac{c_{S_2}}{\sin\theta_{S_2}} = \frac{c_{L_2}}{\sin\theta_{L_2}} \qquad (6\text{-}9)$$

式中，c_L 是入射纵波声速；c_{L_1} 是反射纵波声速；c_{L_2} 是折射纵波声速；c_{S_1} 是反射横波声速；c_{S_2} 是折射横波声速；θ_L 是纵波入射角；θ_{L_1} 是纵波反射角；θ_{L_2} 是纵波折射角；θ_{S_1} 是横波反射角；θ_{S_2} 是横波折射角。

根据 Snell 定理，无论是反射还是折射，入射角和声波在两层介质中的声速直接影响波形转换后的反射角和折射角。若要在水浸或楔块等耦合方式下进行超声成像检测，由于两种介质的横波、纵波声速不一致，会导致声波反射和折射的方向发生显著变化。

6.1.3　超声波倾斜入射临界角

1）第一临界角 θ_{I}：纵波从介质 1 斜入射至介质 2 时，纵波折射角 $\theta_{L_2}=90°$ 时的入射角 θ_L 称为第一临界角 θ_{I}，其表达式为式（6-10）。当纵波入射角大于 θ_L 时，纵波在介质 1 中全反射，介质 2 中没有折射纵波，如图 6-4a 所示。

$$\theta_{\mathrm{I}}=\arcsin\frac{c_L}{c_{L_2}} \qquad (6\text{-}10)$$

式中，c_L 是入射纵波声速；c_{L_2} 是折射纵波声速。

2）第二临界角 θ_{II}：当介质 2 中的横波折射角 $\theta_{S_2}=90°$ 时的入射角 θ_L 称为第二临界角 θ_{II}，其表达式为式（6-11）。当纵波入射角大于 θ_2 时，纵波在介质 1 中全反射，介质 2 中没有折射横波和纵波，如图 6-4b 所示。

$$\theta_{\mathrm{II}}=\arcsin\frac{c_L}{c_{S_2}} \qquad (6\text{-}11)$$

式中，c_L 是入射纵波声速；c_{S_2} 是折射横波声速。

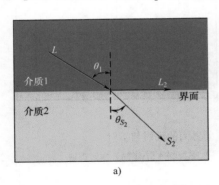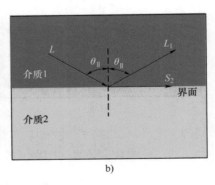

图 6-4　纵波斜入射时的第一临界角和第二临界角
a）第一临界角　b）第二临界角

在超声相控阵全聚焦检测过程中，通常水、有机玻璃等耦合介质的声速低于被检对象。因此，在水浸、楔块检测时需要根据两个临界角考虑适当声波的入射角度，确保声波以适当的波型射入被检对象。表 6-1 为常见耦合介质/被检介质的第一临界角与第二临界角。

表 6-1 常见耦合介质/被检介质的第一临界角与第二临界角

耦合介质/被检介质	第一临界角/(°)	第二临界角/(°)
有机玻璃/钢	27.2	56.7
有机玻璃/铝	25.4	61.2
水/钢	14.7	27.7
水/铝	13.8	29.1

6.2 费马原理

在超声无损检测中，检测目标为分层介质的情况十分常见，如图 6-5 所示的楔块斜入射检测和水浸检测等情况[88]。从物理属性上看，分层介质由不同声速和弹性特性的物质构成，其所形成的介质界面会造成声波传播特性的改变。当分层介质为被检对象时，超声声束会在相邻介质之间所形成的声阻抗界面传播且会发生折射、波型转换等复杂物理现象，导致声束传播路径、传播时间、能量分配以及传播类型的改变，使得第 3、4 章所描述的单层介质超声图像重建方法不再适用。

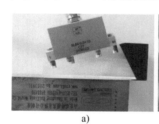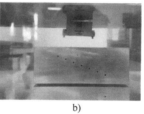

a)   b)

图 6-5 双层介质超声检测

a) 楔块斜入射检测 b) 水浸检测

当相控阵超声探头加装斜楔块或进行水浸检测后，检测目标将变成由声速 c_1 和 c_2 两种介质组成的双层介质。假设线性阵列探头中任意阵元 $n(n=1,2,\cdots,N)$ 中心位于点 $n(x_n,z_n)$，点 $f(x_f,z_f)$ 为介质内任意一点，双层介质声阻抗界面上的声波入射点位于点 $i(x_i,z_i)$。由于声波在不同介质中的传播速度不同，根据 Snell 定理，阵元 n 所发声波到点 f 之间的传播路径将不再是两者之间的直线距离，而是由 ni 和 if 两条线段组成的传播路径。因此，双层介质中阵元 n 所发声波到点 f 的传播时间为

$$t_{nif}=\frac{ni}{c_1}+\frac{if}{c_2}=\frac{\sqrt{(x_n-x_i)^2+(z_n-z_i)^2}}{c_1}+\frac{\sqrt{(x_i-x_f)^2+(z_i-z_f)^2}}{c_2} \quad (6-12)$$

由式（6-12）可知，利用阵元-传播点之间直线距离除以声速从而计算传播时间的方法，将不再适用于双层介质传播的情况。相比于单层介质，双层介质

中阵元 n 所发声波到传播点 f 的传播路径上，增加了一个声波入射点 $i(x_i, z_i)$。若要正确获得声波传播时间 t_{nif}，关键需要知晓入射点 $i(x_i, z_i)$ 的坐标信息。不过，在实际检测过程中入射点 $i(x_i, z_i)$ 往往是未知的。那么，在阵元和传播点位置已知的情况下，如何计算入射点 $i(x_i, z_i)$ 呢？

早在 1657 年，数学家费马提出了最短传播时间原理，简称"费马原理"。相关研究表明：与光的传播特性类似，双层介质/多层介质的声波传播特性也遵循费马原理。因此，可以将费马原理运用到超声成像检测中，基于这一准则确定双层介质中声波的入射点，进而计算出声波传播时间 t_{nif}。根据费马原理的描述，图 6-6 所示双层介质中的声波总是沿着所需时间最短的路径传播，当阵元位置以及目标区域中传播点位置已知时，就能够通过计算最短传播时间求解出双层界面上存在的入射点，进而利用式（6-12）求出相应的声束传播时间。

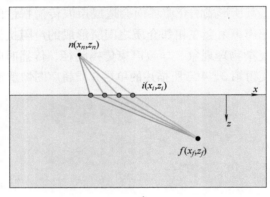

a)

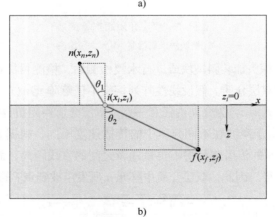

b)

图 6-6　双层介质下声束传播路径

a) 声束传播的射线路径　b) 最短入射点的选择

当声波从一个声速为 c_1 的介质进入另一个声速为 c_2 的介质时，不同的传播路径将导致不同的传播时间，这在确定界面上的入射点位置是一个关键因素。基于费马原理，求解入射点的方法有多种，如费拉里法、二分法和弦截法等，不同方法有不同的求解特点。本节主要介绍通过费拉里法进行求解入射点的过程。

定义阵元中心位置为 $n(x_n, z_n)$，界面入射点为 $i(x_i, z_i)$，被检介质传播点为 $f(x_f, z_f)$。阵元 $n(x_n, z_n)$ 和传播点 $f(x_f, z_f)$ 已知的情况下，为求得入射点 $i(x_i, z_i)$，需要利用式（6-5）Snell 定律对阵元、传播点和入射点之间的关系进行定义。根据图 6-6 中的几何关系可知，在声速为 c_1 和 c_2 两种介质的界面上，声束在界面处会发生折射且符合 Snell 定律，则式（6-5）中入射角和折射角的正弦值 $\sin\theta_1$ 和 $\sin\theta_2$ 为

$$\begin{cases} \sin\theta_1 = \dfrac{x_i - x_n}{\sqrt{(x_i - x_n)^2 + (z_i - z_n)^2}} \\ \sin\theta_2 = \dfrac{x_f - x_i}{\sqrt{(x_f - x_i)^2 + (z_f - z_i)^2}} \end{cases} \tag{6-13}$$

这样，将式（6-13）代入式（6-5）后，公式两边进行平方，则式（6-5）的表达式可整理为

$$\frac{c_2^2 (x_i - x_n)^2}{(x_i - x_n)^2 + (z_i - z_n)^2} = \frac{c_1^2 (x_f - x_i)^2}{(x_f - x_i)^2 + (z_f - z_i)^2} \tag{6-14}$$

在图 6-6b 中，由于声阻抗界面与 x 轴重合，因此界面入射点纵坐标 $z_i = 0$，即式（6-14）中除 x_i 外的所有参数都是已知的，将其展开即可整理为关于入射点横坐标 x_i 的一元四次方程，其表达式为

$$p_4 x_i^4 + p_3 x_i^3 + p_2 x_i^2 + p_1 x_i + p_0 = 0 \tag{6-15}$$

式中，p_4、p_3、p_2、p_1 和 p_0 是一元四次方程的多次项系数，其表达式为

$$\begin{cases} p_4 = 1 - c_{ri}^2 \\ p_3 = 2(c_{ri}^2 - 1)(x_f - x_n)/-z_n \\ p_2 = \{(x_f - x_n)^2 + (-z_n)^2 - c_{ri}^2 [(x_f - x_n)^2 + z_f^2]\}/(-z_n)^2 \\ p_1 = 2(x_f - x_n)/z_n \\ p_0 = (x_f - x_n)^2/(-z_n)^2 \end{cases} \tag{6-16}$$

式中，c_{ri} 是第二层介质声速 c_2 与第一层介质声速 c_1 的比值，即 $c_{ri} = c_2/c_1$。

式（6-16）中的五个参数 p_4、p_3、p_2、p_1 和 p_0 为式（6-15）中的系数，是由声波传播过程中的特定参数决定的。费拉里方法是通过系数转换和变量替换的方式将一元四次方程转化为一个可以解决的形式，即通过引入新变量，将原

始的一元四次方程转化为更易于解决的辅助方程。式（6-17）中 α、β、γ 是新引入的辅助变量，是一元四次方程系数 p_4、p_3、p_2、p_1、p_0 的函数，其表达式为

$$\begin{cases} \alpha = -\dfrac{3}{8}\dfrac{p_3^2}{p_4^2} + \dfrac{p_2}{p_4} \\[2mm] \beta = \dfrac{p_3^3}{8p_4^3} - \dfrac{p_3 p_2}{2p_4^2} + \dfrac{p_1}{p_4} \\[2mm] \gamma = -\dfrac{3p_5^4}{256p_4^4} + \dfrac{p_2 p_3^2}{16p_4^3} - \dfrac{p_3 p_1}{4p_4^2} + \dfrac{p_0}{p_4} \end{cases} \tag{6-17}$$

当 $\beta = 0$ 时，式（6-15）中的一元四次方程通解为

$$\begin{cases} x_{i_1} = -\dfrac{p_3}{4p_4} + \dfrac{\sqrt{-\alpha + \sqrt{\alpha^2 - 4\gamma}}}{2} \\[3mm] x_{i_2} = -\dfrac{p_3}{4p_4} + \dfrac{\sqrt{-\alpha - \sqrt{\alpha^2 - 4\gamma}}}{2} \\[3mm] x_{i_3} = -\dfrac{p_3}{4p_4} - \dfrac{\sqrt{-\alpha + \sqrt{\alpha^2 - 4\gamma}}}{2} \\[3mm] x_{i_4} = -\dfrac{p_3}{4p_4} - \dfrac{\sqrt{-\alpha - \sqrt{\alpha^2 - 4\gamma}}}{2} \end{cases} \tag{6-18}$$

当 $\beta \neq 0$ 时，可通过定义关于 α、β、γ 的六个中间变量 Q、R、M、U、V、W，通过变量替换的方式简化一元四次方程的求解步骤。六个中间变量 Q、R、M、U、V、W 与 α、β、γ 存在如式（6-19）所示的数学关系式，具体如下

$$\begin{cases} Q = -\dfrac{\alpha^2}{12} - \gamma \\[2mm] R = -\dfrac{\alpha^3}{108} + \dfrac{\alpha\gamma}{3} - \dfrac{\beta^2}{8} \\[2mm] M = -\dfrac{R}{2} \pm \sqrt{\dfrac{R^2}{4} + \dfrac{Q^3}{27}} \\[2mm] U = \sqrt[3]{M} \\[2mm] V = -\dfrac{5}{6}\alpha + U - \dfrac{Q}{3U} \\[2mm] W = \sqrt{\alpha + 2V} \end{cases} \tag{6-19}$$

通过变量替换的方式，最终算得 $\beta \neq 0$ 时一元四次方程的通解，见式（6-20）。

$$
\begin{cases}
x_{i_1} = -\dfrac{p_3}{4p_4} + \dfrac{W + \sqrt{-\left(3\alpha + 2V + \dfrac{2\beta}{W}\right)}}{2} \\[4ex]
x_{i_2} = -\dfrac{p_3}{4p_4} + \dfrac{-W + \sqrt{-\left(3\alpha + 2V - \dfrac{2\beta}{W}\right)}}{2} \\[4ex]
x_{i_3} = -\dfrac{p_3}{4p_4} + \dfrac{W - \sqrt{-\left(3\alpha + 2V + \dfrac{2\beta}{W}\right)}}{2} \\[4ex]
x_{i_4} = -\dfrac{p_3}{4p_4} + \dfrac{-W - \sqrt{-\left(3\alpha + 2V - \dfrac{2\beta}{W}\right)}}{2}
\end{cases}
\tag{6-20}
$$

根据费马原理可知，声束在双层介质中的传播路径总是沿着其总传播时间最短的路径传播。因此，按照最短传播路径原则，就能够利用对应的数学方法求解由阵元发出传播至介质内任意一点的入射点。若将介质内任意一点视作像素点，就能够算得阵元到该像素点的声传播时间，推广至所有阵元和像素点后，即可算得第 3、4 章中图像重建所需要的等时面，实现双层介质的图像重建。

6.3 双层介质全聚焦成像技术

由第 3、4 章可知，延时叠加图像重建的前提是要获得等时面，而等时面的建立基础则是知晓线性阵列探头各阵元至图像重建区域内所有像素点的传播时间。下面，通过图 6-7 所示的模型，分析双层介质下的自发自收和一发多收信号采集模式的图像重建。

阵元数量为 N 的线性阵列探头置于倾角为 θ_w 的楔块上，探头中心到楔块底部的垂直距离为 H，阵元间距为 d，如图 6-7 所示。建立平面坐标系 x-z，假设探头中心为点 O'，点 O' 到 1 号阵元与 N 号阵元的距离相等，探头中心正下方界面上的点为坐标原点 O，x 轴正方向为沿界面方向向右，z 轴正方向为垂直界面并指向目标区域的方向，两层介质的界面处 $z = 0$。

对比图 6-7a 和 b 可知，无论楔块上的阵元数量是奇数还是偶数，线段 $O'O$ 始终等于探头中心到楔块底部的垂直距离 H。这样，不管阵元数量是奇数还是偶数，任意阵元 $n(x_n, z_n)$，$n = 1$，2，$\cdots$，N 在模型中的横、纵坐标分别为

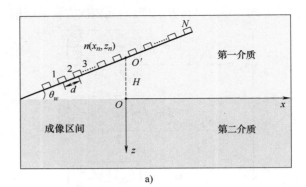

a)

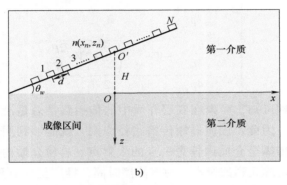

b)

图 6-7　双层介质图像重建过程中的线性阵列探头阵元坐标系构建

a) 偶数阵元　b) 奇数阵元

$$\begin{cases} x_n = \left(n - \dfrac{N+1}{2} \right) d\cos\theta_w \\[2mm] z_n = \left(\dfrac{N+1}{2} - n \right) d\sin\theta_w - H \end{cases} \tag{6-21}$$

式中，x_n 是任意发射阵元横坐标；z_n 是任意发射阵元纵坐标；n 是任意发射阵元序号；N 是探头阵元总数；d 是阵元间距；θ_w 是楔块倾角；H 是探头中心到楔块底部的垂直距离。

　　双层介质图像重建的阵元坐标定义完成后，还需要定义成像区域参数，以获得想要计算的像素点坐标，算得阵元-像素点的传播时间，进而算得双层介质下某阵元对应的等时面。图 6-8 所示为自发自收和一发多收模式下双层介质中任意阵元 $n(x_n, z_n)$ 到任意像素点 $f(x, z)$ 的声传播路径示意图。如图 6-8a 所示，在自发自收模式下，任意阵元 $n(x_n, z_n)$ 发出的声波需要经过声阻抗界面上的入射点 $i(x_i, z_i)$ 才能到达像素点 $f(x, z)$。因此，阵元 n 所发声波到像素点 f 的传播时间满足式（6-12）。将式（6-21）代入式（6-12）后，可获得双层介质下任意阵元-任意像素点之间的声传播时间。考虑自发自收信号采集模式下阵元所采信号的回波时间为传播时间的 2 倍，因此自发自收模式下声传播时间为

$$t_{nn}(x,z)=\frac{2\sqrt{\left[\left(n-\dfrac{N+1}{2}\right)d\cos\theta_w-x_i\right]^2+\left[\left(\dfrac{N+1}{2}-n\right)d\sin\theta_w-(H+z)\right]^2}}{c_1}+\frac{2\sqrt{(x_i-x)^2+(z_i-z)^2}}{c_2}$$

（6-22）

式中，c_1 是第一介质声速；c_2 是第二介质声速；n 是任意发射阵元序号；θ_w 是楔块倾角；d 是阵元间距；N 是探头阵元总数；H 是探头中心到楔块底部的垂直距离。

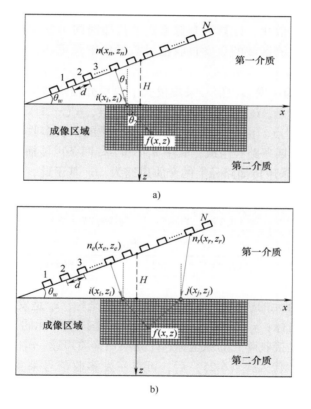

图 6-8　双层介质中任意阵元到任意像素点的声传播路径示意图

a）自发自收信号采集模式　b）一发多收信号采集模式

将图 6-8a 中两介质界面深度定义为 0 时，入射点纵坐标 $z_i = 0$。此时，式（6-22）自发自收模式下声传播时间可简化为

$$t_{nn}(x,z) = \frac{2\sqrt{\left[(2n-N-1)d\cos\theta_w/2-x_i\right]^2+\left[(N+1-2n)d\sin\theta_w/2-H\right]^2}}{c_1} + \frac{2\sqrt{(x_i-x)^2+z^2}}{c_2}$$

$$(6\text{-}23)$$

式中，入射点水平坐标 x_i 可根据费马原理，即最短声束传播路径原则求出，具体方法见式（6-15）~式（6-20）。基于式（6-23）即可实现等时面上自发自收信号数据集的能量分配，故重建图像中像素点 $f(x,z)$ 处所分配的信号幅值为

$$I(x,z) = \frac{1}{N}\sum_{n=1}^{N}S_{nn}(t_{nn})$$

$$(6\text{-}24)$$

式中，t_{nn} 是式（6-23）计算的声传播时间；S_{nn} 是 n 号阵元发出经由像素点 f 被 n 号阵元接收的回波信号；N 是用于幅值分配统一化的叠加次数。基于式（6-24），将成像区域进行离散化，计算所有像素点的传播时间再叠加获得该像素点的幅值，即可将整个检测区域的自发自收信号数据集图像重建，实现合成孔径聚焦成像。

图 6-8b 所示为一发多收信号采集模式下双层介质声传播路径示意图，图中 $n_e(x_e,z_e)$ 为发射阵元，$i(x_i,z_i)$ 为发射阵元入射点，$n_r(x_r,z_r)$ 为接收阵元，$j(x_j,z_j)$ 为接收阵元出射点。由图 6-8b 可知，双层介质的一发多收模式声传播路径由 $n_e\text{-}i$、$i\text{-}f$、$f\text{-}j$、$j\text{-}n_r$ 四条路径组成，其中 $n_e\text{-}i$ 和 $j\text{-}n_r$ 两条声传播路径上的介质声速为 c_1，$i\text{-}f$ 和 $f\text{-}j$ 两条声传播路径上的介质声速为 c_2。基于此，一发多收信号采集模式下双层介质声传播表达式为

$$t_{er}(x,z) = \frac{\sqrt{(x_e-x_i)^2+(z_e-z_i)^2}+\sqrt{(x_j-x_r)^2+(z_j-z_r)^2}}{c_1} +$$
$$\frac{\sqrt{(x_i-x)^2+(z_i-z)^2}+\sqrt{(x-x_j)^2+(z-z_j)^2}}{c_2}$$

$$(6\text{-}25)$$

式中，x_e 是发射阵元的横坐标；x_i 是入射点的横坐标；z_e 是发射阵元的纵坐标；z_i 是入射点的纵坐标；x_j 是出射点的横坐标；x_r 是接收阵元的横坐标；z_j 是出射点的纵坐标；z_r 是接收阵元的纵坐标；c_1 是第一介质声速；c_2 是第二介质声速。

将式（6-21）代入式（6-25）后，可将一发多收信号采集模式下的声传播时间表达式修正为

$$t_{er}(x,z) = \frac{\sqrt{\left[(2n_e-N-1)d\cos\theta_w/2-x_i\right]^2+\left[(N+1-2n_e)d\sin\theta_w/2-H\right]^2}}{c_1} + \frac{\sqrt{(x_i-x)^2+z^2}}{c_2} +$$
$$\frac{\sqrt{\left[(2n_r-N-1)d\cos\theta_w/2-x_j\right]^2+\left[(N+1-2n_r)d\sin\theta_w/2-H\right]^2}}{c_1} + \frac{\sqrt{(x-x_j)^2+z^2}}{c_2}$$

$$(6\text{-}26)$$

与式（6-24）的推导方式类似，基于式（6-26）可获得一发多收数据集的等时面能量分配表达式

$$I(x,z) = \frac{1}{N^2} \sum_{e=1}^{N} \sum_{r=1}^{N} S_{er}(t_{er}) \tag{6-27}$$

基于式（6-27），对成像区域中所有像素点进行 N^2 次回波幅值叠加后，将叠加后的幅值除以叠加次数 N^2 实现幅值分配的统一化，即可实现双层介质全矩阵数据集的图像重建。式（6-27）即为一发多收信号数据集图像重建的一般表达式，可用于构建双层介质一发多收模式的等时面，实现全矩阵信号数据集的超声全聚焦图像重建。对比可知，当发射阵元与接收阵元位于同一位置时，即 $n_e = n_r$ 时式（6-27）就可变为式（6-24）。当然，也可以将式（6-24）理解为式（6-27）的一种特殊形式。

6.4　双层介质平面波成像技术

由第 4 章可知，相比于自发自收和一发多收信号采集模式，平面波信号采集模式需要通过对阵元施加激励延时，方能获得所需的平面波偏转角。因此，要想实现双层介质的平面波成像，不仅要考虑平面波在双层介质中的声传播规律，还要考虑双层介质中平面波的激励延时控制[89]。下面，通过图 6-9 所示的双层介质中线性阵列探头的平面波发射模型，分析双层介质下的平面波信号采集模式的图像重建。

图 6-9 所示的平面波发射模型中，阵元数量为 N 的线性阵列探头置于倾角为 θ_w 的斜楔块上，探头中心到楔块底部的垂直距离为 H，阵元间距为 d。建立平面坐标系 x-z，假设探头中心位于点 O'，点 O' 到 1 号阵元与 N 号阵元的距离相等，探头中心正下方界面上的点为坐标原点 O，x 轴正方向为沿界面方向向右，z 轴正方向为垂直界面并指向目标区域的方向，两层介质的界面处 $z=0$。当各阵元的激励延时为 0 时，所有阵元被同时激励，平面波波前传播方向与探头中垂线方向相同，即平面波沿 θ_1 方向传播。

由图 6-9a 可知，在声速为 c_1 的楔块中，平面波的偏转角 θ_1 与斜楔块倾角 θ_w 相同，即 $\theta_1 = \theta_w$。因此，当 $\theta_1 - \theta_w = 0$ 时，声速为 c_2 的工件中平面波偏转角 θ_2 表示为

$$\theta_2 = \arcsin\left(\frac{c_2}{c_1}\sin\theta_w\right) \tag{6-28}$$

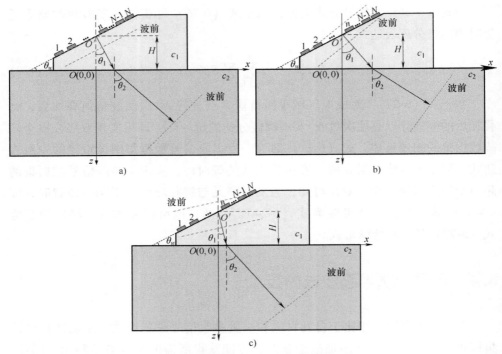

图 6-9　双层介质中线性阵列探头的平面波发射模型

a) $\theta_1-\theta_w=0$　b) $\theta_1-\theta_w>0$　c) $\theta_1-\theta_w<0$

由上可知，楔块的存在会导致平面波传播方向的改变，发射延时为 0 时楔块中的平面波传播倾角为 θ_w。上述状况可理解为：斜楔块使线性阵列探头在 x-z 平面上旋转了 θ_w，若要使楔块中的平面波以偏转角 θ_1 方向传播，则线性阵列探头的发射偏转角为 $\theta_T=\theta_1-\theta_w$。实际检测时，检测人员往往关注的是工件中的传播倾角 θ_2，这就需要根据工件中平面波传播倾角 θ_2 确定各阵元发射延时。因此，实际成像时通常将图 6-9 中平面波在工件中的偏转角 θ_2 为已知参数，计算线性阵列探头需要发射的平面波偏转角 θ_T。根据 Snell 定律，可知 θ_T 和 θ_w 之间满足如下关系

$$\theta_T=\arcsin\left(\frac{c_1}{c_2}\sin\theta_2\right)-\theta_w \tag{6-29}$$

式中，θ_T 是线性阵列探头需要发射的平面波偏转角。根据式（4-3），可推导出双层介质中线性阵列探头中任意阵元的发射延时 τ_n 为

$$\tau_n=\begin{cases}(n-1)\dfrac{d\sin\theta_T}{c_1}, & \theta_T=\theta_1-\theta_w\geqslant0 \\[4mm] (n-N)\dfrac{|\,d\sin\theta_T\,|}{c_1}, & \theta_T=\theta_1-\theta_w<0\end{cases} \tag{6-30}$$

需要说明的是，式（6-30）适用于图 6-9 的三种情况。

确定式（6-30）的双层介质平面波激励延时控制规律后，了解平面波在双层介质中的声传播规律。图 6-10 所示为双层介质中平面波波前到像素点的声传播路径。由图 6-10 可知，双层介质的平面波声传播路径均由 O'-O、O-f、f-i、i-n 四条路径组成，其中 O'-O 和 i-n 两条声传播路径上的介质声速为 c_1，O-f 和 f-i 两条声传播路径上的介质声速为 c_2。这样，双层介质中平面波由线性阵列探头发射并传回至阵元 n 的传播时间表示为四条路径上的声传播时间之和，即 $t(x,z)=t_{11}+t_{12}+t_{21}+t_{22}$。因此，确定四条路径上的声传播时间 t_{11}、t_{12}、t_{21} 和 t_{22} 后，就能弄清双层介质中的平面波声传播规律。

由图 6-10a 可知，当偏转角 $\theta_T=0$ 时，平面波波阵面在 $t=0$ 时刻经过点 $O'(0,-H)$。因此，楔块中的平面波可视为由点 $O'(0,-H)$ 开始发出，传播至原点 $O(0,0)$ 结束。这样，平面波在楔块中的传播路径由点 $O'(0,-H)$ 至原点 $O(0,0)$ 之间的距离 H 表示。由上文可知，当 $\theta_T=0$ 时楔块中的平面波传播偏转角为 θ_w。根据视速度原理，可知平面波沿 $O'O$ 方向的传播速度为 $c_{z_1}=c_1/\cos\theta_w$。由上述条件可推导出 $\theta_T=0$ 时平面波在楔块中的传播时间为

$$t_{11}=\frac{H\cos\theta_w}{c_1},\quad \theta_T=0 \tag{6-31}$$

由图 6-10b 和图 6-10c 可知，若要使偏转角 $\theta_T>0$ 或 $\theta_T<0$，就必须先激励线性阵列探头两侧的阵元。当 1 号阵元先发射时偏转角 $\theta_T>0$，平面波就会以图 6-10b 的方式传播。当 N 号阵元先发射时偏转角 $\theta<0$，平面波则会以图 6-10c 的方式传播。对比图 6-10b 和图 6-10c 可知，平面波的发射时刻 $t=0$ 已不再位于点 $O'(0,-H)$，而是位于线性阵列探头的 1 号或 N 号阵元中心。

如图 6-10b 所示，当平面波偏转角 $\theta_T>0$ 时，1 号阵元先激发，即将发出的平面波波前与 z 轴交于点 $C(0,-H-h)$。由于波前的中心点经过 $O'(0,-H)$ 也经过原点 $O(0,0)$，在声传播时间的计算过程中，结合视速度的理念，可认为平面波由点 C 传播至点 O'，再传播至 O 点。因此，相比于 $\theta_T=0$ 的平面波声传播时间，需要考虑因平面波偏转角 $\theta_T>0$ 引起的平面波发射时刻变换。令 $CO'=h$，由正弦定理可求得点 C 至点 O' 的声传播距离，其表达式为

$$h=\frac{(N-1)d\sin\theta_T}{2\cos\theta_1},\quad \theta_T>0 \tag{6-32}$$

如图 6-10c 所示，当平面波偏转角 $\theta_T<0$ 时，N 号阵元先激发，即将发出的平面波波前与 z 轴交于点 $C(0,-H-h)$。同理，偏转角 $\theta_T<0$ 时点 C 至点 O' 声传播距离的表达式为

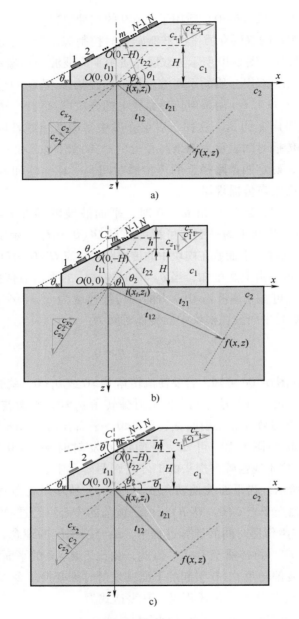

图 6-10 双层介质中平面波波前到像素点的声传播路径

a) $\theta_1 - \theta_w = 0$ b) $\theta_1 - \theta_w > 0$ c) $\theta_1 - \theta_w < 0$

$$h = \frac{(1-N)\,d\sin\theta_T}{2\cos\theta_1}, \quad \theta_T < 0 \qquad (6\text{-}33)$$

由上可知，$\theta_1-\theta_w>0$ 和 $\theta_1-\theta_w<0$ 两种情况下，楔块中的平面波在点 C 传播至点 O' 的时间为

$$t_{CO'}=\begin{cases} \dfrac{(N-1)\,d\sin\theta_T}{2\cos\theta_1}\cdot\dfrac{\cos\theta_1}{c_1}=\dfrac{(N-1)\,d\sin\theta_T}{2c_1}, & \theta_T>0 \\[4mm] \dfrac{(1-N)\,d\sin\theta_T}{2c}\cdot\dfrac{\cos\theta_1}{c_1}=\dfrac{(1-N)\,d\sin\theta_T}{2c_1}, & \theta_T<0 \end{cases} \tag{6-34}$$

由式（6-34）可知，当 $\theta_1-\theta_w=0$ 时，平面波在点 C 传播至点 O' 之间的传播时间为 $t_{CO'}=0$。由图 6-10b 和 c 可知，无论 1 号阵元先发射还是 N 号阵元先发射，均相较于位于原点时提前发射。因此，$\theta_1-\theta_w=0$、$\theta_1-\theta_w>0$ 和 $\theta_1-\theta_w<0$ 三种情况下式（6-34）可修正为

$$t_{CO'}=\left|\frac{(N-1)\,d\sin\theta_T}{2c_1}\right| \tag{6-35}$$

对比图 6-10a、b、c 可知，当 $\theta_1-\theta_w>0$ 和 $\theta_1-\theta_w<0$ 时，楔块中的平面波以偏转角 θ_1 方向传播。根据式（6-35）和式（6-31），可推导出 $\theta_1-\theta_w=0$、$\theta_1-\theta_w>0$ 和 $\theta_1-\theta_w<0$ 三种情况下平面波在楔块中的传播时间为

$$t_{11}=\frac{H\cos\theta_1}{c_1}+\left|\frac{(N-1)\,d\sin\theta_T}{2c_1}\right| \tag{6-36}$$

如图 6-10 所示，平面波传播至 O 点时，波前就开始在声速为 c_2 的介质二中传播。由于声阻抗界面的折射，平面波在介质二中的传播倾角变为 θ_1。即图 6-10 中平面波波前方向已由蓝色虚线变为红色虚线。参照式（4-8），可推导出声速为 c_2 的介质二中点 O 传播至点 F 的时间 t_{12} 为

$$t_{12}=\frac{z\cos\theta_2+x\sin\theta_2}{c_2} \tag{6-37}$$

由第 4 章中的相关描述可知，反射体前平面波波阵面为二维内的一条直线，经反射后变为球面波波阵面。因此，图 6-10 中 $f\text{-}i$、$i\text{-}n$ 两条路径上的声波以球面波波阵面传播，这种情况类似于图 6-8b 中的声波返回路径。可推导出 $f\text{-}i$、$i\text{-}n$ 两条路径上的声传播时间为

$$t_{21}+t_{22}=\frac{\sqrt{(x-x_i)^2+(z-z_i)^2}}{c_2}+\frac{\sqrt{(x_i-x_n)^2+(z_i-z_n)^2}}{c_1} \tag{6-38}$$

综上，双层介质中平面波声传播路径由 $O'\text{-}O$、$O\text{-}f$、$f\text{-}i_v$、$i_v\text{-}n$ 四条路径组成。若要使平面波以偏转角 θ_2 在介质二中传播，则平面波经过上述四条路径后，由线性阵列探头任意阵元 n 接收的声传播时间为

$$t_{\theta_2 n} = \frac{H\cos\theta_1}{c_1} + \left|\frac{(N-1)d\sin\theta_T}{2c_1}\right| + \frac{z\cos\theta_2 + x\sin\theta_2}{c_2} +$$

$$\frac{\sqrt{(x-x_i)^2 + (z-z_i)^2}}{c_2} + \frac{\sqrt{(x_i-x_n)^2 + (z_i-z_n)^2}}{c_1} \tag{6-39}$$

式（6-39）即为平面波信号数据集图像重建的一般表达式，可用于构建双层介质平面波信号采集模式的等时面，与式（6-24）的推导方式类似，基于式（6-39）可获得平面波信号数据集的等时面能量分配表达式，实现平面波信号数据集的超声图像重建，具体为

$$I(x,z) = \frac{1}{MN}\sum_{m=1}^{M}\sum_{n=1}^{N}S_{mn}(t_{mn}) \tag{6-40}$$

式中，MN 是用于幅值分配统一化的叠加次数；S_{mn} 是第 m 次平面波发射的声波经由像素点 f 被 n 号阵元接收的回波信号；t_{mn} 是基于式（6-39）计算的双层介质平面波声传播时间。基于式（6-40），计算所有像素点的传播时间再叠加获得该像素点的幅值，即可将整个检测区域的平面波信号数据集图像重建，实现多角度发射的双层介质相干复合平面波聚焦成像。

7.1 瞬时相位相干性分析

7.1.1 超声信号的瞬时相位

由第 4 章可知，全矩阵信号数据集包含了 $N \times N$ 个 A 型脉冲超声回波信号，其中 $s_{er}(t)$ 为发射-接收对 n_e-n_r 的回波信号。根据傅里叶分解的原理可知，发射-接收对 n_e-n_r 对应的超声信号 $s_{er}(t)$ 是带有一定频带宽度的，其函数表达式可以用正弦之和进行表示。根据第 2 章中图 2-1 展示的原理，取 A 型脉冲超声回波信号 $s_{er}(t)$ 幅值作为复数的模，则其相位 $\omega t + \varphi_0$ 为复平面上的相角。根据欧拉公式，信号 $s_{er}(t)$ 可以表示为信号实部和信号虚部之和，瞬时相位 $\varphi_{er}(t)$ 则被定义为信号 $s_{er}(t)$ 在时刻 t 上的虚部和实部之比的反正切值[90]，其表达式为

$$\varphi_{er}(t) = \arctan \left\{ \frac{\mathrm{Im}(\mathrm{H}[s_{er}(t)])}{\mathrm{Re}(\mathrm{H}[s_{er}(t)])} \right\} \tag{7-1}$$

式中，$\mathrm{H}[s_{er}(t)]$ 是希尔伯特变换后的 A 型脉冲超声回波信号 $s_{er}(t)$；Im 是求虚部符号；Re 是求实部符号。

图 7-1a 所示为某 A 型脉冲超声回波信号的射频波形，图 7-1b 所示为该信号的瞬时相位波形。瞬时相位波形纵向坐标取值范围为 $[-\pi, \pi]$，即图 2-1 中复平面上的相角取值范围。因此，信号的瞬时相位波形反映了其相角随时间的变化，并不包含信号的幅值信息。

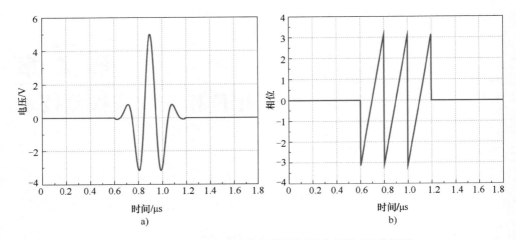

图 7-1　A 型脉冲超声回波信号的射频波形和瞬时相位波形

a）射频波形　b）瞬时相位波形

7.1.2　全聚焦成像中的瞬时相位

　　了解了瞬时相位的概念后，下面将介绍一发多收数据集中瞬时相位的等时面能量分配方式。若将式（6-27）中的信号幅值 $s_{er}(t)$ 替换为瞬时相位 $\varphi_{er}(t)$，则可推导出像素点 (x,z) 上的瞬时相位表达式为

$$\varphi(x,z) = \frac{1}{N^2} \sum_{e=1}^{N} \sum_{r=1}^{N} \varphi_{er}(t_{er}) \tag{7-2}$$

　　基于式（7-2），对成像区域中所有像素点进行 N^2 次瞬时相位叠加，再除以 N^2 统一化后，即可获得瞬时相位的重建图像。

　　下面以全聚焦中的任意一组发射-接收对为例，推导瞬时相位图像中有反射体和无反射体处像素点的值，下文为了便于叙述隐去角标 er。一个发射-接收对所接收到的幅值信号为 $s(t) = s_{\text{defect}}(t) + s_{\text{noise}}(t)$，其中图 7-2a 所示 $s_{\text{defect}}(t)$ 为反射体回波信号，图 7-2b 仅表示部分噪声信号 $s_{\text{noise}}(t)$ 的飞行路径。本文假设发射接收对中缺陷回波远大于噪声回波，因此不考虑噪声回波对于缺陷回波相位的干扰。

　　分析反射体反射回波的飞行路径，发射阵元的位置为 $n_e(x_e, 0)$，接收阵元的位置为 $n_r(x_r, 0)$，从发射阵元发射的声波，首先到达反射体 (x,z)，飞行路径长度为 R_e，然后反射回至接收阵元 $n_r(x_r, 0)$ 的位置，飞行路径长度为 R_r。假设待检测材料是均质介质，因此整个介质中的波数 k 为常数，因此能够得到接收的缺陷信号的瞬时相位

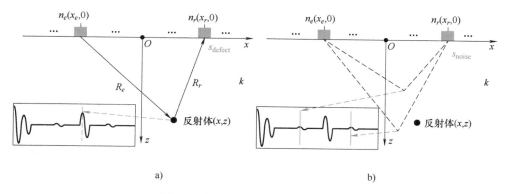

图 7-2 发射接收对的瞬时相位推导

a）反射体回波信号 b）噪声信号的飞行路径

$$\varphi_{\text{defect}}[\,t\,,(x,z)\,]=\omega t-kR+\varphi_0 \tag{7-3}$$

$$R=R_e+R_r=(\sqrt{(x_e-x)^2+z^2}+\sqrt{(x_r-x)^2+z^2}) \tag{7-4}$$

式中，ω 是角频率；φ_0 是初相位；$\varphi_{\text{defect}}[\,t\,,(x,z)\,]$ 是在这次发射接收中，如图 7-2a 中左下角的 A 扫图所示，位于 (x,z) 处的缺陷瞬时信号会出现在接收信号瞬时相位为 φ_0-kR 的位置上。因此结合第 4 章描述的全聚焦成像的方法，首先计算等时面 $t(x,z)$，然后根据等时面进行能量分配就能够得到

$$\begin{cases} \varphi_{\text{defect}}[\,t(x,z),(x,z)\,]=\omega t(x,z)-kR+\varphi_0 \\ t(x,z)=\dfrac{R}{c} \end{cases} \tag{7-5}$$

式中，R 来自式（7-4），结合 $k=\omega/c$，能够推导出在像素点 (x,z) 处的瞬时相位表达式为 $\varphi_{\text{defect}}[\,t(x,z),(x,z)\,]=\varphi_0$，在拓展至所有发射-接收对后，在像素点 (x,z) 处先叠加后统一化得出的最终瞬时相位图像值仍为 φ_0。

接下来对发射-接收对 n_e-n_r 对应的超声缺陷回波信号进行推导，对噪声信号 $s_{\text{noise},er}(t)$ 求出瞬时相位 $\varphi_{\text{noise},er}(t)$ 后，根据阵元位置和像素点 (x,z) 计算出的等时面进行能量分配，得到该点处的噪声瞬时相位信号 $\varphi_{\text{noise}}(x,z)$

$$\varphi_{\text{noise}}(x,z)=\frac{1}{N^2}\sum_{e=1}^{N}\sum_{r=1}^{N}\varphi_{\text{noise}}[\,\tau_{er}(x,z)\,] \tag{7-6}$$

式中，$\varphi_{\text{noise}}(x,z)$ 为瞬时相位图像中像素点 (x,z) 延时叠加后再统一化后的噪声信号，因此可以推导出在瞬时相位图像中

$$\varphi(x,z)=\begin{cases} \varphi_0, & \text{有缺陷} \\ \varphi_{\text{noise}}(x,z), & \text{其他} \end{cases} \tag{7-7}$$

由上可知，在瞬时相位图像中，若缺陷位于像素点处，该像素点值仅为初始相位 φ_0。相比之下，缺陷不在像素点处时，噪声信号相位反复叠加后，因为噪声自身的随机分布导致瞬时相位相互抵消，所得结果趋近于 0。

7.2　相位相干因子及相干加权

由 7.1 节的推导结果得出，延时后反射体处对应的像素点瞬时相位呈对齐现象，即呈现出相位相干现象。从数学上看，相位相干现象符合统计学规律。因此，可将各发射-接收对在同一像素点上的瞬时相位看作统计变量，基于方差、标准差、环形统计矢量等统计变量，就能构建出反映某像素点瞬时相位相干性的因子，进而衍生出多种不同的相位相干因子。从统计学分类上看，常见的相位相干因子有线性统计学相干因子和环形统计学相干因子。

7.2.1　线性统计学相干因子

线性统计学以方差和标准差为基础，是最为常见的统计学方法。下面，让我们一起了解基于标准差的相位相干因子（Phase Coherence Factor，PCF）。

相位相干因子的构建是根据样本的标准差。标准差是概率统计中最常见的数据偏差度量方法，通常用于描述数据的离散程度。在延时叠加图像重建过程中，假设有 N 个延时后的 A 型脉冲超声回波信号叠加于像素点 (x,z)，在此情况下可将各回波信号在像素点 (x,z) 的瞬时相位看作数据样点数量为 N 的样本 $\{\varphi_1,\varphi_2,\cdots,\varphi_n,\cdots,\varphi_N\}$。这样，重建图像中像素点 (x,z) 的瞬时相位可认为是由 N 个统计变量组成的样本。根据定义，瞬时相位样本 $\{\varphi_1,\varphi_2,\cdots,\varphi_n,\cdots,\varphi_N\}$ 的标准差为

$$\mathrm{std}\big[\varphi_n(x,z)\big]=\frac{\sqrt{N\displaystyle\sum_{n=1}^{N}\varphi_n^2(x,z)-\bigg[\displaystyle\sum_{n=1}^{N}\varphi_n(x,z)\bigg]^2}}{N} \tag{7-8}$$

式中，$\mathrm{std}(\cdot)$ 是标准差操作；$\varphi_n(x,z)$ 是第 n 个 A 型脉冲超声回波信号的瞬时相位。

同理，对于全聚焦成像而言，若将式（7-2）中各发射-接收对在像素点 (x,z) 处的瞬时相位看作为 N^2 个统计变量，则像素点 (x,z) 处瞬时相位的标准差为

$$\mathrm{std}\big[\varphi_{er}(x,z)\big]=\frac{\sqrt{N^2\displaystyle\sum_{e=1}^{N}\sum_{r=1}^{N}\varphi_{er}^2(x,z)-\bigg[\displaystyle\sum_{e=1}^{N}\sum_{r=1}^{N}\varphi_{er}(x,z)\bigg]^2}}{N^2} \tag{7-9}$$

式中，$\varphi_{er}(x,z)$ 是发射-接收对回波信号在像素点 (x,z) 处的瞬时相位。由第 7.1 节可知，瞬时相位波形纵向坐标取值范围为 $[-\pi,\pi]$，由此可推导出标准差 std $[\varphi_{er}(x,z)]$ 的取值范围为 $[0,\pi\sqrt{3}]$。当标准差 std $[\varphi_{er}(x,z)]$ 等于 0 时，表示像素点 (x,z) 处的瞬时相位完全一致，所有相角完全相同，对应式（7-7）中存在反射体时的状况；当标准差 std $[\varphi_{er}(x,z)]$ 等于 $\pi/\sqrt{3}$ 时，表示像素点 (x,z) 处的瞬时相位是完全散乱的，呈完全随机分布状态，对应式（7-7）中没有反射体时的状况。

由上可知，瞬时相位完全一致或相对集中时，标准差 std $[\varphi_{er}(x,z)]$ 等于 0 或数值较低。相反地，瞬时相位趋于散乱分布时，标准差 std $[\varphi_{er}(x,z)]$ 数值较大。上述情况不太符合人对超声图像/信号的使用习惯。对此，相关研究人员基于标准差 std $[\varphi_{er}(x,z)]$ 构建了相位相干因子 PCF (x,z)，其表达式为

$$\text{PCF}(x,z)=\max\left\{0,1-\frac{\text{std}[\varphi_{er}(x,z)]}{\pi/\sqrt{3}}\right\} \tag{7-10}$$

需要说明的是，式（7-2）中通过标准差 std $[\varphi_{er}(x,z)]$ 除以 $\pi/\sqrt{3}$ 能够使 $\max(\cdot)$ 项的取值范围在 $[0,1]$，可理解为将相干因子进行归一化处理。假设全聚焦图像中像素点 (x,z) 叠加后的幅值为 $I(x,z)$，利用相位相干因子 PCF (x,z) 对像素点 $I(x,z)$ 进行点乘，即可实现相位相干加权处理。对比式（7-10）可知，利用相位相干因子 PCF (x,z) 表征相位的相干程度或一致性程度，更有利于实现全聚焦图像的加权处理，并且也符合人对超声图像/信号的使用习惯。这样定义后，瞬时相位完全一致或相对集中时，PCF (x,z) 的值就会等于 1 或趋近于 1，使相位相干加权后的幅值得到有效保留。相反地，瞬时相位趋于散乱分布时，PCF (x,z) 的值就会等于 0 或趋近于 0，相位相干加权后的噪声幅值得到有效抑制。

下面，让我们再了解另外一种基于方差的相干因子——符号相干因子（Sign Coherence Factor，SCF）。首先，一起了解瞬时相位符号的概念。对于数量为 N 的数据样点 $\{\varphi_1,\varphi_2,\cdots,\varphi_n,\cdots,\varphi_N\}$，任意样本点 φ_n 的符号化表达式为

$$\text{sign}(\varphi_n)=\begin{cases}1, & \varphi_n\in[0,\pi]\\-1, & \varphi_n\in[-\pi,0)\end{cases} \tag{7-11}$$

式中，sign$(\cdot)$ 是瞬时相位的符号化函数，当瞬时相位 φ_n 的取值范围在 $[0,\pi]$ 时，则 sign(φ_n) 的值被定义为 1。当瞬时相位 φ_n 的取值范围在 $[-\pi,0)$ 时，则 sign(φ_n) 的值被定义为 -1。对于像素点 (x,z) 处的瞬时相位 $\{\varphi_1,\varphi_2,\cdots,\varphi_n,\cdots,\varphi_N\}$，取其符号则瞬时相位样本点变为符号样本 $\{\text{sign}(\varphi_1),\text{sign}(\varphi_2),\cdots,$

$\text{sign}(\varphi_n), \cdots, \text{sign}(\varphi_N)\}$，对符号样本的方差进行定义，则其表达式为

$$\sigma^2 = \frac{N \sum_{i=1}^{N} \text{sign}(\varphi_i^2) - \left[\sum_{i=1}^{N} \text{sign}(\varphi_i) \right]^2}{N^2} \qquad (7\text{-}12)$$

式中，σ^2 是符号样本的方差，因为式（7-10）中分子中的第一项为 N^2，因此式（7-10）能够进一步推导为

$$1 - \sigma^2 = 1 - \left[\frac{1}{N} \sum_{i=1}^{N} \text{sign}(\varphi_i) \right]^2 \qquad (7\text{-}13)$$

若成像区域某一像素点上存在缺陷回波时，其瞬时相位在简化后具有相同的极性，即信号瞬时相位的正弦值全为 1 或 -1，此时不同发射-接收对对应的瞬时相位完全相干，这与严格的相干准则是相同的。相反，若像素点不存在缺陷回波，则简化后的瞬时相位极性随机。将式（7-2）中各发射-接收对在像素点 (x, z) 处的瞬时相位看作为 N^2 个统计变量，则像素点 (x, z) 处的符号相干因子为

$$\text{SCF}(x, z) = 1 - \sqrt{1 - \left[\frac{1}{N^2} \sum_{e=1}^{N} \sum_{r=1}^{N} \text{sign}(\varphi_{er}(t_{er}(x, z))) \right]^2} \qquad (7\text{-}14)$$

式中，$t_{er}(x, z)$ 是延时矩阵。最终当成像区域内缺陷处像素点的各通道信号中的相位信息样本值分布一致时，因子值趋近于 1。当在缺陷处相位信息分布相位分布散乱时，因子值趋近于 0。

7.2.2　环形统计学相干因子

环形统计学（Circular Statistics，CS）是一种研究相位统计学规律的分析方法[91]。下面，让我们一起了解基于环形统计学的相位相干因子（Phase Circular Statistic Vector，PCSV）。

相位环形统计矢量相干因子是求复平面上瞬时相位矢量样本的和矢量，而和矢量是指在延时叠加成像的过程中，每一个发射接收对延时后的瞬时相位投影为复平面圆上的单位矢量，然后求矢量和得出因子值。因此，相位环形统计矢量相干因子也能够用于描述数据的离散程度。在延时叠加图像重建过程中，假设有 N 个延时后的 A 型脉冲超声回波信号叠加与像素点 (x, z)，与第 7.3.1 节中一样，在该像素点有数量为 N 的瞬时相位样本 $\{\varphi_1, \varphi_2, \cdots, \varphi_n, \cdots, \varphi_N\}$，并且 N 个瞬时相位也能够映射为 N 个单位矢量 $[(\cos\varphi_1, \sin\varphi_1), (\cos\varphi_2, \sin\varphi_2), \cdots, (\cos\varphi_n, \sin\varphi_n), \cdots, (\cos\varphi_N, \sin\varphi_N)]$。瞬时相位为 φ_n 的单位矢量能够表示在复平面上的圆内，如图 7-3a 所示。

因此根据矢量求和中正交分解的方法，得到复平面上统一化后的表示式为

$$\varphi_{n=1,2,\cdots,N}=\frac{1}{N}\sum_{n=1}^{N}e^{i\varphi_n}=\frac{1}{N}\sum_{n=1}^{N}\left(\cos\varphi_n+i\sin\varphi_n\right)=a+ib \tag{7-15}$$

式中，$\varphi_{n=1,2,\cdots,N}$ 是在像素点 (x,z) 处，N 个瞬时相位单位矢量的和矢量，a 和 b 分别为

$$a=\frac{1}{N}\sum_{n=1}^{N}\cos\varphi_n,\ b=\frac{1}{N}\sum_{n=1}^{N}\sin\varphi_n \tag{7-16}$$

由式（7-15）和式（7-16）可知，复平面上统一化后和矢量的长度可写为

$$\bar{R}=\left(a^2+b^2\right)^{1/2} \tag{7-17}$$

式中，$\bar{R}$ 是统一化后和矢量的长度，其值域为 $[0,1]$。若 $\bar{R}=1$，表示像素点 (x,z) 处所有单位矢量指向一个方向，如图 7-3b 所示，当 $\bar{R}$ 接近于 1 表明所有发射-接收对单位矢量聚集于和矢量方向周围，其中红色矢量为和矢量；若 $\bar{R}=0$，如图 7-3c 所示，表明每一个发射-接收对的单位矢量随机分布于单位圆上，指向性随机分布。

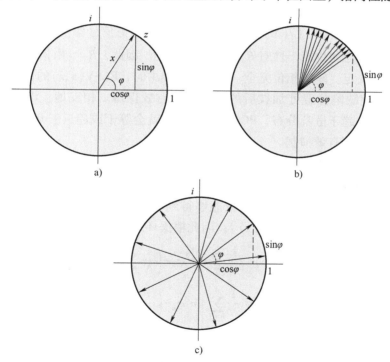

图 7-3　复平面上的环形矢量表征图示

a）瞬时相位单位矢量表示　b）相位集中　c）相位随机

在实际成像过程中，往往采集不到幅值为单位长度的瞬时相位信号，因此在像素点 (x,z) 处，利用信号幅值以及信号瞬时相位的特点构建 PCSV，其表达式为

$$PCSV(x,z) = \bar{R}_{PCSV} = \frac{(A^2 + B^2)^{1/2}}{C} \tag{7-18}$$

式中，A 是信号实部相位平均值；B 是信号实部相位平均值；C 是信号模的平均值，其表达式为[36]

$$A = \frac{1}{N} \sum_{n=1}^{N} | \mathrm{H}(s_n) | \cos\varphi_n, \quad B = \frac{1}{N} \sum_{n=1}^{N} | \mathrm{H}(s_n) | \sin\varphi_n, \quad C = \frac{1}{N} \sum_{n=1}^{N} | \mathrm{H}(s_n) |$$

$$\tag{7-19}$$

为用于全聚焦图像重建，将式（7-19）中的三个平均值 A、B、C 写作多层求和形式，其表达式为

$$A_{TFM} = \frac{1}{N^2} \sum_{e=1}^{N} \sum_{r=1}^{N} | H(s_{er}) | \cos\varphi_{er}, \quad B_{TFM} = \frac{1}{N^2} \sum_{e=1}^{N} \sum_{r=1}^{N} | \mathrm{H}(s_{er}) | \sin\varphi_{er},$$

$$C_{TFM} = \frac{1}{N^2} \sum_{e=1}^{N} \sum_{r=1}^{N} | \mathrm{H}(s_{er}) | \tag{7-20}$$

由式（7-18）~式（7-20）可知，A 和 B 不仅考虑信号幅值对 $\bar{R}_{PCSV}$ 长度的影响，而且还考虑相位相干性对 $\bar{R}_{PCSV}$ 长度的影响。因此，$\bar{R}_{PCSV}$ 由信号幅值和相位相干性共同决定。瞬时相位完全一致或相对集中时，$PCSV(x,z)$ 的值就会等于或趋近于 1，使缺陷位置处加权后的幅值得到有效保留。相反地，没有缺陷的位置，瞬时相位趋于散乱分布，$PCSV(x,z)$ 的值就会等于或趋近于 0，加权后背景噪声的幅值得到有效抑制。

下面，让我们再了解另外一种基于环形统计学的相位相干因子——环形相干因子（Circular Coherence Factor，CCF）。与介绍 PCSV 一样，将数量为 N 的瞬时相位映射为复平面中的单位矢量能够得到$[(\cos\varphi_1, \sin\varphi_1), (\cos\varphi_2, \sin\varphi_2), \cdots,$ $(\cos\varphi_n, \sin\varphi_n), \cdots, (\cos\varphi_N, \sin\varphi_N)]$，因此根据环形统计学矢量方差表达式为

$$\mathrm{var}(\cos\varphi) = \frac{1}{N} \sum_{n=1}^{N} \cos^2\varphi_n - \left(\frac{1}{N} \sum_{m=1}^{N} \cos\varphi_n \right)^2$$

$$\mathrm{var}(\sin\varphi) = \frac{1}{N} \sum_{n=1}^{N} \sin^2\varphi_n - \left(\frac{1}{N} \sum_{m=1}^{N} \sin\varphi_n \right)^2 \tag{7-21}$$

$$\sigma = \sqrt{\mathrm{var}(\cos\varphi) + \mathrm{var}(\sin\varphi)}$$

式中，$\mathrm{var}(\cdot)$ 是样本中的方差；σ 是单位瞬时相位的标准差，因此当样本中的瞬时相位矢量指向方向完全一致，或者较为集中时，标准差的值等于 0 或近似于 0，而当样本中的瞬时相位矢量指向方向完全散乱时，标准差的值接近于 1，因此上述情况不太符合人对超声图像/信号的使用习惯。

对此，在全聚焦成像中，相关研究人员基于矢量标准差的基础，构建了

$\text{CCF}(x,z)$，其表达式为

$$\text{CCF}(x,z) = 1 - \sqrt{\text{var}(\cos\varphi) + \text{var}(\sin\varphi)} \qquad (7\text{-}22)$$

式中，对于多层求和的全聚焦成像运算，式（7-22）中 $\text{var}(\cos\varphi)$ 和 $\text{var}(\sin\varphi)$ 的表达式为

$$\text{var}(\cos\varphi) = \frac{1}{N^2} \sum_{e=1}^{N} \sum_{r=1}^{N} \cos^2\varphi_{er} - \left(\frac{1}{N^2} \sum_{e=1}^{N} \sum_{r=1}^{N} \cos\varphi_{er} \right)^2 \qquad (7\text{-}23)$$

$$\text{var}(\sin\varphi) = \frac{1}{N^2} \sum_{e=1}^{N} \sum_{r=1}^{N} \sin^2\varphi_{er} - \left(\frac{1}{N^2} \sum_{e=1}^{N} \sum_{r=1}^{N} \sin\varphi_{er} \right)^2 \qquad (7\text{-}24)$$

式（7-22）可以理解为将环形相位因子进行归一化处理，使其取值范围为 $[0,1]$。与上文中提到的相干因子加权方法一样，在全聚焦图像中像素点 (x,z) 叠加后的幅值与环形相位因子进行点乘实现相位相干加权处理，因此环形相位因子更加符合人对超声图像/信号的使用习惯。在图像中的缺陷位置，瞬时相位完全一致或相对集中时，$\text{CCF}(x,z)$ 的值就会等于或趋近于 1，相反的，当相位趋于散乱分布时，$\text{CCF}(x,z)$ 的值就会等于或趋近于 0。

7.3　全聚焦相位相干成像

7.3.1　试验设备与试块介绍

在第 7.2 节详细介绍了基于线性统计学相干因子和环形统计学相干因子的原理，而本节将探究这两大类相干加权因子，在各向同性介质和各向异性介质中的成像效果。采用图 7-4a 所示的全矩阵阵列信号采集系统实现 FMC 矩阵采集。系统由计算机主机、多通道信号采集器和线性阵列探头组成。探头中心频率为 5MHz、阵元中心间距为 1mm、阵元数为 128。

以图 7-4b 中厚度为 50mm 的铝制试块作为各向同性介质的研究对象，加工深度为 25mm 的 $\phi2$ 边钻孔。经测定，试块声速为 6125m/s。为研究各向异性材料的相位相干成像效果，选取厚度为 50mm 的奥氏体型不锈钢焊缝试块为研究对象。经测定，奥氏体型不锈钢焊缝试块的声速为 5760m/s。在奥氏体型不锈钢焊缝试块中加工不同深度的边钻孔，如图 7-5 所示，自上而下依次为 1 号缺陷、2 号缺陷、3 号缺陷和 4 号缺陷。根据第 4.1 节中的全矩阵捕捉方式，线性阵列探头从 1 号阵元开始，依次激励 1~32 号阵元，并全部阵元接收信号，系统的采样率为 100MHz。一次采集过后接收到 32×32 个采样点数为 3999 的 A 型扫描信号，储存在系统中备用。

a)   b)

图 7-4   全矩阵阵列信号采集系统及试验试块

a) 采样设备   b) 试验试块

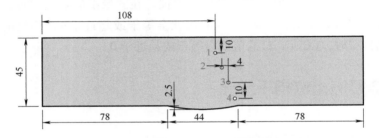

图 7-5   奥氏体型不锈钢焊缝缺陷示意图

7.3.2   各向同性介质全聚焦加权成像

根据第 4.2 节所描述的全聚焦图像重建方法，对采集到的数据进行全聚焦成像，并对图像分别进行 PCSV、SCF 和 CCF 加权。铝制试块的 TFM 图像中背景噪声较小，其中上表面界面回波和下表面界面回波较为清晰，如图 7-6 所示，边钻孔缺陷回波位于纵轴 25mm 处。铝制试块相较于 TFM 图像、TFM-PCSV 图像、TFM-SCF 图像和 TFM-CCF 图像上表面回波的盲区更小，下表面回波宽度更细，缺陷回波的幅值更大，横向宽度更窄。

为了进一步对比加权因子的加权能力，本节在图 7-6 中的图像纵轴 25mm 处取幅值曲线，绘制成横向幅值曲线，在图像横轴 16mm 处取幅值曲线，绘制成纵向幅值曲线，如图 7-7 所示。幅值曲线的选取和评估方法与图 5-4 完全一致。

在图 7-7a 横向幅值曲线图中，TFM 幅值曲线峰值最低，曲线的半峰值宽度最大。SCF 幅值曲线峰值最高，曲线的半峰值宽度最小。PCSV 幅值曲线与 CCF 幅值曲线最大幅值几乎一样，CCF 幅值曲线的半峰值宽度略小于 PCSV 峰值曲线的半峰值宽度。在图 7-7b 纵向幅值曲线图中，SCF 幅值曲线的峰值最高，半峰值宽度最大。TFM、PCSV 和 CCF 幅值曲线的半峰值宽度相近。

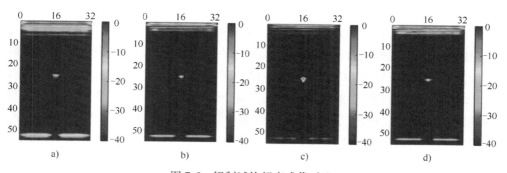

图 7-6　铝制试块超声成像对比

a) TFM　b) TFM-PCSV　c) TFM-SCF　d) TFM-CCF

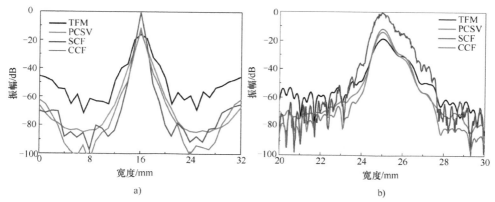

图 7-7　铝制试块距离幅值曲线

a) 横向幅值曲线　b) 纵向幅值曲线

采用第 5.1 节所述的分辨率和对比度指标以及缺陷回波幅值指标，评价加权处理前后的全聚焦图像，得到表 7-1。

表 7-1　铝制 25mm 缺陷回波指标统计

成像算法/指标	幅值/mm	信噪比/dB	横向分辨率
TFM	-15.7	33.5	7.3
TFM-PCSV	-12.3	34.7	6.5
TFM-SCF	0.0	28.9	5.3
TFM-CCF	-12.1	31.4	6.3

由表 7-1 能够得出，TFM-SCF 图像中，缺陷的幅值最高，横向分辨率和信噪比最小。TFM-PCSV 图像幅值、信噪比以及横向分辨率均高于 TFM 图像，但幅值和横向分辨率低于 TFM-SCF 图像。

综上所述，在铝制试块中，PCSV、SCF 和 CCF 横向分辨率的提升能力较大，而纵向分辨率的提升能力相对较弱。因此 SCF 因子提升缺陷图像幅值和横向分辨率的能力强于 PCSV 和 CCF，而 PCSV 和 CCF 提升图像信噪比的能力强于 SCF。SCF 对于图像中的相位误差容忍度较低，将会引入较大噪声从而降低 SCF 加权图像缺陷的信噪比。PCSV 对于图像中的相位误差容忍度较高，引入噪声较少，PCSV 加权图像的信噪比最高，相应地，对于缺陷的横向分辨率提高能力不如 SCF。

7.3.3　各向异性介质全聚焦加权成像

本节以奥氏体型不锈钢焊缝为例，分析各向异性介质的全聚焦加权成像方法。对奥氏体型不锈钢采集到的信号进行全聚焦成像和各相干因子的加权，得到如图 7-8 所示的成像结果。

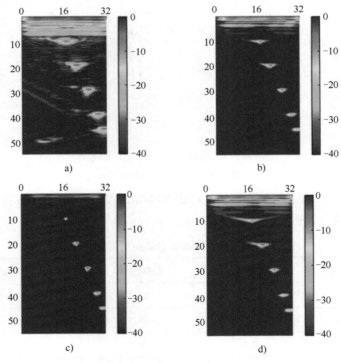

图 7-8　奥氏体型不锈钢焊缝试块超声成像对比

a) TFM　b) TFM-PCSV　c) TFM-SCF　d) TFM-CCF

　　图 7-8a 所示为奥氏体型不锈钢焊缝的 TFM 图像，与图 7-6a 中铝制试块 TFM 成像背景噪声有着显著差异。在奥氏体型不锈钢焊缝试块中，背景部分有许多晶粒散射噪声。这是因为在各向异性介质中，介质的声速分布不均匀[92]，奥氏体型不锈钢材料中较为粗大的晶粒会对声波造成反射和散射，导致采集到的信号含有大量草状回波，并且奥氏体型不锈钢材料声速分布不均匀，使得声传播路径与实际计算的等时面不吻合，这将导致对缺陷的成像有误差，主要体现在缺陷回波较大。在 TFM-PCSV 图像、TFM-SCF 图像和 TFM-CCF 图像中，背景噪声在−40 ~ 0dB 动态范围内不可见，并且缺陷回波均小于 TFM 图像中的缺陷回波。

　　在图 7-8 所示 10mm、20mm、30mm 和 40mm 深度处，分别提取横向幅值曲线，绘制出如图 7-9 所示的曲线。

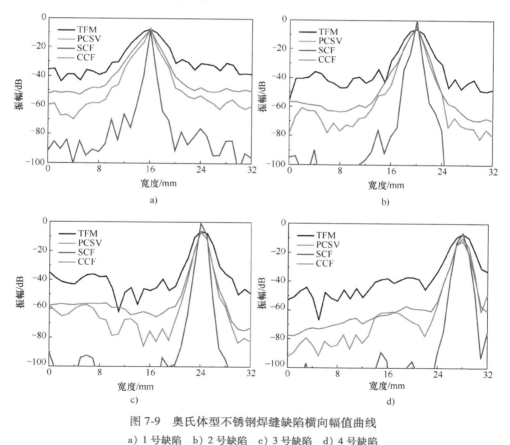

图 7-9　奥氏体型不锈钢焊缝缺陷横向幅值曲线
a）1 号缺陷　b）2 号缺陷　c）3 号缺陷　d）4 号缺陷

　　在图 7-9 中，从总体上看，1~4 号缺陷处，SCF 曲线、PCSV 曲线和 CCF 曲线的半峰值宽度均小于 TFM 曲线。SCF 横向幅值曲线，在 1~4 号缺陷处，半峰值宽度最小，在 2~4 号缺陷处曲线峰值最大。PCSV 横向幅值曲线，在 1 号缺陷处曲线峰值最大。CCF 横向幅值曲线，在 1~4 号缺陷处的峰值与半峰值宽度略小于 PCSV 横向幅值曲线。

图 7-10 为图 7-8 中横轴 16mm、20mm、24mm 和 28mm 处的纵向幅值曲线，即 1 号、2 号、3 号和 4 号缺陷的纵向幅值曲线。在图 7-10 中，PCSV，SCF 和 CCF 曲线的半峰值宽度均显著小于 TFM 曲线的半峰值宽度，这与图 7-7b 中铝制试块的加权结果截然不同，在以奥氏体型不锈钢焊缝为代表的各向异性介质加权全聚焦成像中，加权因子也能够对缺陷的纵向分辨率带来较大的提升。

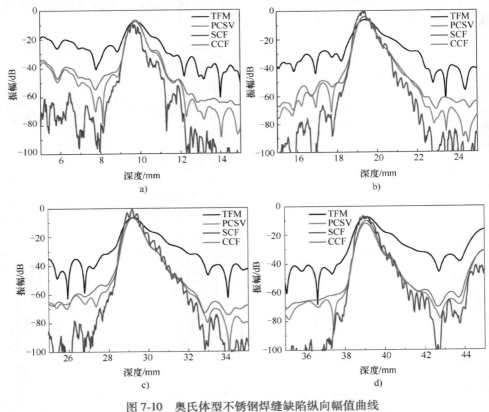

图 7-10　奥氏体型不锈钢焊缝缺陷纵向幅值曲线

a) 1 号缺陷　b) 2 号缺陷　c) 3 号缺陷　d) 4 号缺陷

对奥氏体型不锈钢焊缝中 1~4 号缺陷的回波幅值、信噪比和横向分辨率指标进行评价，得到表 7-2~表 7-4。在表 7-2 中，TFM-SCF 的缺陷幅值在 1~4 号缺陷处均是最高。TFM-PCSV 和 TFM-CCF 的缺陷幅值，在 1~3 号缺陷处高于 TFM 缺陷幅值，在 4 号缺陷处低于 TFM 缺陷幅值。在表 7-3 中，TFM-SCF 在 2~4

号缺陷处，信噪比最高，TFM-PCSV 在 1 号缺陷处信噪比最高。在表 7-4 中，TFM-SCF 在 1~4 号缺陷处横向分辨率均最小。

表 7-2 奥氏体型不锈钢焊缝缺陷回波幅值统计

成像算法/编号	1 号	2 号	3 号	4 号
TFM	−10.7	−9.8	−10.2	−9.8
TFM-PCSV	−8.8	−5.2	−9.1	−13.5
TFM-SCF	−9.6	0	0	−8.6
TFM-CCF	−9.9	−4.7	−9.6	−15.1

表 7-3 奥氏体型不锈钢焊缝缺陷回波信噪比统计

成像算法/编号	1 号	2 号	3 号	4 号
TFM	13.5	14.2	14.9	13.8
TFM-PCSV	28.7	32.3	29.1	24.0
TFM-SCF	24.6	34.2	34.2	25.6
TFM-CCF	26.6	31.8	26.9	21.4

表 7-4 奥氏体型不锈钢焊缝缺陷横向分辨率统计

成像算法/编号	1 号	2 号	3 号	4 号
TFM	12.4	11.6	8.5	9.9
TFM-PCSV	7.6	7.3	7.7	8.4
TFM-SCF	4.1	6.2	5.9	7.1
TFM-CCF	8.8	8.0	8.0	8.6

在表 7-2 和表 7-3 中，TFM-PCSV、TFM-SCF 和 TFM-CCF 的缺陷幅值和信噪比，在 1~2 号缺陷处呈增长趋势，3~4 号缺陷处呈下降趋势。在表 7-4 中，TFM-PCSV、TFM-SCF 和 TFM-CCF 的缺陷分辨率，在 1~2 号缺陷处呈下降趋势，3~4 号缺陷处呈上升趋势。

根据上述对于奥氏体型不锈钢焊缝缺陷的分析，利用 PCSV、SCF 和 CCF 加权因子成像，能够提升缺陷的幅值、信噪比、横向分辨率和纵向分辨率。其中，SCF 加权因子提升缺陷幅值、信噪比和分辨率的能力强于 SCF 因子和 CCF 因子。加权因子在 20mm 深度和 30mm 深度对于缺陷幅值、信噪比和分辨率的提升能力较强，而在 10mm 深度以及 40mm 深度相对较弱。这与探头发射的声场密切相关，当声场能量集中在 20~30mm 深度处，相干因子在此处的加权能力最强。而如果当探头在某个区域的声波能量可达性较低，相干因子的加权能力会稍差。如果探头无法接收到缺陷回波，则相干因子同样无法对缺陷加权。

7.3.4　不同相干因子的加权特点

根据第 7.3.2 节和第 7.3.3 节的分析，采用数学中方差工具的 SCF，能够极大地提升缺陷回波的幅值和分辨率，但较低的相位误差容忍度，会引入较大的高频噪声，导致缺陷图像不连续，对缺陷定位造成一定的不利影响。而采用环形统计矢量学的 PCSV 和 CCF，能够提升缺陷图像的幅值、分辨率和信噪比，对于相位的误差容忍度较高，并且不会引入较大的高频噪声，加权图像较为连续。

上述原因导致不同类型的相干因子，有不同的实际应用场景和检测对象，基于数学中方差工具的相干因子，能够极大地提升缺陷幅值，抑制背景噪声和上下表面回波盲区，适用于检测强反射体的孔类缺陷。而在面对弱反射体和强反射体需要同时检出的场景下，基于环形统计矢量学的相干因子，能够在提升强弱反射体幅值和信噪比的基础上，不会因为过度提升强反射体，而导致弱反射体不可见。

7.4　时差衍射-相位相干成像

7.4.1　时差衍射-相位相干成像原理

本节介绍相位相干成像在时差衍射（Time of Flight Diffraction，TOFD）技术中的应用，如图 7-11 所示。TOFD 所用超声传感器通常由 2 个单晶压探头组成的探头对，通过移动探头对采集时差衍射信号，将各移动位置上采集到的时差衍射信号进行简单的 B 扫描成像，即可获得 TOFD-B 图像。一般情况下，利用 TOFD-B 图像中裂纹等面积型缺陷的上、下尖端衍射回波，就能够通过测量 TOFD-B 图像中的回波时间计算面积型缺陷长度。因此，从成像原理上看，传统的时差衍射法是一种不需要图像重建的超声成像技术。

在某些检测要求更高的情况下，TOFD-B 图像也可以利用延时叠加方法进行图像重建。TOFD 探头由一个发射探头 n_e 和一个接收探头 n_r 组成，两探头之间的距离恒定为探头中心距（Probe Center Spacing，PCS）[93]。若将 TOFD 探头对

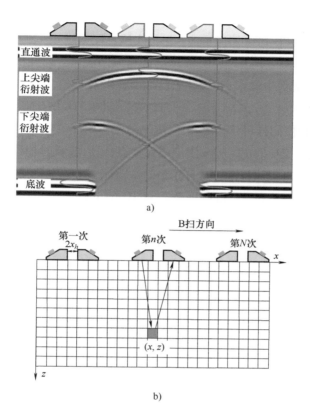

图 7-11　时差衍射成像原理和延时叠加图像重建过程

a）传统 TOFD-B 成像原理　b）TOFD 延时叠加图像重建

视作一发多收信号采集模式的发射-接收对，则有 PCS = $2x_h$，即探头中心距 PCS 等于 2 倍中心偏移量 x_h。在时差衍射信号采集过程中，假设 TOFD 探头对共计移动了 N 步，移动步进距离为 Δh，则 TOFD 探头对移动至位置 $n(n=1,2,\cdots,N)$ 时，像素点 (x,z) 处的时差延时回波声传播时间为

$$ct_n=\sqrt{(n\Delta h-x-x_h)^2+z^2}+\sqrt{(n\Delta h-x+x_h)^2+z^2} \tag{7-25}$$

式中，c 是介质的纵波声速；n 是探头步进位置；Δh 是移动步进距离；x_h 是探头中心距的一半。根据式（7-25）计算出的等时面也是一个抛物线族，与第 4.2.1 节介绍的全聚焦成像中一发一收发射-接收对的等时面十分类似。不同的是，TOFD 所用探头是单晶压电探头并非线性阵列探头。相比之下，TOFD-B 图像的重建与自发自收信号数据集图像重建过程类似，区别在于等时面的构建表达式不同。基于式（7-25）计算出的等时面，可对每一个位置接收到的 A 扫信号进行延时叠加图像重建[94]，将 TOFD-B 图像中的抛物线状回波进行汇聚，

获得 TOFD-DAS 图像。

由上可知，TOFD-DAS 图像重建算法的实施过程类似于合成孔径聚焦成像。尽管两者的等时面不同，但延时后的 A 型脉冲超声回波信号均叠加于像素点(x,z)，因此 TOFD-DAS 成像中像素点(x,z)的信号回波瞬时相位，同样可以看作数据样点数量为 N 的样本$\{\varphi_1,\varphi_2,\cdots,\varphi_n,\cdots,\varphi_N\}$。因此，TOFD-DAS 重建图像中像素点$(x,z)$的瞬时相位同样可认为是由 N 个统计变量组成的样本。根据线性统计学和环形统计学的定义，TOFD-DAS 图像中像素点(x,z)的瞬时相位样本$\{\varphi_1,\varphi_2,\cdots,\varphi_n,\cdots,\varphi_N\}$，仍然可以以标准差或环形统计矢量形式表征该像素点的相位分布状态，构建 PCF、SCF、PCSV 和 CCF 等，对 TOFD-B 图像进行相位相干加权处理。图 7-12 所示为 TOFD-B 图像的相位相干加权处理流程。

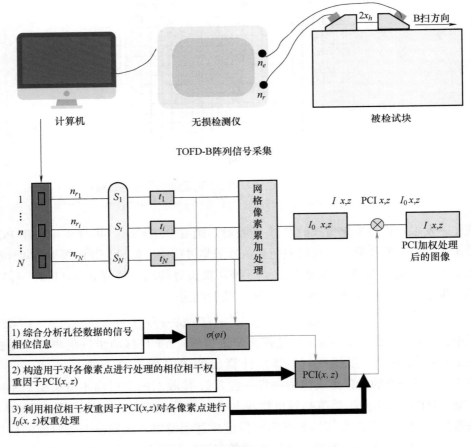

图 7-12   TOFD-B 图像的相位相干加权处理流程

TOFD 探头对以一发一收模式采集时差衍射回波信号，即每步进一次 TOFD 探头就采集一次衍射回波信号。完成 N 个移动步进下的采集信号后，形成 N 个 A 型脉冲超声衍射回波信号。基于式（7-25），对所采的 N 个衍射回波信号进行延时。对各像素点上延时后的 A 型脉冲超声衍射回波信号进行叠加，获得叠加信号幅值 $I(x,z)$。与此同时，综合分析延时信号在各像素点的瞬时相位，基于式（7-10）、式（7-14）、式（7-18）和式（7-22），分别构建对像素点加权的相干因子 PCF、SCF、PCSV 和 CCF，作为 PCI(x,z) 对叠加后的信号幅值 $I(x,z)$ 进行加权处理，获得考虑相位分布状态的 TOFD-PCI 图像，以改善 TOFD 检测的图像质量。

7.4.2　时差衍射-相位相干成像案例

本节采用铸造奥氏体型不锈钢窄间隙自动焊焊缝为检测对象，利用时差衍射合成孔径成像，对 SCF 和 CCF 进行加权，探究不同相干因子的加权效果。图 7-13 所示为奥氏体型不锈钢焊缝试块金相组织及缺陷示意图。奥氏体型不锈钢焊缝的晶粒呈柱状，其长度范围为 $0.5 \sim 4$mm，宽度范围为 $0.2 \sim 0.6$mm。母材的晶粒呈等轴状，直径范围为 $0.1 \sim 0.4$mm。奥氏体型不锈钢焊缝试块壁厚 78mm。

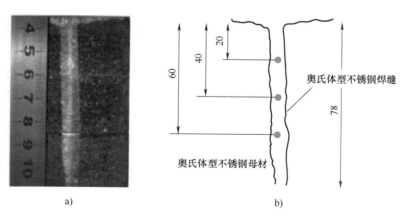

图 7-13　奥氏体型不锈钢焊缝试块金相组织及缺陷示意图

a）金相组织　b）缺陷示意图

图 7-14 所示为各向异性不锈钢焊缝的 TOFD-B 图像和 TOFD-DAS 图像。用于成像的时差衍射信号数据集，由 2.25MHz 中心频率的 TOFD 探头对采集，所用探头晶片直径为 12mm，探头中心距调整为 $2x_h = 100$mm，配置 45°纵波楔块。在成像的时差衍射信号数据集采集过程中，TOFD 探头对共计移动了 $N = 260$ 步，

移动步进距离 $\Delta h = 0.5\text{mm}$，共计采集了 260 组衍射回波信号。

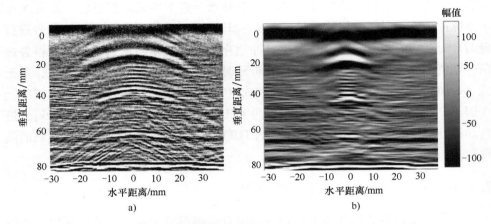

图 7-14　各向异性不锈钢焊缝的 TOFD-B 图像和 TOFD-DAS 图像
a) TOFD-B 图像　b) TOFD-DAS 图像

对比图 7-14a 和图 7-14b 可知，各向异性粗大晶粒对超声波的强烈散射作用，导致 TOFD-B 图像中出现了强烈的结构噪声。经测量，TOFD-B 图像中缺陷的平均信噪比为 9.7dB。相比之下，TOFD-DAS 图像中的结构噪声得到一定抑制，其平均信噪比为 19.2dB，较 TOFD-B 图像提高了 9.5dB。然而，受声束宽度的限制[95]，TOFD-DAS 算法的信噪比提高是有限的，TOFD-B 图像中仍然能够观察到粗晶结构引起的结构噪声。

基于式（7-14）和式（7-22），构建奥氏体型不锈钢焊缝 TOFD-B 图像的 SCF 和 CCF，如图 7-15 所示。在 SCF 图和 CCF 图中，缺陷衍射回波位置的相位分布权重值均较高。经测定，SCF 中，由上至下三个缺陷的权重值分别为 0.97、0.87 和 0.86。CCF 中，由上至下三个缺陷的权重值分别为 0.75、0.92 和 0.83。此外，相干因子 SCF 和 SCF 中缺陷衍射回波周围噪声最大权重值分别为 0.52 和 0.49。上述结果表明，即使各向异性结构对声波具有强烈的散射作用，缺陷衍射回波位置的相位分布仍然呈现较高的一致性，使得缺陷衍射回波位置的相位分布权重值明显区别于周围噪声。

图 7-16 所示为奥氏体型不锈钢焊缝的 SCF 加权图像和 CCF 加权图像。经过相干因子加权后的 TOFD-B 图像结构噪声被显著抑制，缺陷回波幅值显著增加。经测量，SCF 加权图像中由上至下三个缺陷的信噪比分别为 30.2dB、31.4dB 和 29.8dB，CCF 加权图像中由上至下三个缺陷的信噪比分别为 25.3dB、31.9dB 和 28.4dB，相较于合成孔径图像均有显著提升，并且对比缺陷衍射回波，能够得

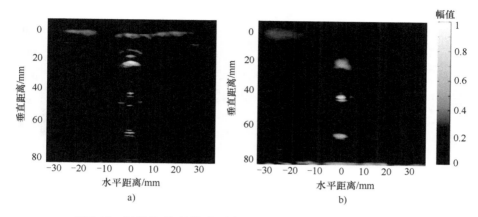

图 7-15　奥氏体型不锈钢焊缝的 SCF 权重图像和 CCF 权重图像

a）SCF 权重图像　b）CCF 权重图像

出加权后的图像分辨率提升也较为显著。因此，相干加权因子应用于奥氏体型不锈钢焊缝等强散射介质检测中，能够相较于 TOFD-B 图像显著提升缺陷对比度，帮助工作人员快速判别缺陷。

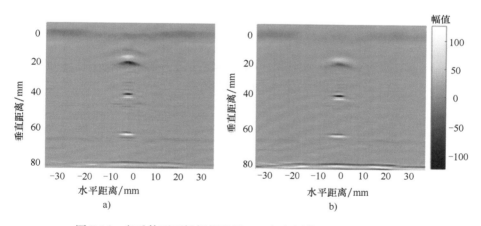

图 7-16　奥氏体型不锈钢焊缝的 SCF 加权图像和 CCF 加权图像

a）SCF 加权图像　b）CCF 加权图像

各向同性试块为核电安全壳（Containment Vessel，CV）用焊缝，焊缝及周围内晶粒直径<0.05mm。CV 焊缝试块缺陷为高 20mm、宽 0.5mm 的底面开口槽。图 7-17 所示为 CV 焊缝的 TOFD-DAS 图像、SCF 加权图像和 CCF 加权图像。当弱散射介质为检测对象时，PCI 算法能够通过增强孔径波束指向性，提高后处理图像的虚拟聚焦效果，使横向分辨力显著提高，更有利于缺陷的定位。

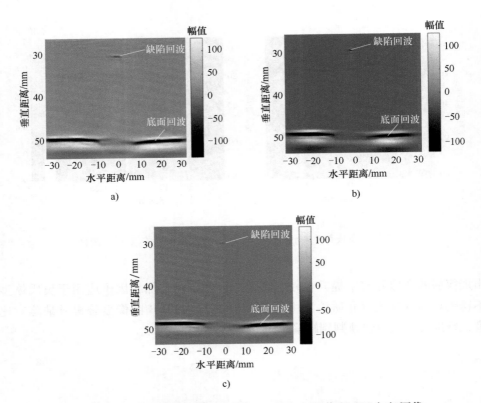

图 7-17　CV 焊缝的 TOFD-DAS 图像、SCF 加权图像和 CCF 加权图像

a）TOFD-DAS 图像　b）SCF 加权图像　c）CCF 加权图像

第**8**章
频域全聚焦成像技术

由第 3、4 章所述内容可知，超声领域中的时域成像技术是以延时叠加算法为基础的，先构建等时面对每个阵元采集到的信号进行能量分配，再对分配后的能量叠加完成重建。延时叠加算法具有简单灵活的特点，计算出相应成像算法的等时面即可对缺陷回波聚焦，但是等时面的建立和图像重建会占用过多计算资源导致 DAS 算法成像效率较低。本章介绍的超声频域（Fourier Domain，FD）成像算法，将超声信号数据集通过傅里叶变换转入频域，在频域中完成对缺陷回波的聚焦。本章将从基于自发自收数据集的合成孔径成像，逐步介绍频域图像重建的原理，并对全聚焦和平面波的 FD 成像算法的成像原理进行描述。

8.1 频域合成孔径聚焦

8.1.1 爆炸反射模型和波场外推

在介绍频域超声成像算法前，首先介绍如何将合成孔径聚焦成像过程中的声束发射-接收传播路径等效为爆炸反射模型（Explosion Reflection Model，ERM）。由第 3 章可知，合成孔径聚焦成像的过程可以理解为自发自收信号数据集的延时叠加图像重建过程，其声束发射-接收传播路径如图 8-1a 所示。线性阵列探头放置于 $z=0$ 处，$(x_n, 0)$ 为探头任意阵元 n 中心位置，$F(x, z)$ 为成像区域内任意一点。这样，利用阵元 $n(x_n, 0)$ 所发声波传播至成像点 (x, z) 并传回至阵元 $n(x_n, 0)$ 的时间，即阵元 $(x_n, 0)$ 至成像点 (x, z) 之间声束的往返传播时间，就能够计算出所有阵元和成像点之间的声传播时间，建立用于图像重建的等时面。

如图 8-1b 所示，爆炸反射模型将线性阵列探头视作放置于地表 $z=0$ 处的阵列接收器，即每个阵元为地表 $z=0$ 处不同水平位置的声波接收器，成像区内的每一个点都被看作是爆炸点。这样，自发自收信号数据集中各通道所接收的信号，则被视为阵列接收器在地表 $z=0$ 处不同水平位置接收到的爆炸信号。相比于图 8-1a，阵元 $(x_n,0)$ 至成像点 (x,z) 之间声束的往返传播时间，在爆炸反射模型中可看作由点 (x,z) 爆炸的声波传播至观测点 $(x_n,0)$ 的时间。对比可知，爆炸反射模型中的声传播路径为单程路径，而非图 8-1a 所示的双程往返路径。因此，爆炸反射模型通常采用等效声速 $c_r=c/2$ 计算声传播时间。这样，图 8-1b 中利用等效声速 c_r 和单程声传播路径算得的声传播时间，与图 8-1a 中声速 c 和双程声传播路径算得的声传播时间完全相同。

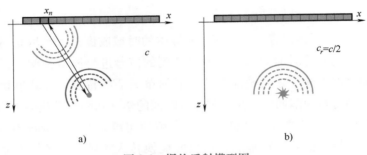

图 8-1 爆炸反射模型图

a）声传播路径 b）爆炸反射模型

在频域图像重建理论中，聚焦前后的 B 扫描图像均可看作二维波场数据 $p(t,x,z)$，二维波场数据为 t、x 和 z 三个变量表示的函数。不同于第 3 章描述的延时叠加图像重建过程，爆炸反射模型将自发自收信号数据集中的各通道所接收的信号，视作地表 $z=0$ 处不同水平位置接收到的爆炸点波场记录 $p(t=Z/c_r,x,z=0)$，图像重建后的聚焦图像则视作将时间回推至 $t=0$ 时刻的波场记录 $p(t=0,x,z=Z)$。因此，频域图像重建通常被理解为波场外推的过程，即将地表 $z=0$ 处不同水平位置接收到的爆炸点波场记录回推至 $t=0$ 时刻的波场记录。

下面，通过图 8-2 理解波场外推的概念。如图 8-2a 左侧所示，在等效声速为 c_r 的介质中深度 Z 处有一个点状反射体，线性阵列探头位于深度 $z=0$ 处以自发自收模式采集信号。根据爆炸反射模型原理，反射体在 $t=0$ 时刻爆炸后，所形成的球面波波场于 $t=Z/c_r$ 时刻被线性阵列探头所有阵元接收，形成图 8-2a 中间所示的 $p(t=Z/c_r,x,z=0)$ 波场记录。最后将采集到自发自收信号数据集进行成像得到图 8-2a 右侧所示的 B 扫图像。观察可知，图 8-2a 中间所示的波场记录与延时叠加图像重建前的 B 扫描图像是完全相同的，图像中的反射体回波呈双曲线状，回波顶点位于 $t=Z/c_r$ 时刻。

如图 8-2b 左侧所示，若将线性阵列探头下沉至深度 $Z/2$ 位置，从波场刚好

传播至探头的时刻 $t=Z/2c_r$ 开始观察，则可获得图 8-2b 中间所示的波场记录 $p(t=Z/2c_r,x,z=Z/2)$。观察图 8-2b 右侧可知，相比于图 8-2a 右侧所示的 B 扫描图像，在 $p(t=Z/2c_r,x,z=Z/2)$ 中反射体回波形成的双曲线已经聚拢于顶点，形成了能量的聚焦。如图 8-2c 所示，将探头下沉至深度 Z 位置后，从反射体刚好爆炸时刻 $t=0$ 进行观察，则会看到图 8-2c 右侧所示的 B 扫描图像中的双曲线已经汇聚于一点。由图 8-2 可知，波场外推的作用为：将地表 $z=0$ 处不同水平位置接收到的爆炸点波场记录，回推至 $t=0$ 时刻的波场记录，通过波场记录的时间-空间观测变换，在深度 Z 处实现了回波的"双曲线"能量汇聚。对于多个反射的波场记录，同样可以利用波场记录的时间-空间观测变换，将多个反射体回波信号能量汇聚于双曲线顶点，将波场记录的观察维度由时间域偏移至深度域。以上是波场外推的概念性描述，下面将利用波动理论介绍波场外推的实现原理。

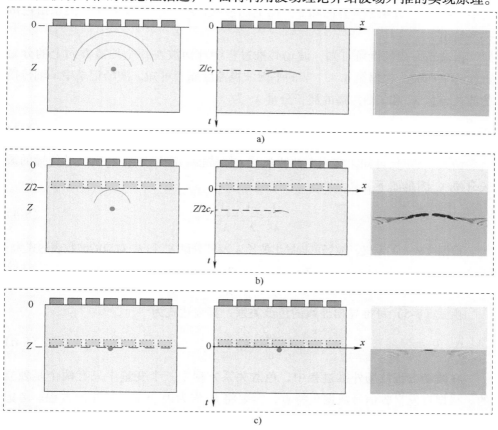

图 8-2　反向传播原理

a) 在 $z=0$ 处采集　　b) 在 $z=Z/2$ 处采集　　c) 在 $z=Z$ 处采集

8.1.2 波动方程

下面介绍通过求解波动方程实现波场外推的过程。由波动理论基础可知，当波场记录或成像区域仅考虑二维分布时，二维平面内某一点源处的声压随着时间的增长将不断向外减弱辐射，假设 t 时刻在横轴 x 位置和纵轴 z 深度上采集到的波场为 $p(t,x,z)$，其满足以下二维波动方程

$$\left(\frac{\partial^2}{\partial x^2}+\frac{\partial^2}{\partial z^2}-\frac{1}{c_r^2}\frac{\partial^2}{\partial t^2}\right)p(t,x,z)=0 \tag{8-1}$$

式中，c_r 是等效声速。

在二维平面内，标量波动方程的解通常为平面波表达形式，具体如下

$$p(t,x,z)\propto e^{i(k_x x+k_z z-\omega t)} \tag{8-2}$$

式中，k_x 和 k_z 分别是 x 方向和 z 方向上的波数，k_x、k_z 和 ω 之间的关系由色散关系给出。

由波动方程的性质可知，波场外推过程中球面波在每个传播方向上的分量可视为平面波。根据第 4.4.1 节的平面波视速度原理可知，波场记录中 x 轴传播的波长分量 λ_x 和 z 轴传播的波长分量 λ_z 为

$$\lambda_x=\frac{\lambda}{\sin\theta},\ \ \lambda_z=\frac{\lambda}{\cos\theta} \tag{8-3}$$

由式（8-3）可知，实际声波波长与 x 轴传播的波长分量 λ_x 和 z 轴传播的波长分量 λ_z 满足如下关系

$$\frac{1}{\lambda^2}=\frac{1}{\lambda_x^2}+\frac{1}{\lambda_z^2} \tag{8-4}$$

根据波数 k 的定义，波场可推导出波长 λ 及其分量 λ_x 和 λ_z 对应的波数表达式为

$$k=\frac{2\pi}{\lambda}=\frac{\omega}{c_r}\ \ \ k_x=\frac{2\pi}{\lambda_x}\ \ \ k_z=\frac{2\pi}{\lambda_z} \tag{8-5}$$

由式（8-5）可推导出波数的色散关系，其表达式为

$$\frac{\omega^2}{c_r^2}=k_x^2+k_z^2 \tag{8-6}$$

在波动方程波场外推过程中，色散关系方程中三个变量中只有两个是独立的。根据自发自收信号数据集特点，需要将 k_z 作为因变量求解波动方程。考虑上述初始条件，式（8-2）写为

$$p(t,x,z)=\iint_{-\infty}^{\infty}A(\omega,k_x)e^{i(k_x x+k_z z-\omega t)}dk_x d\omega \tag{8-7}$$

式中，$A(\omega,k_x)$ 是每个 (ω,k_x) 组合的复数振幅，将式（8-7）中的 $A(\omega,k_x)$ 和 $e^{ik_z z}$ 两项整合为 $P(\omega,k_x,z)=A(\omega,k_x)e^{ik_z z}$，则式（8-7）对应于二维傅里叶逆变换为

$$p(t,x,z)=\iint_{-\infty}^{\infty}P(\omega,k_x,z)\,e^{ik_x x}e^{-i\omega t}\mathrm{d}k_x\mathrm{d}\omega \tag{8-8}$$

式中，$P(\omega,k_x,z)$ 是等价于 $P(t,x,z)$ 的傅里叶域形式，即自发自收信号数据集的频域形式。其中 ω、k_x 和 z 的正值对应于沿空间轴在正方向上移动的波，正傅里叶变换为

$$P(\omega,k_x,z)=\frac{1}{4\pi^2}\iint_{-\infty}^{\infty}p(t,x,z)\,e^{-ik_x x}e^{i\omega t}\mathrm{d}x\mathrm{d}t \tag{8-9}$$

式中，$\dfrac{1}{4\pi^2}$ 作为归一化因子包含在定义中。

假设所有源都被限制在半空间 $z>Z$ 内，波场 $P(\omega,k_x,Z)$ 是已知的，即各阵元所接收到的波场记录是已知的。那么，需要求解的是波场在深度 z 上的记录 $P(\omega,k_x,z)$，两者之间的关系为

$$P(\omega,k_x,z)=P(\omega,k_x,Z)\,e^{ik_z(z-Z)} \tag{8-10}$$

由上可知，频域波场可以通过与相位迁移因子 $e^{ik_z(z-Z)}$ 相乘从 z 外推到 Z，即上文所述的波场外推[1-3]。根据式（8-6）所示的色散关系，可在 ω、k_x 和 c_r 确定的情况下求得 k_z 为

$$k_z=\pm\sqrt{\frac{\omega^2}{c_r^2}-k_x^2} \tag{8-11}$$

k_z 有两种可能的解，符号相反。然而，由于所有源都位于 $z>Z$ 的半空间中，因此所有记录的波都在负 z 方向上移动。根据上文建立的符号约定，对应于 ω 和 k_z 具有相反的符号，因此 k_z 的解为

$$k_z(\omega,k_x)=-\mathrm{sgn}\omega\sqrt{\frac{\omega^2}{c_r^2}-k_x^2} \tag{8-12}$$

8.1.3　相位迁移成像方法

相位迁移（Phase Shift Migration，PSM）[96] 成像方法是一种通过波场外推求解波动方程以实现成像区域聚焦的方法。对于成像区域外推至 z 处的波场可根据式（8-10）求得，PSM 方法是根据每个深度下的波场外推结果求解波动方程以实现频域下的图像重建。当波场外推至深度 z 处时，通过在式（8-8）中代入式（8-10），可推导出如下表达式

$$p(t,x,z)=\iint_{-\infty}^{\infty}P(\omega,k_x,Z)\,e^{ik_z(z-Z)}\,e^{ik_x x}e^{-i\omega t}\mathrm{d}k_x\mathrm{d}\omega \tag{8-13}$$

根据波场外推的概念，在 $t=0$ 时，来自反射点处的波将汇聚于一点。此时从深度 z 处采集波场 $p(t,x,z)$ 中获得时间为 $t=0$ 的时刻，即为深度为 z 下的聚焦图像。应用聚焦条件 $t=0$，此时 $\mathrm{e}^{-i\omega\cdot 0}=1$，式（8-13）为

$$p(t=0,x,z)=\iint_{-\infty}^{\infty}P(\omega,k_x,Z)\,\mathrm{e}^{ik_z(z-Z)}\,\mathrm{e}^{ik_x x}\mathrm{d}k_x\mathrm{d}\omega \tag{8-14}$$

式中，$P(\omega,k_x,Z)$ 是根据 $p(t,x,z)$ 的二维傅里叶变换求得；$\mathrm{e}^{ik_z(z-Z)}$ 是 z 深度下的迁移因子记为 $\alpha(\omega,k_x,z-Z)$，k_z 由式（8-12）计算求得，此时 $\alpha(\omega,k_x,z-Z)$ 为

$$\alpha(\omega,k_x,z-Z)=\mathrm{e}^{ik_z(z-Z)}=\mathrm{e}^{-i\sqrt{\frac{\omega^2}{c_r^2}-k_x^2}(z-Z)} \tag{8-15}$$

求解式（8-14）时，首先将 $P(\omega,k_x,Z)$ 与迁移因子 $\alpha(\omega,k_x,z-Z)$ 相乘，随后在 ω 维度上进行积分，最后在 x 维度上进行一维傅里叶反变换求解，此时所得的解为成像区域内深度 Z 下的一条聚焦线。但是合成孔径图像是对每一个深度的聚焦图像，因此需要从探头采集的表面深度 $z=0$ 开始，对一系列的深度 Z 进行聚焦，在循环中用每个深度下的迁移因子相乘 $P(\omega,k_x,Z)$ 得出式（8-14）后，求解可获得合成孔径聚焦图像。图 8-3 所示为自发自收信号数据集的相位迁移算法计算流程。

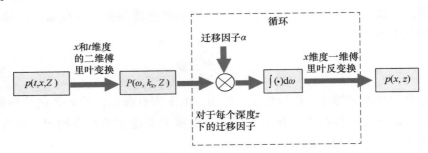

图 8-3　自发自收信号数据集的相位迁移算法计算流程

根据图 8-4 中的流程，本节给出相位迁移成像算法伪代码如下所示。

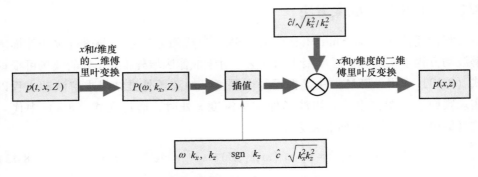

图 8-4　自发自收信号数据集的 Stolt 迁移算法计算流程

合成孔径 PSM 成像算法伪代码

参数：探头横坐标为 x（大小为图像横轴像素点数 N_x 的矢量）、图像纵坐标为 z（大小为图像纵轴像素点数 N_z 的矢量）、采集的原始数据为 s［大小为纵轴采样点数横轴阵元数（N_t，N_{xt}）的矩阵数据集］、频域波场的频率轴为 f（大小为 N_t 的矢量）和原始数据时间轴为 t（大小为 N_t 的矢量）、介质声速为 c、成像区域 o 为（N_z，N_x）的矩阵。

```
1  function FREQS(N,dN)
```

$$2 \quad \text{Return } \frac{1}{Nd_N}\left[-\frac{N}{2} \quad -\frac{N}{2}+1 \quad \cdots \quad \frac{N}{2}-2 \quad \frac{N}{2}-1\right]$$

```
3  end function
4  zStart←0                           % 成像起始深度为 0(可更改)
5  cr←c/2                             % 计算等效声速
6  zEnd←zStart+(Nt/fs)cr              % 成像结束深度
7  dz←(cr/fs)                         % 成像深度步进
8  Nz←(zEnd-zStart)/dz                % 成像深度的步进数
9  dt←t[1]-t[0]                       % 原始超声数据时间轴步进值
10 dx←x[1]-x[0]                       % 成像横轴步进值
11 kx←FREQS(Nx,dx)                    % 计算空间域图像的横轴频率
12 f←FREQS(Nt,dt)                     % 频域原始数据频率轴
13 kz←sqrt(cr²f²-kx²)                 % 计算空间域图像的纵轴频率
14 phase_shift←exp(-1ikzdz)          % 计算相位迁移因子
15 S←fft_2D(s)                        % 原始数据二维反傅里叶变换
16 for j=0,1,⋯,Nz-1
17     S←S·phase_shift                % 层相位迁移
18     o(j,:)←ifft(sum(S))            % 一维反傅里叶变换得出图像
19 end for
```

8.1.4 Stolt 迁移成像方法

Stolt 迁移成像是 Stolt 于 1978 年提出的一种地震波成像方法[4,5]。Stolt 迁移成像能够对有相同声速的成像深度同时聚焦，相较于逐层外推的 PSM 成像算法具有计算效率较高的优势。根据第 8.1.2 节和第 8.1.3 节可知，频域内的图像重建是对式（8-14）求解，并且根据色散关系能够得出 ω 是 k_x 和 k_z 的函数，因此

Stolt 插值是将式 (8-14) 中 $P[\omega(k_x,k_z),k_x,Z]$ 通过迁移的方式将成像深度转变为 $P(k_z,k_x,Z)$，然后再对 $P(k_z,k_x,Z)$ 求解，就能够简单通过一次沿图像 x 轴和 z 轴的二维反傅里叶变换得出最终聚焦的图像。

根据式 (8-3) 给出的色散关系可获得 ω，由于所有源都位于 $z>Z$ 的半空间中，此时 ω 和 k_z 具有相反的符号，ω 表达式为

$$\omega(k_z,k_x) = -\mathrm{sgn}(k_z)c_r\sqrt{k_x^2+k_z^2} \tag{8-16}$$

将式 (8-16) 代入式 (8-14)，可得

$$p(t=0,x,z) = \iint_{-\infty}^{\infty} P(k_z,k_x,Z)\, e^{ik_z(z-Z)}\, e^{ik_x x}\, dk_x dk_z \tag{8-17}$$

式中

$$P(k_z,k_x,Z) = A(k_z,k_x)P[\omega(k_x,k_z),k_x,Z] \tag{8-18}$$

$$A(k_z,k_x) = \frac{\partial\omega(k_z,k_x)}{\partial k_z} = \frac{c_r}{\sqrt{1+\dfrac{k_x^2}{k_z^2}}} \tag{8-19}$$

此时，式 (8-17) 的右侧为傅里叶反变换的形式，这样将式 (8-18) 中的原始波场记录 $P(\omega,k_x,Z)$ 重新插值为 $P(k_z,k_x,Z)$，然后通过对波场 $P(k_z,k_x,Z)$ 进行二维傅里叶反变换后，获得完整的二维聚焦图像 $p(t=0,x,z)$。

根据式 (8-16)~式 (8-19)，本节给出 Stolt 迁移成像的伪代码，具体如下。

合成孔径 Stolt 迁移成像伪代码

参数：探头横坐标为 x（大小为图像横轴像素点数 N_x 的矢量）、图像纵坐标为 z（大小为图像纵轴像素点数 N_z 的矢量）、采集的原始数据为 s [纵轴为采样点数，横轴为阵元数(N_t,N_{xt})的矩阵数据集]、探头位置为 x_t（大小为 N_{xt} 的矢量）和原始数据时间轴 t（大小为 N_t 的矢量）、介质声速为 c、成像区域 o 为(N_z,N_x)的矩阵。

```
1   function FREQS(N,Nₓ)
2     Return  1/(NNₓ) [ -N/2   -N/2+1   ···   N/2-2   N/2-1 ]
3   end function
4   dt←t[1]-t[0]                    % 成像时间轴步进值
5   dxₜ←xₜ[1]-xₜ[0]                 % 阵元中心距
6   dₓ←x[1]-x[0]                    % 图像横轴步进值
```

```
7    d_z←z[1]-z[0]                                    % 图像纵轴步进值
8    f←FREQS(N_t,d_t)                                 % 原始数据频域频率轴
9    k_{x_t}←FREQS(N_{x_t},d_{x_t})                   % 原始数据频域横轴
10   k_x←FREQS(N_x,d_x)                               % 图像空间域横轴
11   k_z←FREQS(N_z,d_z)                               % 图像空间域纵轴
12   c_r←c/2                                          % 等效声速
13   S←fft_2D(s)                                      % 二维傅里叶变换
14   for j=0,1,⋯,N_x-1
15     k_{x_mig}←k_x[j]
16     for i=0,1,⋯,N_z-1
17       f_mig←sgn(k_z[j])c_r√(k_x[j]²+k_z[i]²)       % sgn 为符号函数
18       Ŝ[i,j]←interpolate[(k_{x_t},f),(k_{x_mig},f_mig),S]   % Stolt 迁移
19     end for
20   end for
21   o←ifft_2D(Ŝ)                                     % 二维反傅里叶变换
```

8.2　频域全聚焦图像重建

8.2.1　双平方根算子相位迁移

由第 4 章可知，全矩阵捕捉是基于一发多收信号采集技术的超声脉冲回波信号采集模式。阵元为 N 的线性阵列探头所采的全矩阵数据集中包含了 N^2 条 A型脉冲超声回波信号 $s(t)$，以发射-接收对形式存储。如图 8-5a 所示，对于全矩阵数据集中的任意发射-接收对 n_e-n_r，只要发射阵元序号 n_e 不等于接收阵元序号 n_r，即发射阵元与接收阵元不在同一位置时，发射-接收对 n_e-n_r 的时距曲线为 z轴正半轴的椭圆，阵元 $(x_e,0)$ 和阵元 $(x_r,0)$ 可视作椭圆的两个焦点，满足式（4-2）的时距曲线方程。

相比之下，自发自收信号数据集中，由于发射阵元和接收阵元处于同一位置，因此自发自收信号采集模式下任意发射-接收对的时距曲线为 z 轴正半轴的正圆，其圆心位于阵元位置。这样，能够利用 8.1 节中的爆炸反射模型将圆心到任意反射点的双程声传播路径简化为单程声传播路径，利用上行波的波场外推进行频域图像重建。然而，由于图 8-5a 中发射阵元 n_e 与接收阵元 n_r 不在同一

位置，其对应的时距曲线为 z 轴正半轴的椭圆，8.1 节中的爆炸反射模型已经不再适用。

如图 8-5a 所示，一发多收模式下声传播路径由发射阵元 $n_e(x_e,0)$ 至反射体 $f(x,z)$ 和反射体 $f(x,z)$ 至接收阵元 $n_r(x_r,0)$ 两段路径组成。因此，若要实现一发多收模式的频域相位迁移，需按照图 8-5b 所示的方式考虑上行波和下行波的波场外推。为求解波动方程，将 $n_e f$ 和 fn_r 两段路径上传播的声波分解为沿 x 轴方向传播两个的平面波，其中 $n_e f$ 传播路径为下行波，fn_r 传播路径为上行波。根据平面波的特性，可推导出下行波和上行波沿 x 轴的波长分量

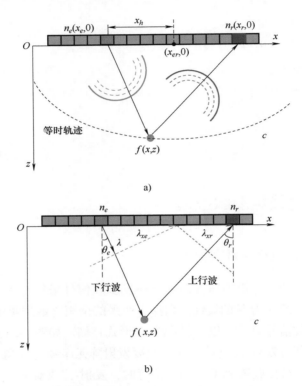

图 8-5　一发多收信号采集模式下的声传播路径

a）声传播路径　b）下行波和上行波

$$\begin{cases} \lambda_{xe} = \dfrac{\lambda}{\sin\theta_e} \\[2mm] \lambda_{xr} = \dfrac{\lambda}{\sin\theta_r} \end{cases} \tag{8-20}$$

式中，λ_{xe} 和 λ_{xr} 分别是下行波和上行波沿 x 轴的波长 λ 分量；θ_e 和 θ_r 分别是下行

波和上行波偏转角。根据波长 λ 与波数之间的关系，可求得下行波和上行波沿 x 轴的波数矢量，其表达式为

$$\begin{cases} k_{xe} = \dfrac{\lambda}{\sin\theta_e} \\[3mm] k_{xr} = \dfrac{\lambda}{\sin\theta_r} \end{cases} \tag{8-21}$$

假设介质中平面波的传播速度为 c，角频率为 ω，由式（8-6）的色散关系，可推导出下行波和上行波沿 z 轴的波数矢量表达式

$$\begin{cases} k_{ze} = \sqrt{\dfrac{\omega^2}{c^2} - k_{xe}^2} \\[4mm] k_{zr} = -\sqrt{\dfrac{\omega^2}{c^2} - k_{xr}^2} \end{cases} \tag{8-22}$$

需要说明的是，式（8-22）中的 c 是平面波的实际传播速度，而不是爆炸反射模型中的等效声速 c_r。

若将三维全矩阵信号数据集看作一发多收模式下的波场记录，则式（8-14）中的自发自收频域波场记录 $P(\omega, k_x, Z)$ 可写作 $P(\omega, k_{xr}, k_{xe}, Z)$，即一发多收模式的频域波场记录为 ω、k_{xe}、k_{xr} 和 Z 四个变量表达的函数。由第 4.2.1 节可知，发射阵元 $(x_e, 0)$ 和接收阵元 $(x_r, 0)$ 可由点 $(x_{er}, 0)$ 和中心偏移量 x_h 表示，即 $x_e = x_{er} - x_h$，$x_r = x_{er} + x_h$。因此，图 8-5b 中的发射水平位置 x_e 和接收水平位置 x_r 是相互关联的变量。对应地，发射水平位置 x_e 和接收水平位置 x_r 对应的波数矢量 k_{xe} 和 k_{xr} 也是非独立的变量，两者与式（8-14）中的变量 k_x 存在 $k_{xr} = k_x - k_{xe}$ 关系。这样，式（8-15）的迁移因子表达式中的 k_z 为

$$k_z = k_{zr} - k_{ze} = -\left[\sqrt{\dfrac{\omega^2}{c^2} - k_{xr}^2} + \sqrt{\dfrac{\omega^2}{c^2} - k_{xe}^2} \right] \tag{8-23}$$

式（8-23）被称为双平方根算子，英文为 double-square-root。基于此，将双平方根算子代入式（8-15），可得到一发多收模式的迁移因子表达式为

$$\alpha(\omega, k_{xr}, k_{xe}, z - Z) = e^{ik_z(z-Z)} = e^{-i\left[\sqrt{\frac{\omega^2}{c^2} - k_{xr}^2} + \sqrt{\frac{\omega^2}{c^2} - k_{xe}^2}\right](z-Z)} \tag{8-24}$$

由式（8-24）可知，双平方根算子可将下行波和上行波分别沿深度方向进行波场外推，实现全矩阵信号数据集的反射体回波能量汇聚。根据相关描述，双平方根算子波场外推基于沉降观测，利用时间一致性成像原理实现频域图像重建。为直观说明式（8-24）中的迁移因子 $\alpha(\omega, k_{xr}, k_{xe}, z-Z)$，绘制了如图 8-6 所示的迁移因子图像。双平方根算子的迁移因子在三维平面上呈金字塔状，其

深度轴 z 方向上的变量为角频率 ω，水平轴 x 和 y 方向上的变量分别为波数矢量 k_{xe} 和 k_{xr}。利用三维傅里叶变换对全矩阵信号数据集进行处理，就得到了其对应的频域波场记录 $P(\omega, k_{xr}, k_{xe}, Z)$，然后利用如图 8-6 所示的迁移因子 $\alpha(\omega, k_{xr}, k_{xe}, z-Z)$ 对波场记录 $P(\omega, k_{xr}, k_{xe}, Z)$ 进行外推，即实现全矩阵信号数据集中反射体的能量汇聚。

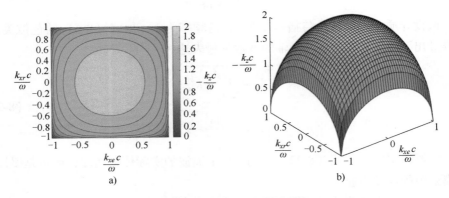

图 8-6　双平方根迁移因子图像
a）等高线图　b）立体图

8.2.2　波数域全矩阵数据成像

波数域全矩阵数据成像的思想源雷达成像领域[6-8]，是一种针对一发多收信号采集模式图像重建的改进 Stolt 迁移方法。从本质上讲，波数域全矩阵数据成像也是一种频域成像方法。不过，鉴于雷达领域通常将此类成像方法称为波数域，因而本书将这种方法称之为波数域全矩阵数据成像。如图 8-5a 所示，波数域成像方法将阵元 $n_e(x_e, 0)$ 发射、阵元 $n_r(x_r, 0)$ 接收的信号记为 $p(t, e, r)$，其对应的频谱表达式为

$$p(t, e, r) = \int P(\omega, e, r) e^{j\omega t} d\omega \tag{8-25}$$

超声相控阵阵元接收到的回波信号取决于工件中包含的反射体的分布 $f(x, z)$ 和发射阵元格林函数与接收阵元格林函数的乘积，因此 $P(\omega, e, r)$ 可以分解为

$$P(\omega, e, r) = \iint f(x, z) G(\omega, x-e, z) G(\omega, x-r, z) dx dz \tag{8-26}$$

通过 Weyl 恒等式对二维格林函数 $G(\omega, x, z)$ 进行平面波分解[97]可得

$$G(\omega, x, z) = -\frac{j}{4\pi} \int \frac{e^{jk_x x - j|z|\sqrt{k^2 - k_x^2}}}{\sqrt{k^2 - k_x^2}} dk_x \tag{8-27}$$

将式（8-27）代入式（8-26）后，$P(\omega,e,r)$ 的表达式即可变为

$$P(\omega,e,r)=\frac{-1}{(4\pi)^2}\iint_{-\infty}^{\infty}\frac{e^{jk_ee+jk_r r}}{\sqrt{k^2-k_e^2}\sqrt{k^2-k_r^2}}\times\left[\iint f(x,z)\,e^{-j(k_e+k_r)x-j(\sqrt{k^2-k_e^2},\sqrt{k^2-k_r^2})z}\mathrm{d}x\mathrm{d}z\right]\mathrm{d}k_e\mathrm{d}k_r$$

$$(8\text{-}28)$$

将式（8-28）中采集到的原始数据 $P(\omega,e,r)$，沿着发射阵元轴 e 和接收阵元轴 r 做二维傅里叶变换得到式（8-29），其表达式为

$$P(\omega,k_e,k_r)=\frac{1}{(4\pi)^2}\frac{-F(k_e+k_r,\sqrt{k^2-k_e^2}+\sqrt{k^2-k_r^2})}{\sqrt{k^2-k_e^2}\sqrt{k^2-k_r^2}} \qquad (8\text{-}29)$$

k_x 和 k_z 的表达式为

$$k_x=k_e+k_r \qquad (8\text{-}30)$$

$$k_z=\sqrt{k^2-k_e^2}+\sqrt{k^2-k_r^2} \qquad (8\text{-}31)$$

基于式（8-29），建立全矩阵数据集回波信号频谱 $P(\omega,k_e,k_r)$ 与能量汇聚后的频谱 $F(k_x,k_z)$ 之间的关联。对比可知，$P(\omega,k_e,k_r)$ 是 ω、k_e 和 k_r 的函数，而 $F(k_x,k_z)$ 是 k_x 和 k_z 的函数。将式（8-29）两端乘以右端的分母，然后通过 Stolt 迁移将频谱 $P(\omega,k_e,k_r)$ 处理为能量汇聚后的频谱 $F(k_x,k_z)$ 即可实现全矩阵信号数据集的图像重建，Stolt 迁移表达式为

$$F(k_x,k_z\mid k_e)=-(4\pi)^2 S^{-1}\{\sqrt{k^2-k_e^2}\sqrt{k^2-k_r^2}P(\omega,k_r\mid k_e)\} \qquad (8\text{-}32)$$

式中，$S^{-1}(\ )$ 是表示逆向迁移关系，角频率 ω 的表达式为

$$\omega=c\frac{\sqrt{k_z^4+2[k_e+(k_x-k_e)^2]k_z^2+k_e^4+(k_x-k_e)^4-2k_e^2(k_x-k_e)^2}}{2k_z} \qquad (8\text{-}33)$$

在式（8-32）中，将频域中的波数 k、k_e 和 k_r 映射到空间域中的波数 k_x 和 k_z 称为 Stolt 映射，用于利用 Stolt 迁移将频谱 $P(\omega,k_e,k_r)$ 映射为频谱 $F(k_x,k_z)$。完成 Stolt 映射后，对频谱 $F(k_x,k_z)$ 进行二维傅里叶反变换，就能够实现波数域重建全聚焦图像。

8.3　频域平面波成像

8.3.1　平面波 Garcia 频域图像重建

由第 8.1 节可知，在自发自收信号采集模式下，下行波和上行波的传播路径和时间完全相同，因此自发自收信号数据集的频域重建可基于爆炸反射模型的波场外推实现。由第 4 章可知，在平面波信号采集模式下，探头所发平面波

是以一定偏转角在介质内传播的。在遇到反射体前声波的波前形状为平面波，与反射体交互作用后反射波波前形状变为球面波。换而言之，遇到反射体前波阵面为平面波，经反射后波阵面变成圆形的球面波。相比于自发自收信号采集模式，平面波信号采集模式中下行波和上行波的传播路径和波阵面形状完全不同。因此，平面波的频域重建不能通过简单的等效声速符合爆炸反射模型。

不过，根据平面波信号采集的特点，仍然可以构建出类似于自发自收信号数据集图像重建的爆炸反射模型。下面，回顾 Garcia 等人[98]关于偏转角 $\theta=0°$ 时的平面波爆炸反射模型建立思路。假设声速为 c 的介质中反射体位于点 $f(x,z)$，则偏转角 θ 为 0°的平面波传播至反射体 $f(x,z)$ 后返回到阵元 $n(x_n,0)$ 的声传播时间为

$$t_{\theta=0°}=\frac{1}{c}(z+\sqrt{(x_n-x)^2+z^2})\tag{8-34}$$

由式（8-34）可知，0°平面波的声传播路径为双程往返路径，若要将其简化为爆炸反射模型中的单程路径，则需要将声速和反射体位置进行等效变换，使等效后的传播时间表达式满足单程路径。假设等效变换后的等效声速为 c_r，等效反射体坐标为 (x_r,z_r)，则式（8-34）中声传播时间为

$$t_{\theta=0°}=\frac{1}{c_r}(\sqrt{(x_n-x_r)^2+z_r^2})\tag{8-35}$$

等效变换后，基于式（8-35）与式（8-34）绘制的时距曲线只有重合时，才能满足图像重建后的时距曲线能量汇聚，进而满足爆炸反射模型的要求。从数学上看，若要使上述两个公式绘制的时距曲线重合，则式（8-34）和式（8-35）关于阵元水平位置 x_n 的零阶、一阶和二阶导数相等。令两公式关于 x_n 的零阶和二阶导数相同，可推导出实际传播参数和等效传播参数之间的关系，具体如下

$$\frac{2z}{c}=\frac{z_r}{c_r}\tag{8-36}$$

$$\frac{1}{cz}=\frac{1}{c_r z_r}\tag{8-37}$$

将式（8-36）和式（8-37）进行联立，则能够推导出等效声速 c_r 和等效反射体纵坐标 z_r 为

$$\begin{cases}c_r=\dfrac{\sqrt{2}}{2}c\\z_r=\sqrt{2}z\end{cases}\tag{8-38}$$

因此，在平面波偏转角为 0°的特定情况下，通过式（8-38）中的等效代换即可满足爆炸反射模型的单程声传播路径条件。

由式（4-9）可知，当偏转角 θ 不为 0°时，平面波传播至反射体 $f(x,z)$ 后返回到阵元 $n(x_n,0)$ 的声传播时间变为

$$t_\theta = \frac{1}{c}\left(x\sin\theta + z\cos\theta + \sqrt{(x_n-x)^2+z^2}\right) \tag{8-39}$$

由式（8-39）可知，偏转角 θ 不为 0°时的时距曲线方程更为复杂。因此，若要满足爆炸反射模型，同样需要构建出一个单程声传播路径的传播时间表达式，使该表达式绘制出的时距曲线与式（8-39）所绘制的曲线重合。对此，Garcia 等人[10]通过 α_θ、β_θ 和 γ_θ 三个中间变量，对等效声速为 c_r，等效反射体坐标 x_r 和 z_r 进行定义，构建出单程声传播路径表达式。根据 Garcia 等人的描述，等效参数 c_r、z_r、x_r 和 α_θ、β_θ、γ_θ 三个中间变量之间的关系为

$$\begin{cases} c_r = \alpha_\theta c \\ z_r = \beta_\theta z \\ x_r = x + \gamma_\theta z \end{cases} \tag{8-40}$$

根据式（8-40）中的定义，可推导出偏转角 θ 不为 0°时的单程声传播时间，此时式（8-39）中声传播时间为

$$t_\theta = \frac{1}{\alpha_\theta c}\sqrt{(x+\gamma_\theta z - x_n)^2 + \beta_\theta^2 z^2} \tag{8-41}$$

式（8-41）为偏转角 θ 不为 0°时的单程声传播时间表达式，即式（8-39）的爆炸反射模型对应表达式。在式（8-41）中，α_θ、β_θ、γ_θ 三个中间变量与偏转角 θ 之间的对应关系为

$$\begin{cases} \alpha_\theta = 1/\sqrt{1+\cos\theta+\sin^2\theta} \\ \beta_\theta = \dfrac{(1+\cos\theta)^{3/2}}{1+\cos\theta+\sin^2\theta} \\ \gamma_\theta = \dfrac{\sin\theta}{2-\cos\theta} \end{cases} \tag{8-42}$$

需要说明的是，当偏转角 $\theta = 0$°时，中间变量 $(\alpha_\theta,\beta_\theta,\gamma_\theta)=(\sqrt{2}/2,\sqrt{2},0)$，式（8-41）则会变成式（8-35）。因此，式（8-41）仍然适用于偏转角 $\theta = 0$°时的情况。

等效代换后式（8-41）中的声速和反射体横、纵坐标均为与式（8-35）相同的实际值。因此，基于式（8-41）中声速和反射体坐标推导出的波数矢量，将其代入式（8-18）和式（8-19），即可满足平面波的 Stolt 迁移成像条件。修正后的式（8-18）和式（8-19）表达式为

$$P(k_z, k_x, Z) = A(k_z, k_x) P[\omega(k_x, k_z - k_x \gamma_\theta / \beta_\theta), k_x, Z] \tag{8-43}$$

$$A(k_z, k_x) = \frac{\partial \omega(k_z, k_x)}{\partial k_z} = \frac{\alpha_\theta c (k_z - k_x \gamma_\theta / \beta_\theta)}{\sqrt{k_x^2 + (k_z - k_x \gamma_\theta / \beta_\theta)^2}} \tag{8-44}$$

通过 Stolt 方法实现频域内的重建后，利用二维反傅里叶变换可获得偏转角为 θ 时的平面波信号数据集聚焦图像，具体表达式为

$$p(t=0, x, z) = \iint_{-\infty}^{\infty} P(k_z, k_x, Z) e^{ik_z(z-Z)} e^{ik_x x} dk_x dk_z \tag{8-45}$$

对于 M 个偏转角发射的平面波数据，最终的聚焦图像为

$$g(x, z) = \sum_{m=1}^{M} p_m(x, z) \tag{8-46}$$

8.3.2　平面波相位迁移成像

在平面波信号采集模式下，探头所发平面波遇到反射体前波阵面为平面，经反射后波阵面变成圆形的球面。因此，需要等效代换的方式构建满足爆炸反射模型的等效参量。由第 8.3.1 节可知，Garcia 等人通过 α_θ、β_θ 和 γ_θ 三个中间变量，对等效声速为 c_r，等效反射体坐标 x_r 和 z_r 进行定义，构建出单程声传播路径表达式，满足了爆炸反射模型的频域图像重建条件。下面介绍另一种基于爆炸反射模型的平面波频域成像方法——平面波相位迁移成像。

由式（8-14）和式（8-15）可知，自发自收信号数据集的相位迁移成像是基于式（8-15）所示的迁移因子 $\alpha(\omega, k_x, z-Z)$ 对式（8-14）进行波场外推实现的。式（8-15）的迁移因子表达式是基于爆炸反射模型建立的，构建迁移因子的声速为等效声速 c_r，即实际介质声速 c 的 2 倍。由式（8-34）可知，当偏转角 $\theta = 0°$ 时的声传播路径由平面波传播至反射体 $f(x, z)$ 和由反射体返回到阵元 $n(x_n, 0)$ 双程路径组成。根据式（8-6）的色散关系，$\theta = 0°$ 时平面波至反射体 $f(x, z)$ 的声传播路径上水平波数矢量 $k_{xe} = 0$，因此 $\theta = 0°$ 时的波数矢量 k_e 等于深度波数矢量 k_{ze}，即 $k_e = k_{ze}$。若将式（8-15）中迁移因子的声速值修改为实际介质声速 c，则偏转角 $\theta = 0°$ 时式（8-15）的迁移因子表达式中的 k_z 为

$$k_z = k_{ze} + k_{zr} = -\left[\frac{\omega}{c} + \sqrt{\frac{\omega^2}{c^2} - k_{xr}^2}\right] \tag{8-47}$$

式中，k_{ze} 是平面波至反射体 $f(x, z)$ 声传播路径上的深度波数矢量；k_{xr} 和 k_{zr} 分别是由反射体返回到阵元 $n(x_n, 0)$ 声传播路径上的水平和深度波数矢量。这样，将式（8-47）代入式（8-15）后，就能够实现式（8-14）的波场外推，实现偏转角 $\theta = 0°$ 时的平面波波场重建。

当偏转角 θ 不为 $0°$ 时，平面波传播至反射体 $f(x,z)$ 后返回到阵元 $n(x_n,0)$ 的声传播时间变为式（8-39）所示的双程路径。根据平面波的双程路径传播特点，仍然可以采用类似 Garcia 等人的思路，通过等效代换构建出单程声传播路径的传播时间表达式，使该表达式绘制出的时距曲线与式（8-39）所绘制的曲线重合，满足爆炸反射模型的要求。在偏转角 θ 不为 $0°$ 时的平面波相位迁移成像中，平面波数据 PSM 图像重建如图 8-7 所示[99]。原坐标系下反射体位置坐标为 (x_1,z_1)、(x_2,z_2)，等效代换后的爆炸反射模型坐标系中反射体位置为 (x_1,z_{r_1}) 和 (x_2,z_{r_2})，两者之间的对应关系为

$$\begin{cases} 2z_{r_1}=r_1+z_1-|e_1| \\ 2z_{r_2}=r_2+z_2+e_2 \end{cases} \tag{8-48}$$

式中，r_1、r_2 分别是平面波发射后超声波波前至反射体 (x_1,z_1)、(x_2,z_2) 的距离；e_1、e_2 分别是 (x_1,z_1)、(x_2,z_2) 与 (x_1,z_{r_1})、(x_2,z_{r_2}) 之间沿深度上偏移的位置。

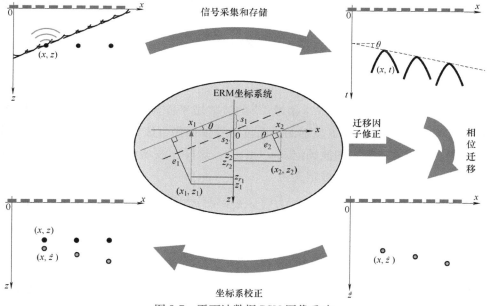

图 8-7　平面波数据 PSM 图像重建

根据式（8-48）进行坐标系转换后，反射体水平位置保持不变，深度位置与平面波偏转角之间的关系为

$$\begin{cases} z_{r_1}=z_1\dfrac{\cos\theta+1}{2}-|x_1|\dfrac{\tan\theta}{2} \\[2mm] z_{r_2}=z_2\dfrac{\cos\theta+1}{2}+x_2\dfrac{\tan\theta}{2} \end{cases} \tag{8-49}$$

式中，当 $\theta > 0$ 时，若 x 为正值，z 向下修正，若 x 为负值，z 向上修正；当 $\theta < 0$ 时，若 x 为正值，z 向上修正，若 x 为负值，z 向下修正；当 $\theta = 0$ 时，不进行修正。

由式（8-49）可知，该平面波等效代换表达式由反射体深度位置项和水平位置项组成。将深度位置项写成波数矢量 k_z 的形式，则其表达式为

$$k_z = -\left[\frac{\omega}{c}\cos\theta + \sqrt{\frac{\omega^2}{c^2} - k_{xr}^2} \right] \tag{8-50}$$

这样，将式（8-50）代入式（8-15）后，就能够对偏转角 θ 不为 0° 时的平面波波场进行频域重建，获得未经水平位置项修正的频谱，其表达式为

$$P(\omega, x, Z) = \int_{-\infty}^{\infty} P(\omega, k_x, Z)\, e^{ik_z(z-Z)}\, e^{ik_z x\tan\theta/2}\, d\omega \tag{8-51}$$

式（8-51）为式（8-14）对 dk_x 积分后的重建频谱，即沿 x 轴进行反傅里叶变换后的频谱重建结果。在对 $d\omega$ 积分前，还需要修正水平位置项引起重建图像坐标偏差，修正因子的表达式为

$$\alpha_\theta(\omega, x, Z) = e^{ik_z x\tan\theta/2} \tag{8-52}$$

8.3.3　平面波 Lu 氏频域成像

下面将介绍一种源自雷达领域[100]的波数域平面波成像方法——Lu 氏频域重建[101]。对于以偏转角 θ 发射的平面波信号数据集，该方法将其看作地表 $z = 0$ 处不同水平位置接收到的波场记录 $p_\theta(t, x_r)$。这样，波场记录 $p_\theta(t, x_r)$ 的频谱可由其二维傅里叶变换形式被定义为

$$p_\theta(t, x_r) = \iint P_\theta(\omega, k_{xr})\, e^{i(k_{xr}x_r + \omega t)}\, dk_{xr}\, d\omega \tag{8-53}$$

根据相关描述[102]，偏转角 θ 下的平面波正向传播模型为

$$P_\theta(\omega, x_r) = A(\omega) \iint e^{-ik_\theta R_e} g(R_e) H_0^{(2)}(kR_r)\, dx\, dz \tag{8-54}$$

式中，$A(\omega)$ 是接收信号的频谱；x 和 z 是成像区域中像素点所在的水平位置和深度位置；x_r 是相控阵探头中阵元在横轴的位置；R_e 是平面波传播过程中下行波走过的路程；R_r 是上行波走过的路程。根据前文所述的平面传播特点，声传播路径 R_e 和 R_r 的表达式为

$$\begin{cases} R_e = x\cos\theta + z\sin\theta \\ R_r = \sqrt{(x - x_r)^2 + z^2} \end{cases} \tag{8-55}$$

需要说明的是，式（8-55）中的 $H_0^{(2)}$ 是第二类 Hankel 函数，使用 Weyl 恒

等式将 $H_0^{(2)}$ 分解为平面波的形式

$$H_0^{(2)}(kR_r) = \int \frac{e^{ik_{xr}(xr-x)-iz\sqrt{k^2-k_{xr}^2}}}{\sqrt{k^2-k_{xr}^2}} dk_{xr} \tag{8-56}$$

将式（8-56）代入式（8-54）可得

$$P_\theta(\omega, k_{xr}) = A(\omega) \int \frac{e^{ik_{xr}xr}}{\sqrt{k^2-k_{xr}^2}} \times \left[\iint g(R_e) e^{-i(k_{xr}+k\sin\theta)x-iz(k\cos\theta+\sqrt{k^2-k_{xr}^2})} dxdz \right] dk_{xr} \tag{8-57}$$

对式（8-57）沿水平进行一维傅里叶变换得

$$P_\theta(k_{xr}, \omega) = A(\omega) \frac{G(k_{xr}+k\sin\theta, \sqrt{k^2-k_{xr}^2}+k\cos\theta)}{\sqrt{k^2-k_{xr}^2}} \tag{8-58}$$

采用 $G(k_x, k_z)$ 中的 k_x 和 k_z 替代式（8-58）中的表达式 G 项中的参数，可得到替换前后两者之间的关系，具体如下

$$G(k_x, k_z) = \frac{\sqrt{k^2-k_{xr}^2}}{A(\omega)} P_\theta(k_{xr}, \omega) \tag{8-59}$$

式中

$$\begin{cases} k_{xr} = k_x - k\sin\theta \\ k = \dfrac{k_x^2+k_z^2}{2k_x\sin\theta+2k_z\cos\theta} \end{cases} \tag{8-60}$$

式（8-60）中表达式 $G(k_x, k_z)$ 为重建图像 $g(x,z)$ 的频谱，即 $G(k_x, k_z)$ 的二维反傅里叶变换形式为 $g(x,z)$。对于 M 个偏转角发射的平面波数据，最终的聚焦图像为

$$g(x,z) = \left| F_{k_x,k_z}^{-1} \left\{ \sum_{\theta=1}^{M} G_\theta(k_x, k_z) \right\} \right| \tag{8-61}$$

式中，$F^{-1}|\cdot|$ 是二维反傅里叶变换。

8.4 频域成像的特点和应用

频域成像最大的优势是优异的计算性能，其在傅里叶域中操作的其他算法具有较低的算法复杂性，能够进一步促进高帧率成像的发展。

合成孔径傅里叶域重建计算复杂度：算法的效率通常通过分析运算次数如何随着输入数据的大小趋于无穷大而增长来量化的，这种渐近复杂性用"O"表示。假设时间样本的数量为 N_t、测量位置的数量为 N，N_x 为 x 轴方向像素数，N_z 为 z 轴方向像素数，图像区域像素数为 N_xN_z。延迟操作需要插值步骤，只要合成孔径

大小是恒定的，每个图像像素的插值和求和所需的操作次数也是恒定的。因此，由于图像中有 N_xN_z 个像素，算法复杂度为 $O(NN_xN_z)$。在 PSM 重建算法的情况下，首先需要二维傅里叶变换，此时复杂度为 $O[N_xN_z\log_2(N_xN_z)]$。然后对傅里叶变换后的数据进行相移操作从 Z_l 相移至 $Z_l+\Delta Z_l$，计算复杂度为 $O(N_xN_z^2)$，最后对 kx 逆变换，此时计算复杂度为 $N_xN_z\log_2(N_x)$。在 Stolt 插值重建算法的情况下，首先需要二维傅里叶变换，此时复杂度可表示为 $O[N_xN_z\log_2(N_xN_z)]$。然后对傅里叶变换后的数据进行插值，计算复杂度为 $O(N_xN_z)$，随后需对插值后的数据做二维反傅里叶变换，此时计算复杂度为 $O[N_xN_z\log_2(N_xN_z)]$。

平面波傅里叶域重建计算复杂度：在傅里叶域的平面波成像中，相比于相移迁移成像，lu 的方法 Garcia 偏移成像方法运算时间更短，计算复杂度更低。需要注意的是，lu 的方法 Garcia 偏移具有相同的计算复杂度，因为只有插值方案不同。当在傅里叶域中执行平面波数据的迁移时，浮点运算的数量显著减少。

为了确定 lu 的方法以及 Garcia 偏移的计算复杂性，设 N 表示换能器中的元件数量，N_t 表示时间样本数量，M 表示平面波的发射次数，N_x 为 x 轴方向像素数，N_z 为 z 轴方向像素数，则图像区域像素数为 N_xN_z。傅里叶域成像需要两个二维 FFT 和 (N_x,N_z) 插值的计算。此时运算复杂度用"O"表示，其复杂度可写为 $O[MN_xN_z\log_2(N_xN_z)]$。而在传统的延时叠加成像算法中，图像重建是通过 DAS 线性插值得到的，这需要 $O(MNN_xN_z)$ 次运算。因此，当在傅里叶域中执行时，傅里叶域内的迁移过程的计算复杂度从 $O(MNN_xN_z)$ 降低到 $O[MN_xN_z\log_2(N_xN_z)]$。

全矩阵频谱 Stolt 插值重建复杂度：频域的优势更多地体现在其计算性能上。基于 Stolt 插值重建的全矩阵数据频谱的成像原理，计算复杂度用"O"表示。假设相控阵探头为 N 元阵列，时间采样次数为 N_t，则采集到的数据矩阵大小为 NNN_t。我们将成像区域划分为 N_x 和 N_y 像素网格。

在计算延迟时间后，通过沿数据矩阵的时间轴插值信号来实现 DAS 成像。对于数据矩阵大小为 NNN_t，像素网格点为 N_xN_y 的 DAS 成像，计算复杂度为 $O(NNN_xN_y)$。FD 域算法首先需要计算数据矩阵的三维傅里叶变换，计算复杂度为 $O[NN_xN_y\log(NN_xN_y)]$。然后对傅里叶变换后的数据进行插值，计算复杂度为 $O(NN_xN_z)$。最后，对插值后的数据进行傅里叶反变换，得到像素网格为 N_xN_y 的图像。这一步的理论计算复杂度为 $O[N_xN_y\log(N_xN_y)]$。FD 域的理论计算复杂度可以写成 $O[NN_xN_y\log(NN_xN_y)]$。理论上，与 DAS 相比，傅里叶域的计算复杂度从 $O(NNN_xN_y)$ 降至 $O[NN_xN_y\log(NN_xN_y)]$。

第 9 章

多模全聚焦成像

在第 4 章、6 章所述的全聚焦成像技术中，只考虑了阵元和像素点之间的纯横波或纵波传播路径，即超声束由阵元发出直接到达像素点的全聚焦成像模式。当缺陷为夹渣、空隙等球状或柱状缺陷时，由于反射面为体积型缺陷，在此种成像模式下阵元所接收到的回波能量差异较小，因而能够有效表征缺陷的位置和幅值信息。然而，在检测中经常会遇到裂纹等面积型缺陷，受缺陷的取向和埋深等影响，阵元所接收到的回波能量差异非常大。当声波与缺陷的法线夹角相差较大时，如果按照第 4 章、6 章的原声束传播路径计算，将导致缺陷回波太弱而难以通过全聚焦图像有效识别缺陷。

研究表明：阵元所发声束除沿直线直接传播至缺陷外，声束还可能经工件上、下表面、端角等反射面后传播至缺陷。因此，阵列探头所接收的缺陷回波不仅仅来自阵元-像素点-阵元这种直接传播路径，还包含了来自阵元-反射面-像素点-阵元等其他声束路径上的回波。根据阵元-反射面-像素点-阵元这样的声束路径计算回波时间，可显著增加某些面积型缺陷的回波能量，解决直接路径法成像下缺陷回波能量较弱的问题。基于此，本章将介绍多模全聚焦成像的原理，并以裂纹等面积型缺陷为例，解释和说明多模全聚焦成像的规律以及在无损检测中所具备的优势。

9.1 反射规律与反射模式

9.1.1 端角反射

在实际检测中，当遇到球状、柱状等缺陷时，阵列探头发射的超声波能够通过直接模式对缺陷扫查成像，形成如图 9-1a 所示的声束传播路径。而遇到如

图 9-1b 所示的埋藏型面积缺陷时，其取向与工件上下表面垂直，显然直接模式路径下阵元接收到裂纹表面上的反射回波很弱，因而无法对缺陷进行有效重建。相比之下，当考虑图 9-1b 的阵元-底面-像素点-阵元的间接模式成像时，阵元能够接收到较大的反射回波。

　　裂纹等面积型缺陷所在平面与工件下表面形成了一个未连接的端角，全聚焦检测过程中阵元所发声束可能会在下表面-缺陷形成的端角上反射。实际上，裂纹的取向复杂多样，可能存在裂纹与反射面夹角为锐角和钝角的情况，但是超声波依旧会在两平面形成的端角内发生反射，满足端角反射中的反射规律。为便于理解和分析，下面将从波型转换和能量分配的角度介绍端角反射的特点。

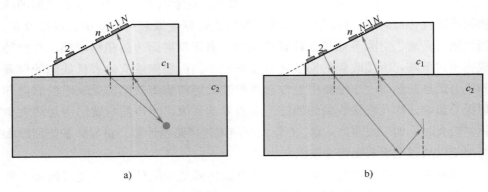

图 9-1　全聚焦成像中不同声束传播路径

a）直接模式　b）间接模式

1. 波型转换

　　根据 Snell 定律，当超声波倾斜入射到两种不同介质的分界面时，会出现波型转换现象[61]。图 9-2 所示为不同角度下的端角反射示意图，其中 L 表示纵波波型，T 表示横波波型。超声波入射到端角附近时，端角的存在会导致其反射回波发生波型转换与传播路径的改变。这样，一发多收信号采集后，全矩阵数据中将包含缺陷反射回波、缺陷端角反射回波在内的多种纵波和横波波型的回波。因此，要想提取出有效的缺陷回波信号，就必须选择合适的声传播路径计算等时面，才能适应端角反射引起的声束传播路径变化，从而实现在端角反射下缺陷的有效聚焦。不同角度下的端角反射回波方向有很大差异，而实际检测中裂纹等面积型缺陷取向未知，如果只考虑一种声束路径去构建等时面难以有效对裂纹聚焦成像，将会造成缺陷的漏检。

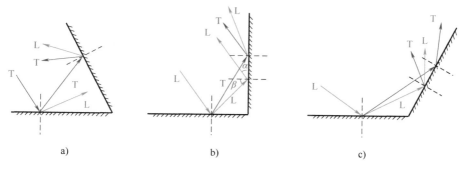

图 9-2　不同角度下的端角反射示意图

a）锐角　b）直角　c）钝角

2. 能量分配

目前主流的全聚焦成像是以回波幅值进行成像的，这与阵元接收到的能量相关。如上文所述，超声波在工件内部检测时通常伴随着波型转换。由于声波的性质及声速的改变，将导致能量的重新分配。通常，端角反射率 $T_{端}$ 为

$$T_{端} = \frac{p_a}{p_0} \tag{9-1}$$

式中，p_a 是回波声压；p_0 是与入射波声压。

图 9-3 所示为钢/空气界面上纵波/横波端角反射率随入射角变化。由图 9-3a 可知，当纵波入射角 θ_L 接近 0 或 90°时，端角反射率大于 50%。当 θ_L 为 21°或 76°时，端角反射率接近 10%。θ_L 的范围在（21°，76°）区间时，端角反射率均低于 20%，其原因为在此入射角区间发生了波形转换，绝大部分能量转化为横波能量，导致纵波端角反射率显著降低。由图 9-3b 可知，当横波入射角 θ_S 的范围在

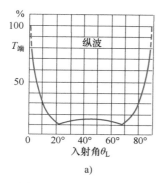
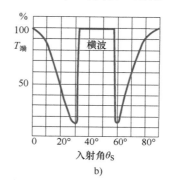

图 9-3　钢/空气界面上纵波/横波端角反射率随入射角变化

a）纵波入射　b）横波入射

$(34°,56°]$ 区间时，横波的端角反射率几乎为 100%，表明横波入射角在 $(34°,56°]$ 区间范围内不会发生波型转换，横波的反射模式为全反射。相比之下，当 θ_S 的范围在 $(20°,34°]$ 或 $(56°,75°]$ 区间时，横波入射至端角后形成波形转换，使横波自身的回波声压大大降低[103]。由上可知，端角反射造成的能量分配会严重影响探头所接收缺陷回波信号的幅值，当端角角度和被检工件材质发生变化时，端角反射的能量分配将更为复杂，对回波幅值的影响也更为显著。

9.1.2 反射模式

基于上述研究，相关研究者提出了多模式全聚焦成像技术，其概念最早是由英国 Bristol 大学提出[14]，以 Multi-mode Total Focusing Method 命名，缩写为 MTFM。多模全聚焦成像其本质是对一次波成像、二次波成像等所有声束路径和波型的成像声传播路径计算方式的统称。多模成像是一种囊括大量声束路径和波型的成像理念，其应用的主要面向对象是不同位置、不同取向的面积型缺陷，主要目的是通过选择适当的成像模式增加缺陷回波信号的强度，以提升缺陷的检出能力。

MTFM 成像的不同模式路径图如图 9-4 所示。探头接收到的缺陷信号主要来自三种传播路径：①超声波直接与缺陷进行交互作用，缺陷回波直接被探头接收，其传播路径为阵元-像素点-阵元，可以被简化为 T(L)-T(L)，L 表示纵波，T 表示横波；②超声波经工件底面反射后与缺陷进行交互作用，缺陷回波直接被探头接收，或者与缺陷作用后经底面反射后被探头接收。其传播路径为阵元-反射面-像素点-阵元或阵元-像素点-反射面-阵元，可以简化为 T(L)T(L)-T(L) 或 T(L)-T(L)T(L)；③超声波经工件底面反射后与缺陷进行相互作用，缺陷回波先传播至工件底面再被探头接收，可以简化为 T(L)T(L)-T(L)T(L)。上述三种声束传播路径分别被命名为直接模式、半跨模式和全跨模式[19]。

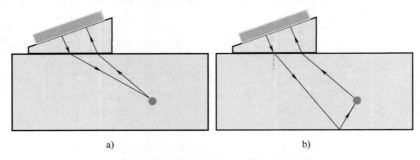

a)   b)

图 9-4　MTFM 成像的不同模式路径图

a) 直接模式　b) 半跨模式

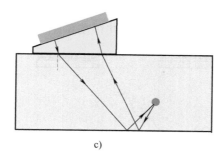

c)

图 9-4　MTFM 成像的不同模式路径图（续）

c）全跨模式

　　除了考虑 3 种声波传播模式，还需要考虑波型对信号的影响。在不同的声波路径和波型下，探头接收到的裂纹回波信号强度是不同的。简单来说，根据是否考虑发射声波与工件底面的反射、接收回波与工件底面的反射来区分这三种模式。根据传播路径上的波型选择，对成像模式进一步细分。考虑声束的互逆性，全聚焦共存在 21 种视图，见表 9-1。

表 9-1　MTFM 成像的 21 种模式视图

模式	视图
直接模式	L-L、T-T、T-L
半跨模式	TT-T、TT-L、TL-T、TL-L、LT-T、LT-L、LL-T、LL-L
全跨模式	TT-TT、TT-TL、TT-LT、TT-LL、TL-TL、TL-LT、TL-LL、LT-TL、LT-LL、LL-LL

　　MTFM 成像包含 21 种模式视图，直接模式 3 种，半跨模式 8 种，全跨模式 10 种。相较于单一模式的全聚焦检测，多模全聚焦提供了大量可能的路径接收反射体回波，通过 21 种可能视图模式呈现反射体回波影像，可以在不移动阵列超声探头的情况下全方位展现被检构件的缺陷特征。

9.2　半跨模式全聚焦成像

　　半跨模式被定义为在发射或接收声束路径下，有且只有一个包含来自底面的一个反射。因此，半跨模式存在两种可能的传播路径。不过，根据发射-接收对的互易性，两种半跨模式下的传播路径声传播时间是一致的。因此，在 MTFM 检测中，一般只考虑在发射路径中包含来自底面反射的情况。图 9-5 所示为半跨模式下 8 种视图对应的声传播路径。由图可知，半跨模式下检测物体内部的声传播路径被分为三段。考虑不同路径下的波型转换，每段路径可能存在两种可能的波型，所以半跨模式下的声束路径共存在 8 种可能的视图。

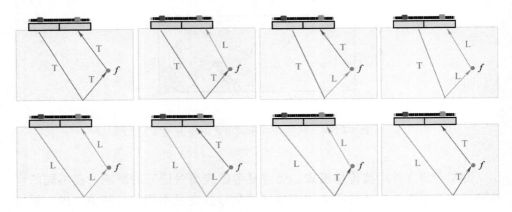

图 9-5　半跨模式下 8 种视图对应的声传播路径

图 9-6a 所示为单层介质下的半跨模式声传播路径示意图，假设线性阵列探头的中心在原点 $O(0,0)$ 位置，半跨模式下，由阵元 $(x_e,0)$ 发出的声波经过介质底面后被反射至像素点 (x,z) 位置，再由像素点 (x,z) 回传至接收阵元 $(x_r,0)$。因此，半跨模式下从发射阵元-底面-像素点-接收阵元的声传播时间为

$$t_{er}=\frac{\sqrt{(x_e-x_m)^2+z_m^2}}{c_1}+\frac{\sqrt{(x_m-x)^2+(z_m-z)^2}}{c_2}+\frac{\sqrt{(x-x_r)^2+z^2}}{c_3} \qquad (9\text{-}2)$$

式中，c_1、c_2 和 c_3 是各声束路径对应的声速（横波声速或纵波声速）。

基于式（9-2），即可算得半跨模式下与各发射-接收对相对应的等时面，实现半跨全聚焦的延时叠加图像重建。对于多模式全聚焦成像，为使超声波斜入射到待检试块中，能量集中到检测时所关注的区域，通常采用斜楔块耦合进行检测。因此，在半跨模式全聚焦成像中，需考虑双层介质中的声传播时间计算。

图 9-6b 所示为双层介质下的半跨模式声传播路径。以阵元中心投影到界面的点为坐标原点，建立平面直角坐标系。将阵元数量为 N 的线性阵列探头置于倾角为 θ_w 的楔块上，探头中心到楔块底部的垂直距离为 H，阵元间距为 d。假设发射阵元 n_e 的坐标为 (x_e,z_e)；声波入射到界面的第一入射点 i 坐标为 (x_i,z_i)；声波与底面发生反射的底面反射点 m 的坐标为 (x_m,z_m)；声波所需要聚焦的像素点 f 的坐标为 (x,z)；声波回到楔块的第二入射点 j 的坐标为 (x_j,z_j)；接收阵元 n_r 的坐标为 (x_r,z_r)，其中 n_e，$n_r=1$，2，$\cdots$，N。

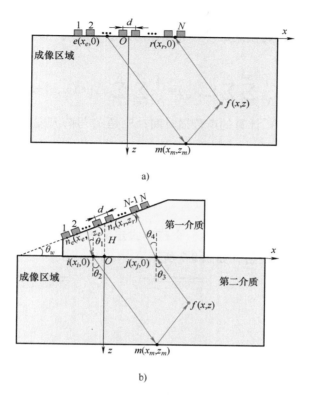

图 9-6　半跨模式下的声传播路径示意图

a）单层介质半跨模式　b）双层介质半跨模式

由图 9-6b 可知，在一发多收信号采集模式下，双层介质半跨模式的总声传播时间可分为 t_e 和 t_r 两部分，其中 t_e 为阵元 $n_e(x_e,0)$ 发出经过底面后被反射至 $f(x,z)$ 对应的声传播时间，t_r 为由 $f(x,z)$ 回传至接收阵元 $n_r(x_r,0)$ 对应的声传播时间。声传播时间 t_e 对应的声传播路径由 $n_e\text{-}i$、$i\text{-}m$、$m\text{-}f$ 三条路径组成，其中 $n_e\text{-}i$、$i\text{-}m$ 和 $m\text{-}f$ 声传播路径上的介质声速分别为 c_1、c_2 和 c_3，这样 t_e 为

$$t_e(x,z) = \frac{\sqrt{(x_e-x_i)^2+z_e^2}}{c_1} + \frac{\sqrt{(x_i-x_m)^2+z_m^2}}{c_2} + \frac{\sqrt{(x_m-x)^2+(z_m-z)^2}}{c_3} \qquad (9\text{-}3)$$

如图 9-6b 所示，声波与反射体交互作用后，声传播时间 t_r 对应的声传播路径由 $f\text{-}j$ 和 $j\text{-}n_r$ 两条路径组成，两条声传播路径对应的声速分别为 c_4 和 c_1，这样 t_r 为

$$t_r(x,z) = \frac{\sqrt{(x-x_j)^2+z^2}}{c_4} + \frac{\sqrt{(x_j-x_r)^2+z_r^2}}{c_1} \qquad (9\text{-}4)$$

　　获得半跨模式下各发射-接收对到所有任意像素点的声传播时间后，即可实现全矩阵数据集的半跨模式延时叠加图像重建。参照式（6-29），可得任意像素点的回波叠加幅值为

$$I(x,z) = \frac{1}{N^2} \sum_{e=1}^{N} \sum_{r=1}^{N} S_{er}(t_{er}) = \frac{1}{N^2} \sum_{e=1}^{N} \sum_{r=1}^{N} S_{er} \left[t_e(x,z) + t_r(x,z) \right] \tag{9-5}$$

式中，t_{er} 是式（6-23）计算的声传播时间；S_{er} 是 n_e 号阵元发出经由像素点 f 被 n_r 号阵元接收的回波信号；$1/N^2$ 是用于幅值分配统一化的叠加次数。

9.3　全跨模式全聚焦成像

　　在多模式全聚焦成像过程中，全跨模式定义为在发射和接收的射线路径都包含一个来自底面的反射，如图 9-7 所示。

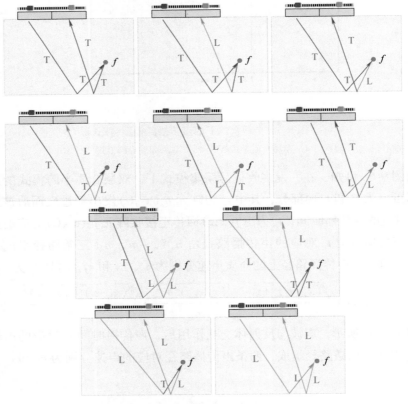

图 9-7　全跨模式下 10 种视图对应的声传播路径

　　检测物体内部的传播路径可被分为四段，每段路径存在两种可能的声速，即纵波声速和横波声速。从理论上讲全跨模式存在 16 种可能的视图，但是实际上全跨模式只有 10 种视图。造成上述现象的原因为声传播路径的互易性，存在多余的 6 种视图与其他视图计算任意像素点的声传播时间表达式一致，在全跨模式中规定两个声束传播时间计算相等的模式波为同一种视图。例如，TT-LT 和 TL-TT 两种模式具有对称的声传播路径。

　　图 9-8a 所示为单层介质下的全跨模式声传播路径图，全跨模式声传播路径为发射阵元-底面-像素点-底面-接收阵元，相较于图 9-6a 半跨模式的声传播路径，前面两段传播路径相同，后面两段路径由像素点 $f(x,z)$-接收阵元 $n_e(x_r,0)$ 变为像素点 (x,z)-底面 $n(x_n,z_n)$-接收阵元 $n_r(x_r,0)$，因此需要重新计算声束到达任意像素点 f 的声传播时间，其表达式为

$$t_{er} = \frac{\sqrt{(x_e - x_m)^2 + z_m^2}}{c_1} + \frac{\sqrt{(x_m - x)^2 + (z_m - z)^2}}{c_2} + \frac{\sqrt{(x_n - x)^2 + (z_n - z)^2}}{c_3} + \frac{\sqrt{(x_r - x_n)^2 + z_n^2}}{c_4}$$

(9-6)

式中，c_1、c_2、c_3 和 c_4 是被检工件内各段声束路径上的声速。

　　同理，双层介质下全跨模式的声束传播路径如图 9-8b 所示，在一发多收信号采集模式下，双层介质全跨模式的总声传播时间也可分为 t_e 和 t_r 两部分：其中 t_e 对应的声传播路径相同，因此 t_e 表达式和式（9-3）相同，而 t_r 对应的声传播路径由半跨模式下的 f-j 和 j-n_r 两条路径变为 f-n、n-j、j-n_r 三条路径，因此 t_r 表达式由式（9-3）变为式（9-7）

$$t_r = \frac{\sqrt{(x_n - x)^2 + (z_n - z)^2}}{c_4} + \frac{\sqrt{(x_j - x_n)^2 + z_n^2}}{c_5} + \frac{\sqrt{(x_r - x_j)^2 + z_r^2}}{c_1}$$

(9-7)

式中，c_1 是楔块内的纵波声速；c_4 和 c_5 是被检工件内各段声束路径上的声速。

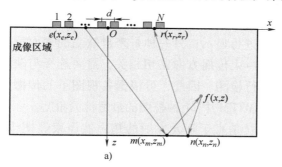

a)

图 9-8　全跨模式下的声传播路径示意图

a) 单层介质全跨模式

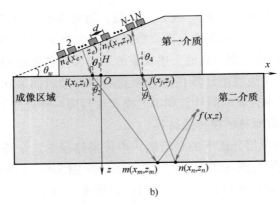

b)

图 9-8　全跨模式下的声传播路径示意图（续）

b）双层介质全跨模式

获得全跨模式下各发射-接收对到所有任意像素点的声传播时间后，继续使用式（9-3），即可实现全矩阵数据集的全跨模式延时叠加图像重建。

9.4　多模全聚焦的视图选择

由第 9.3 节可知，MTFM 共包含 21 种声束传播路径，可形成多角度、多路径、多模式检测，能够通过适当的模式有效增加缺陷回波的能量，尤为适用于回波强度敏感的面积型缺陷图像重建。不过，受限于声波传播角度和模式等因素的影响，每种模式适用的面积型缺陷取向范围有限。在实际检测中，由于面积型缺陷的取向未知，因而需要根据缺陷取向选择适当的模式视图，以增加缺陷的检出能力。

对面积型缺陷进行 MTFM 成像时，根据所选择的视图和缺陷的取向，一般可能观察到两种缺陷影像：一种是来自声束与缺陷上、下端部发生作用的尖端衍射波，向四周发散而被探头所接收，此类回波对缺陷取向不太敏感，各类视图中均能对此类缺陷进行显示；另一种是来自缺陷的表面反射回波，回波能量和面积型缺陷表面与声束传播方向密切相关，需要选择与缺陷表面垂直或接近垂直的声传播路径进行检测。因此，可根据各视图下的传播路径与 Snell 定律，结合声反射特性求出 MTFM 中 21 种视图的最适检测角度。

本节以 45L 楔块（垂直于阵元发射的超声波声束经楔块折射至钢制工件，纵波折射角为 45°）为例，分析各模式下视图的最适检测角度。已知被检试块为各向同性的碳素钢，楔块进入到碳素钢材料中的纵波折射角 θ_2 为 45°，求在 TT-L 视图下所检测裂纹的最适检测角度。定义垂直于工件表面取向为 0°，顺时针方向为正角度方向，如图 9-9 所示。

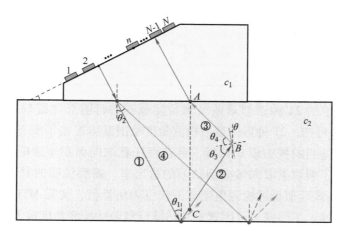

图 9-9　裂纹最适检测角度 θ 示意图

裂纹面反射的纵波平行于路径④时，阵元所接收的折射波与探头表面垂直，TT-L 模式下所接收的缺陷反射回波能量最大。根据 Snell 定律，可求得 45L 楔块下横波折射角 $\theta_1 = 22.8°$，纵波折射角 $\theta_2 = 45°$。假设裂纹取向 θ 为该模式下的最适检测角度，则图 9-9 中的三角形 ABC 中存在 $\theta_3 + \theta_4 = 180° - \theta_1 - \theta_2$ 关系，由此关系可算得 $\theta_3 = 32.7°$，最后获得 TT-L 模式下裂纹最适检测角度 $\theta = \theta_1 + \theta_3 - 90° = -34.5°$。

基于上述思路，可推导出楔块 45L 下其余 20 种声传播路径模式的裂纹最适检测角度，进而获得 21 种多模视图的最适检测角度。由于声束具有扩散性，还需要估算不同视图模式下裂纹的适用检测角度范围。标准 NB/T 49013.15—2021 规定，阵列超声斜入射检测过程中折射声束的角度范围应在 20° 内。因此，21 种视图模式下的最适检测角度范围为 $\theta \pm 20°$。楔块 45L 下 21 种视图模式的最适检测角度范围见表 9-2。

表 9-2　楔块 45L 下 21 种视图模式的最适检测角度范围[24]

模式	视图模式	最适检测角度/(°)	近似最适检测角度范围/(°)
直接模式	T-T	67.2	47.2~87.2
	L-T	59.4	39.4~79.4
	L-L	45	25~65
半跨模式	TL-T、LL-T	34.5	14.5~54.5
	TT-T、LT-T、LL-L、TL-L	0	-20~20
	TT-L、LT-L	-34.5	-54.5~-14.5

（续）

模式	视图模式	最适检测角度/(°)	近似最适检测角度范围/(°)
	LL-LL、LL-LT	−45	−65~−25
全跨模式	LL-TT、LL-TL、LT-LT、TL-TT、TL-TL	−59.4	−79.4~−39.4
	TT-TT、LT-TT、LT-TL	−67.2	−87.2~−47.2

　　将表 9-2 中的 21 种近似最适检测角度范围进行图形化处理，如图 9-10 所示。由图 9-10 可知，21 种近似最适检测角度范围基本覆盖了所有可能面积型缺陷取向。通过适当的视图模式选择，可获得任意取向面积型缺陷的强反射体回波，显著提升了裂纹类取向敏感型缺陷的检出率。需要说明的是，图 9-10 所示的 21 种视图模式近似最适检测角度范围仅仅为估算值，实际 MTFM 检测时还需要根据介质声速、工件壁厚等因素重新估算近似最适检测角度范围。

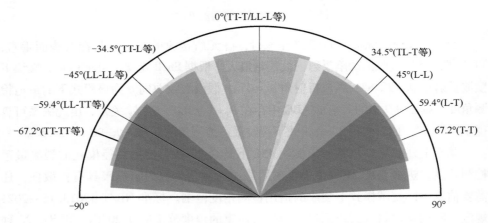

图 9-10　楔块 45L 下 21 种视图模式的近似最适检测角度范围示意图

9.5　多模全聚焦的应用场景

　　由第 9.4 节可知，每种视图模式均有对应的近似最适检测角度范围。在实际检测中，需根据工件的壁厚、声速、缺陷类型、取向等信息，确定适宜的 MTFM 检测模式。作为一种高效、可靠的连接方法，焊接技术广泛应用于重要工业领域，有效的无损检测方法必不可少。对此，本节以焊接接头内可能存在的典型缺陷为例，介绍 MTFM 在焊接接头中的应用场景，以便读者了解各类缺陷的图谱特征。

1. 未熔合

未熔合缺陷是指焊接时，焊道与母材之间或焊道与焊道之间未完全熔化结合的部分[104]。对于焊接接头中小角度坡口未熔合缺陷，根据第 9.4 节的分析，半跨模式适用于取向垂直或接近垂直于工件上下表面的面积型缺陷。因此小角度的坡口未熔合缺陷宜选用 MTFM 中的半跨成像模式对裂纹进行侧向扫查，侧向扫查的声束路径可选择 LL-L 或 TT-T，如图 9-11 所示。

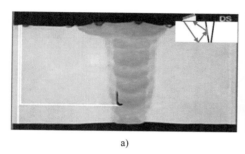
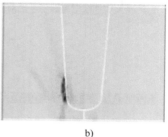

图 9-11　小角度坡口未熔合缺陷[25]

a）小角度坡口未熔合金相图及成像路径　b）小角度坡口未熔合 TT-T 图像

如图 9-12 所示，对于焊缝中大角度坡口的未熔合缺陷，在扫查布置中需考虑声束与缺陷发生镜面反射，因此宜采用 TT-TT、TT-LT 和 LL-LL 等全跨模式下的声束路径进行侧向扫查成像。在实际检测中，焊接接头两侧均有可能出现未熔合缺陷，需要进行两侧扫查，防止漏检。虽然全跨模式也能对缺陷有效重建，但是由于全跨模式下声波传播的路径更长，考虑到声波的衰减，相较于直接模式，阵元接收到的缺陷回波能量更低，这将会影响图像的成像质量。因而在实际检测条件下，如果对成像质量有着更高的要求，可对焊缝余高进行打磨，采用顶部扫查下的直接成像路径。

对于焊缝中垂直层间未熔合缺陷，如图 9-13 所示，可知该缺陷的取向为 0°，因此可选用半跨成像模式对裂纹进行侧向扫查，声束路径选择 TT-T 或 LL-L 模式。

对于焊缝中根部未熔合缺陷，如图 9-14 所示，宜选用半跨成像模式对裂纹进行侧向扫查，其声束路径可选择 TT-T 模式。

对于水平层间未熔合缺陷，如图 9-15 所示，最佳检测方式为顶部扫查，如果条件不允许，可在焊缝两侧放置双探头进行一发一收式扫查，声束路径选择 TT-TT 模式，由图 9-15b 可知，成像质量并不好，在实际检测中，其可作为一种初步检测手段。

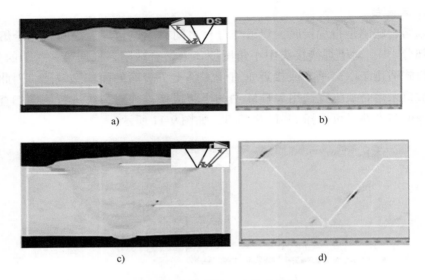

图 9-12　大角度坡口未熔合缺陷

a) 左侧未熔合金相图及成像路径　b) 左侧未熔合 TT-TT 图像

c) 右侧未熔合金相图及成像路径　d) 右侧未熔合 TT-TT 图像

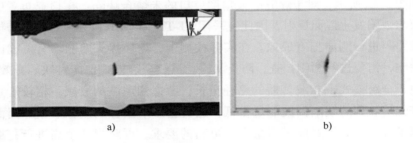

图 9-13　垂直层间未熔合缺陷

a) 垂直层间未熔合缺陷金相图及成像路径　b) 垂直层间未熔合缺陷 TT-T 图像

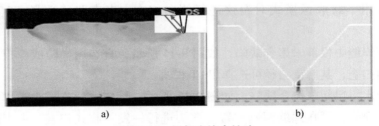

图 9-14　根部未熔合缺陷

a) 根部未熔合缺陷金相图及成像路径　b) 根部未熔合缺陷 TT-T 图像

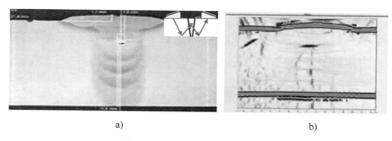

a)　　　　　　　　　　　　b)

图 9-15　水平层间未熔合缺陷

a）水平层间未熔合缺陷金相图及成像路径　b）水平层间未熔合缺陷 TT-TT 图像

2. 裂纹

当检测表面开口裂纹时，一般采用对缺陷埋深并不敏感的全跨模式进行侧向扫查。但是如果检测对象为非正角度的表面开口裂纹，一般只能显示表面开口裂纹的上下尖端影像，并且上尖端比下尖端的缺陷回波能量要大。图 9-16 所示为表面垂直开口裂纹。

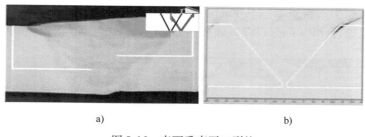

a)　　　　　　　　　　　　b)

图 9-16　表面垂直开口裂纹

a）表面垂直开口裂纹合金相图及成像路径　b）表面垂直开口裂纹 TT-T 图像

对于如图 9-17 所示的埋藏型小角度裂纹，与垂直层间未熔合缺陷类似，可采用 LL-L、L-LL 或 TT-T、T-TT 或 LL-T 等半跨模式成像路径进行侧向扫查。其中埋藏型裂纹的埋深会影响探头的摆放位置，即埋藏型裂纹越接近工件上表面，需要探头在水平位置处更加靠近缺陷，以确保声束能够与缺陷相互发生作用。

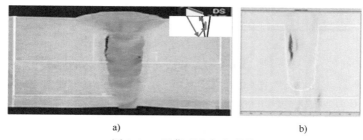

a)　　　　　　　　　　　　b)

图 9-17　埋藏型小角度裂纹

a）埋藏型小角度裂纹金相图及成像路径　b）埋藏型小角度裂纹 TT-T 图像

3. 未焊透

焊缝中的未焊透缺陷一般出现在根部，对于如图 9-18 所示的根部大面积未焊透缺陷，声束路径选择 T-T 模式。

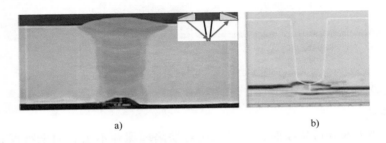

a)　　　　　　　　　　　　　　　b)

图 9-18　根部未焊透缺陷

a）根部未焊透缺陷金相图及成像路径　b）根部未焊透缺陷 T-T 图像

4. 气孔和夹渣

对于埋藏型的密集型气孔缺陷，可采用全跨或半跨模式进行侧向扫查，声束路径可以选择 TT-TT 或 TT-T，如图 9-19 所示。

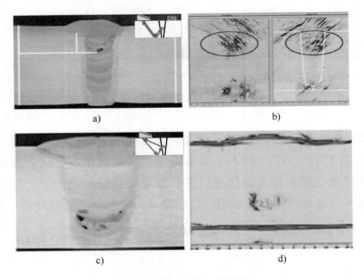

a)　　　　　　　　　　　　　　　b)

c)　　　　　　　　　　　　　　　d)

图 9-19　密集型气孔缺陷

a）上部密集型气孔金相图及成像路径　b）上部密集型气孔 TT-TT 图像

c）下部密集型气孔金相图及成像路径　d）下部密集型气孔 TT-T 图像

对于夹渣类缺陷，MTFM 下各种模式均有可能出现影像，如图 9-20 所示。需要注意的是，由于夹渣表面粗糙，界面反射率低，同时还有部分声波透入夹渣层，形成多次反射，因此夹渣缺陷的信噪比较低[105]。本次试验选择 TT-TT 模式下的声束路径进行成像，成像结果如图 9-20b 所示。当检测材料为奥氏体和粗晶材料时，建议采用变型波成像路径（如 TL-L）。

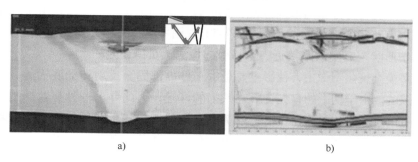

图 9-20　夹渣类缺陷

a）夹渣类缺陷金相图及成像路径　b）夹渣类缺陷 TT-TT 图像

9.6　多模全聚焦相位相干成像

由第 9.5 节中各类缺陷图像可知，除了来自固有反射体的回波信号之外，MTFM 图像中还包含了各类噪声信号以及由于多重反射、模式转换等原因所引起的伪影。伪影一般是指图像中原本不存在反射体的位置处却出现的影像[13]。在实际检测中，噪声和伪影信号的存在会干扰检测人员对缺陷的评定。噪声信号的来源相信读者已经有所了解，但对伪影可能一知半解，下面就让我们一起了解 MTFM 图像中常见伪影的产生原因以及分类。

采用多模全聚焦的 T-T、TT-T 和 TT-TT 三种视图，分别对上表面 45°裂纹缺陷和无缺陷进行成像，得到如图 9-21 所示的结果对比图。在本次试验中，检测区域内只存在底面和缺陷两种反射体，则图像中余下的影像便认为是噪声及伪影。由图 9-21 可知，在三种视图中，一些伪影在有无缺陷的情况下一直存在，因此判断这些伪影是由工件内固有反射体回波所产生，即由底面回波、结构回波等所引起，而对比上下两图可发现，有缺陷的图像中多出来的伪影则是由缺陷所造成。对于由底面和缺陷所造成的伪影，本文分为以下三种较为常见的类型：

A 型：表现为在始波和底波之间所出现的幅值较大的，类似于底面反射的伪影。这是由于其他视图信号，如 L-L、LL-L 和 LL-LL 等视图的底面反射的信号在 T-T 和 TT-TT 视图中被"错误定位"造成的。

B 型：表现为幅值接近 0dB 的大片明亮区域。这是由于底面反射和这些图像点的到达时间接近，从底面反射的有限持续时间信号在半跨模式图像中被"模糊"造成的，一般只出现在半跨模式中。

C 型：表现为分布与取向散乱，幅值较大的细条状影像。这是由于阵元接收到其他声束路径的缺陷回波信号在 TT-TT 视图中被"错误定位"造成的。此类伪影由于形状与真实缺陷接近，容易引起检测人员的误判。

在多模全聚焦图像中，伪影主要是由工件内部固有反射体如底面等，以及缺陷所导致的。由于伪影的存在会影响缺陷的评定，因此寻求一种有效抑制伪影的方法将有助于缺陷的检测评定。在第 7 章介绍的相位相干成像技术，通过考察回波的瞬时相位，将相位一致性较差的噪声信号与相位一致性较好的反射体回波信号分离，从而有效抑制图像中的背景噪声并增强缺陷回波的幅值强度。如果伪影从相位分布上与反射体回波存在差异，就可以利用相位相干一致性消除伪影。

下面以上表面开口刻槽为例，对其进行 TT-TT 模式成像，并提取各像素点的 PCSV 加权因子进行成像显示，其结果如图 9-22 所示。在图 9-22a 的 TT-TT 成像图中，x 轴 140mm 处的矩形框内为刻槽缺陷影像，可以发现存在许多由缺陷所引起的伪影，图 9-22a 中左侧的三个绿色矩形框所示，这些伪影不仅轮廓与缺陷类似，还伴随着较高的幅值。由图 9-22b 的 PCSV 加权因子图可知，在缺陷处的回波依旧保持着较高的相位一致性，其 PCSV 值接近于 1。而绿色矩形框内伪影的相位一致性较弱，其 PCSV 值低于 0.6。综上所述，伪影的相位一致性与缺陷回波之间存在差异，为相位相干成像技术滤除伪影提供理论基础。但是这些伪影也具有一定的相干性，如果直接加权成像并不能完全滤除伪影。在此基础上，可根据伪影与缺陷之间的相位一致性差距设计阈值将两种信号回波进行分离，从而有效滤除伪影。

下面以上表面开口裂纹为例，介绍相位环形统计矢量阈值加权技术在多模全聚焦成像中的应用[106]。由于篇幅有限，只采用适配于上表面裂纹的 TT-TT 模式进行成像，并且为模拟上表面开口裂纹缺陷，在铝制试块上表面加工 45°、60°，75°和 90° 4 种取向的刻槽，通过表面两侧分别对缺陷成像，可得到 $-45°$、$-30°$、$-15°$、$0°$、$15°$、$30°$和 45°共 7 种缺陷取向。在分析噪声与伪影的 PCSV 因子分布时，样本空间的选取将会影响 PCSV 因子的分布，进而使得阈值的取值发生较大变化。因此在本节，规定噪声的样本空间应不包含反射体回波及伪影，伪影的样本空间应不包含缺陷回波，并且采用双参数 Weibull 函数依次对噪声与伪影的 PCSV 因子值的分布进行拟合，根据拟合后的数据依次取噪声和伪影的阈值。

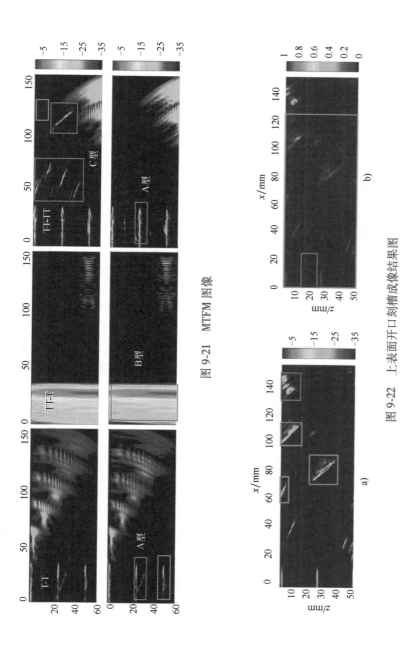

图 9-21　MTFM 图像

图 9-22　上表面开口刻槽成像结果图
a) TT-TT 模式幅值图像 b) PCSV 加权因子图

按照上述规定，选取成像区域内图 9-22b 中大小为 9mm×20mm 的红色矩形框内各像素点的 PCSV 值为噪声信号的样本空间，同理选取 50mm×120mm 的绿色矩形框内各像素点的 PCSV 值作为伪影信号的样本空间。对上述样本空间内的 PCSV 值采用 Weibull 函数拟合，结果如图 9-23 所示。

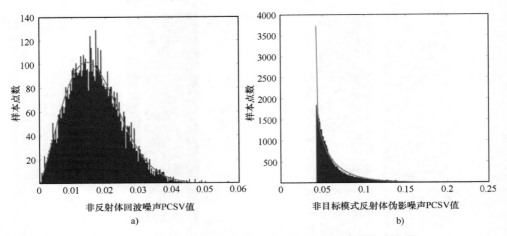

图 9-23　样本空间内 PCSV 值的分布及 Weibull 函数拟合曲线

a）噪声信号拟合结果图　b）伪影信号拟合结果图

为了增加阈值选取的准确度，选取 99.73% 为置信水平，即 $F[\mathrm{PCSV}(x,z)]=99.73\%$，此时样本空间内的绝大多数 PCSV 样本值分布在置信区间 $[0, \mathrm{PCSV}_{F=99.73\%}(x,z)]$ 内。根据 Weibull 函数的概率密度函数 $f[\mathrm{PCSV}(x,z),\beta,\eta]$ 和累计分布函数 $F[\mathrm{PCSV}(x,z),\beta,\eta]$ 可以求解得到 $\mathrm{PCSV}_{F=99.73\%}(x,z)$，其中概率密度函数和累计分布函数的表达式为

$$f[\mathrm{PCSV}(x,z),\beta,\eta]=\frac{\beta}{\eta}\left(\frac{\mathrm{PCSV}(x,z)}{\eta}\right)^{\beta-1}\mathrm{e}^{-\left(\frac{\mathrm{PCSV}(x,z)}{\eta}\right)^{\beta}} \tag{9-8}$$

$$F[\mathrm{PCSV}(x,z),\beta,\eta]=1-\exp\left\{-\left(\frac{\mathrm{PCSV}(x,y)}{\eta}\right)^{\beta}\right\} \tag{9-9}$$

式中，β 是形状参数；η 是缩放因子，β 和 η 两个特征参数共同决定 Weibull 分布函数的形状。

最后根据得到的 $\mathrm{PCSV}_{F=99.73\%}(x,z)$ 可确定相位环形统计矢量的阈值 T 为

$$T=\eta(-\ln(1-F(\mathrm{CSV}(x,z))))^{\frac{1}{\beta}} \tag{9-10}$$

由图 9-23 可知，噪声信号与伪影信号的 PCSV 值的拟合结果均服从双参数 Weibull 分布，因此根据式（9-10）可分别计算得到两类信号的阈值 $T_{\mathrm{noise}}(x,z)$ 与 $T_{cs}(x,z)$。由于伪影的相位一致性优于噪声信号，显然噪声信号的阈值 $T_{\mathrm{noise}}(x,z)$ 是

小于伪影信号的阈值 $T_{cs}(x,z)$，因而只需利用伪影信号的阈值 $T_{cs}(x,z)$，即可得到阈值处理后的相位环形统计矢量值（Phase Circular Statistic Vector Threshold，PCSVT），其表达式为

$$PCSVT = \begin{cases} PCSV(x,z), & PCSV(x,z) \geqslant T_{cs} \\ 0.001, & PCSV(x,z) < T_{cs} \end{cases} \qquad (9\text{-}11)$$

最后利用 PCSVT 加权与式（9-5）结合，得到加权处理后的像素点幅值为

$$I(x,z) = \frac{1}{N^2} \sum_{e=1}^{N} \sum_{r=1}^{N} S_{er}(t_{er}) PCSVT \qquad (9\text{-}12)$$

为了体现阈值 T_{cs} 处理后的 PCSVT 成像及 PCSVT-TT-TT 成像的效果，下面分别对铝制试块的 7 种取向刻槽进行 TT-TT 模式成像，并提取图像的 PCSV 和 PCSVT 形成因子图，以及经 PCSVT 加权处理后得到 PCSVT-TT-TT 幅值图像。

图 9-24a 所示为未经处理的 TT-TT 模式下 -45°刻槽的多模全聚焦成像，右上角被红色框围住的区域为 TT-TT 模式下的刻槽图像，可以观察到刻槽图像周围存在较多伪影，且整体图像也存在较多的背景噪声信号与伪影信号，导致图像的成像质量不高。通过计算 TT-TT 模式下感兴趣区域内的 PCSV，如图 9-24b 所示的 PCSV 图，可以观察到 PCSV 因子在缺陷区域取值较大，接近于 1，而其余区域的噪声信号与伪影信号的 PCSV 取值均低于 0.4。而通过式（9-10）计算得到的伪影信号的阈值 T_{cs}，其值大于 0.4，因此根据式（9-11）对如图 9-24b 的 PCSV 处理，得到阈值处理后的 PCSVT，并形成 PCSVT 图像，如图 9-24c 所示。由图可知，缺陷区域外的噪声信号与伪影信号的 PCSV 变为 0.01，而缺陷区域内的 PCSV 保持不变，使得缺陷区域突显出来并抑制非目标缺陷回波中各种信号的干扰。将图 9-24a 的原始 TT-TT 模式下的刻槽信号与图 9-24c 得到的阈值 PCSVT 相乘，得到最终的 PCSVT 处理后的 TT-TT 模式下的刻槽图像，如图 9-24d 所示。可以发现噪声信号与伪影信号基本消失，只剩下目标模式的 -45°裂纹回波信号，缺陷的分辨率与信噪比有着极大的改善。

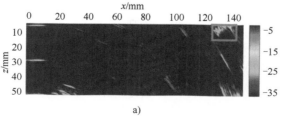

a)

图 9-24　-45°刻槽成像结果

a) TT-TT

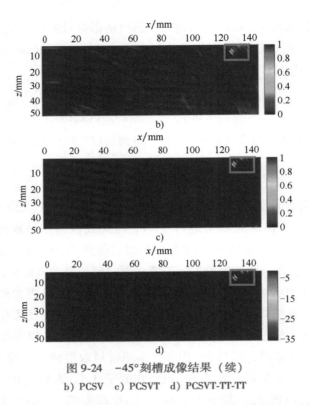

图 9-24　−45°刻槽成像结果（续）

b) PCSV　c) PCSVT　d) PCSVT-TT-TT

　　图 9-25～图 9-27 所示为−30°、−15°和 0°刻槽的多模全聚焦成像。观察上述图像，在−30°刻槽的 TT-TT 图像中，除框选的部分存在较强的伪影信号，框外还存在一些较弱的伪影信号；−15°刻槽的 TT-TT 图像存在许多信号幅值较弱的伪影信号以及大量的背景噪声；相对而言，0°刻槽的 TT-TT 图像的伪影和噪声较少，成像质量较好。对原始图像进行上述−45°刻槽图像做相同处理，得到 PCSVT-TT-TT 模式下−30°、−15°和 0°刻槽图像。可以发现，除−30°刻槽的 PCSVT-TT-TT 图像还存在一处幅值较高的伪影，其他两种裂纹的 PCSVT-TT-TT 图像中伪影和噪声基本消除，而保留了缺陷区域的影像，使整体图像质量得到了较大提升。

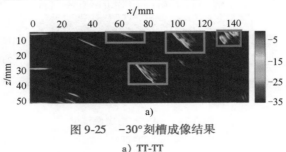

图 9-25　−30°刻槽成像结果

a) TT-TT

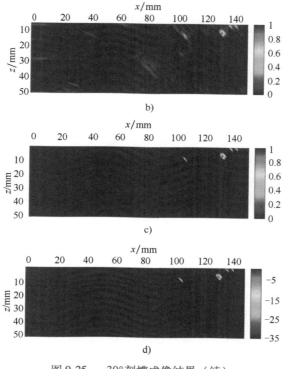

图 9-25　−30°刻槽成像结果（续）

b) PCSV　c) PCSVT　d) PCSVT-TT-TT

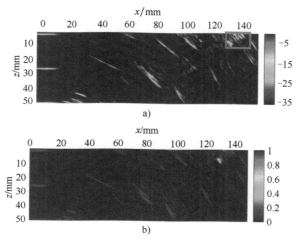

图 9-26　−15°刻槽成像结果

a) TT-TT　b) PCSV

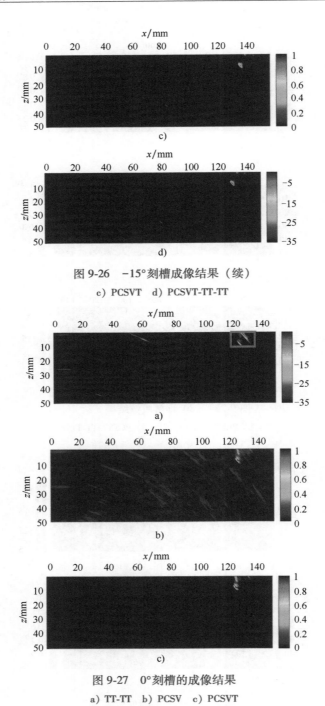

图 9-26 -15°刻槽成像结果（续）

c) PCSVT d) PCSVT-TT-TT

图 9-27 0°刻槽的成像结果

a) TT-TT b) PCSV c) PCSVT

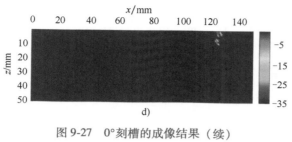

图 9-27　0°刻槽的成像结果（续）

d）PCSVT-TT-TT

综上，对于取向为负角度的刻槽，在 TT-TT 模式下，声波主要与裂纹尖端产生相互作用。故在 TT-TT 图像上，缺陷影像主要表征为尖端衍射回波与刻槽根部的端角回波，如图 9-24～图 9-27a 中右侧的红色矩形框所示。观察各刻槽的 PCSV 图，如图 9-24～图 9-26b 所示，非目标模式反射体伪影的 PCSV 值较大，显然经 PCSV 加权后的图像不能有效地滤除伪影。而经过阈值 T_{cs} 处理后的 PCSVT 加权图像，几乎仅含有刻槽尖端影像，使图像质量与信噪比得到了极大的改善。

图 9-28～图 9-30 所示为取向 15°、30° 和 45° 正角度刻槽的成像图。由图可知，三种取向刻槽的轮廓均能得到重建，这是因为在 TT-TT 模式传播路径下，声束能够与刻槽面发生镜面反射并返回至探头而被接收。其中 30° 和 45° 刻槽影像能够较为清晰地判断刻槽的取向和位置等信息，缺陷所在区域有着较好的分辨率和对比度。图像内噪声和伪影较少，且幅值不高，几乎不影响缺陷的评定。对于 15° 刻槽，在 TT-TT 成像与 PCSV 成像图中存在较多的伪影，这些伪影的幅值较高、PCSV 值也较大，容易造成缺陷的误判。经阈值 T_{cs} 处理后得到的 PCSVT，相较于未经阈值 T_{cs} 处理的 PCSVT 图明显更加干净，高于阈值的 PCSVT 也主要集中在刻槽位置处。各正角度取向刻槽的 PCSVT-TT-TT 图，可以发现与原始成像相比，经阈值 T_{cs} 处理后的 PCSVT-TT-TT 图像成像图几乎同时抑制了所有的噪声和伪影。

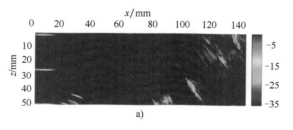

图 9-28　15°刻槽的成像结果

a）TT-TT

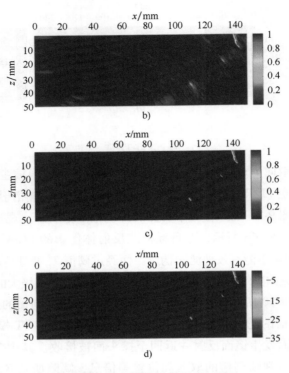

图 9-28　15°刻槽的成像结果（续）

b）PCSV　c）PCSVT　d）PCSVT-TT-TT

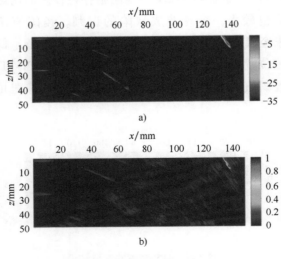

图 9-29　30°刻槽的成像结果

a）TT-TT　b）PCSV

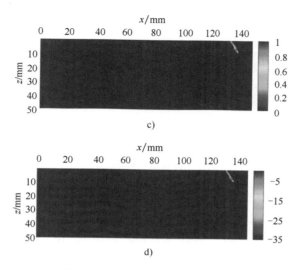

图 9-29　30°刻槽的成像结果（续）

c）PCSVT　d）PCSVT-TT-TT

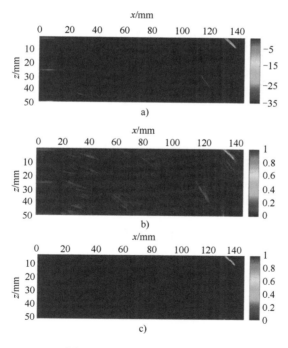

图 9-30　45°刻槽的成像结果

a）TT-TT　b）PCSV　c）PCSVT

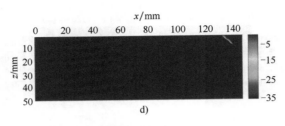

图 9-30　45°刻槽的成像结果（续）

d) PCSVT-TT-TT

　　为了定量分析阈值处理后的 PCSVT 对图像质量的影响，引入了信噪比图像评价指标。据式（5-3）分别计算 7 种取向刻槽在 TT-TT 模式图与 PCSVT-TT-TT 成像图中的信噪比，得到如图 9-31 所示的不同取向刻槽的信噪比对比图。由图可知，相较于原始 TT-TT 图像，PCSVT 加权后的图像信噪比均有显著提升，提升范围为 7.7~14dB。因此，经相位环形统计矢量值阈值加权算法处理后的图像，能够显著降低噪声和非缺陷回波干扰。

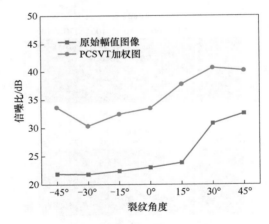

图 9-31　不同取向刻槽的信噪比

第 **10** 章

全聚焦衍生技术

10.1 虚拟源成像技术

10.1.1 虚拟源发射

近年来，由于其成像质量高、方法灵活等优势，全聚焦成像已广泛用于工业领域。然而，传统全聚焦的信号采集模式为一发全收，尽管丰富的数据量使其获得较高的成像质量，但单个阵元发射的声波能量较弱，使其在较大深度和宽度范围处的缺陷检测灵敏度降低。此外，全矩阵数据量巨大，成像所需时间较长，在很大程度上限制了成像帧频。平面波成像技术通过对阵元施加延时激励改变超声波波前形状，一次发射和接收就能够获得整个成像区域的数据，并实现多角度平面波的相干复合成像。相较于全聚焦，平面波成像通过减少发射次数显著提升成像帧频。

然而，平面波成像同样会受到探头孔径限制，使其检测范围受限，导致在孔径覆盖外以及大深度下的缺陷检测灵敏度降低。虚拟源（Virtual Source，VS）成像技术提供了一种大检测范围和高成像帧频的解决方案。与平面波发射模式相似，VS 成像技术每次发射时可激励所有阵元，但与平面波不同的是，虚拟源技术所发阵面为球面波，其波阵面形状类似于自发自收或一发多收模式。如图 10-1a 所示，虚拟源发射的球面波，可看作是由探头上方放置的一个虚拟点声源发出。通过改变线性阵列探头的发射延时，虚拟源技术所发声波同样可以向平面波那样偏转，进而形成相干复合成像。相比于平面波，虚拟源技术所发波前为声场覆盖范围更大的球面波，因而具有更大的检测覆盖范围。相比于全聚焦成像，虚拟源采用全孔径发射球面波，所发声场能量较单阵元激励显著提高，

201

能够进一步提升缺陷的检出深度。

由上可知，虚拟源所发超声波波前为一个等效的球面波波前，但实际上这个等效波前并不是一个阵元所发射的，而是通过对各个阵元施加相应的激励延时实现。在图 10-1a 中，线性阵列探头放置在工件表面，N 为探头阵元数，阵元中心距为 d。以线性阵列探头中心 O 点为坐标系原点，则线性阵列探头中任意阵元 n 的坐标 (x_n, z_n) 为

$$\begin{cases} x_n = (n-1)d - \dfrac{(N-1)d}{2} \\ z_n = 0 \end{cases} \tag{10-1}$$

如图 10-1a 所示，假设虚拟源点 V 位于原点 O 正上方，则虚拟源点到 $x=0$ 的距离为 VO。声速为 c 的被检介质中，若要使线性阵列探头所发波前等效为由虚拟源点 V 发出的球面波时，则任意阵元 n 的激励延时 τ_n 为

$$\tau_n = \frac{\sqrt{VO^2 + x_n^2} - VO}{c} \tag{10-2}$$

由于超声波具有扩散性，因此式（10-2）所描述的情况可以理解为：V 位于原点 O 正上方时，虚拟源所发球面波的能量主要集中在 z 轴上，即球面波传播方向 $\theta = 0°$。为提高成像质量，则需要更多传播方向的球面波发射，以形成类似平面波那样的相干复合成像。图 10-1b 所示为多角度虚拟源球面波发射延时原理。由图 10-1b 可知，假设虚拟源点分布以原点 O 为圆心，线性阵列探头半宽度为半径的圆弧上，虚拟源所发波前偏转角为 $[-\theta, \theta]$，偏转角间隔为 $\Delta\theta$。若 2θ 能够将 $\Delta\theta$ 整除，则相干复合成像前的发射次数为 $M = (2\theta/\Delta\theta) + 1$。

在计算第 m 次发射各阵元的激励延时前，需确定虚拟源 V_m 的坐标 (x_{V_m}, z_{V_m})。假设虚拟源点 V_m 分布在以原点 O 为圆心、线性阵列探头半宽度为半径的圆弧上。由图 10-1b 可知，多角度虚拟源点 V_m 已不再位于原点 O 点的上方，因此其坐标 (x_{V_m}, z_{V_m}) 为

$$\begin{cases} x_{V_m} = -F\sin[\theta - (m-1)\Delta\theta] \\ z_{V_m} = F\cos[\theta - (m-1)\Delta\theta] \end{cases} \tag{10-3}$$

式中，x_{V_m} 和 z_{V_m} 分别是虚拟源点 V_m 的横坐标和纵坐标；F 是焦点深度；θ 是最大偏转角；m 是发射次序；$\Delta\theta$ 是偏转角间隔。

这样，第 m 次发射时，根据虚拟源点 V_m 到线性阵列各阵元的距离，可推导出任意阵元 n 的激励延时 τ_{mn} 为

$$\tau_{mn} = \frac{\sqrt{z_{V_m}^2 + (x_{V_m} - x_n)^2} - z_{V_m}}{c} \tag{10-4}$$

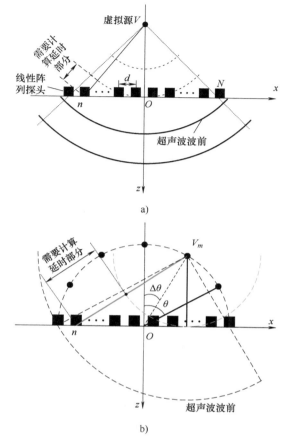

图 10-1　虚拟源发射原理

a）单角度虚拟源发射　b）多角度虚拟源发射

10.1.2　图像重建原理

图 10-2 所示为虚拟源点 $V_m(x_{V_m}, z_{V_m})$ 发出经由像素点 $f(x, z)$ 传播至阵元 $n(x_n, z_n)$ 的声传播路径。对于第 m 次发射中的任意虚拟源点 V_m，根据像素点 f 的坐标(x, z)，可计算得到超声波从虚拟源 V_m 到聚焦点 f 需要的传播时间 τ_{T_m}：

$$\tau_{T_m} = \frac{\sqrt{(x - x_{V_m})^2 + (z - z_{V_m})^2} - F\cos[\theta - (m-1)\Delta\theta]}{c} \tag{10-5}$$

接收数据时，声传播路径为像素点 f 到实际阵列中每个阵元 n 位置，此时接收延时 τ_{R_n} 的计算与虚拟源点位置无关，接收延时 τ_{R_n} 的计算式为

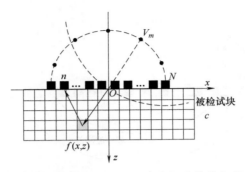

图 10-2 虚拟源点 $V_m(x_{V_m}, z_{V_m})$ 发出经由像素点 $f(x,z)$

传播至阵元 $n(x_n, z_n)$ 的声传播路径

$$\tau_{R_n} = \sqrt{(x-x_n)^2 + (z-z_n)^2}/c \qquad (10\text{-}6)$$

将信号幅值矩阵按照延时叠加算法进行波束形成，可以计算出像素点 (x,z) 的回波强度 $I(x,z)$ 为

$$I(x,z) = \sum_{m=1}^{M} \sum_{n=1}^{N} S(\tau_{T_m} + \tau_{R_n}) \qquad (10\text{-}7)$$

式中， $S(\tau_{T_m} + \tau_{R_n})$ 是第 m 次发射、第 n 号阵元接收到的回波信号。

10.1.3 虚拟源图像重建示例

为说明虚拟源图像重建的特点，利用如图 10-3 所示的凹面铝制试块和 64 阵元线性阵列探头进行验证。其中，探头频率为 5MHz，阵元宽度为 0.55mm，阵元中心间距为 0.6mm。由图 10-3 可知，凹面铝制试块的正视图底部存在一条半径为 200mm、弦长为 125mm 的圆弧，试块的高度为 70mm、长度为 160mm。在试块中加工有 5 个 ϕ2mm 圆形孔状缺陷，相邻缺陷的水平间距为 20mm，中心缺陷深度为 30mm，将缺陷从左至右依次编号为 1~5 号。由于缺陷的水平跨度较大，在此主要研究凹面铝制试块中缺陷虚拟源成像的横向成像范围。

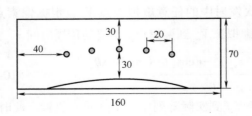

图 10-3 验证虚拟源图像重建所用凹面铝制试块和线性阵列探头

在虚拟源数据采集过程中，设置球面波偏转角范围为[−40°,40°]，偏转角间隔为5°。作为对比，使用与虚拟源成像时相同发射次数和偏转角的相干复合平面波所生成的图像，与虚拟源成像后的图像进行比较。由于目前在图像质量提升方面，相干类加权算法已经是一种有效提升成像质量的方法，为进一步验证相干类自适应加权算法在虚拟源成像中的应用能力，在此将第7.3.2节所描述的PCSV加权算法应用于虚拟源成像和相干复合平面波成像，并分析其对成像质量的提升能力。

凹面铝制试块的虚拟源超声图像重建如图10-4所示。为量化比较缺陷的成像质量，分别统计了缺陷的幅值、缺陷检测API值和缺陷检测SNR值。API值用以量化比较缺陷的分辨率，其值越小表示缺陷的分辨率越高。采用SNR值量化比较缺陷的信噪比，SNR值越大表示缺陷的信噪比越高。凹面铝制试块在不同算法下超声图像缺陷处的性能指标见表10-1。其中，统计数据的位置在图10-4a中使用红色方框框出。

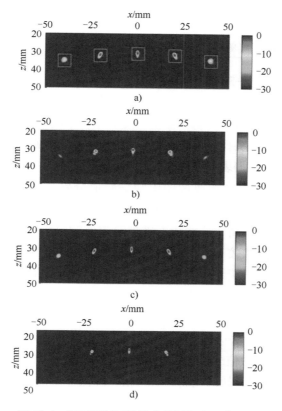

图 10-4　凹面铝制试块的虚拟源超声图像重建

a）虚拟源成像　b）虚拟源成像-PCSV　c）相干复合平面波成像

d）相干复合平面波成像-PCSV

表 10-1　凹面铝制试块在不同算法下超声图像缺陷处的性能指标

参数	算法	缺陷编号				
		1 号	2 号	3 号	4 号	5 号
幅值/dB	虚拟源成像	−10.66	−1.96	0	−1.17	−10.57
	相干复合平面波成像	−19.28	−4.35	0	−3.69	−18.63
	虚拟源成像-PCSV	−11.08	−1.01	0	−0.14	−11.01
	相干复合平面波成像-PCSV	−27.86	−5.57	0	−5.37	−27.21
SNR/dB	虚拟源成像	22.21	28.74	29.17	28.65	22.12
	相干复合平面波成像	10.45	22.51	25.65	23.13	10.98
	虚拟源成像-PCSV	33.85	38.50	40.06	38.07	33.60
	相干复合平面波成像-PCSV	17.59	30.86	35.31	31.34	17.78
API	虚拟源成像	2.36	1.28	0.93	1.25	2.23
	相干复合平面波成像	1.63	0.86	0.63	0.92	1.68
	虚拟源成像-PCSV	1.39	0.83	0.68	0.77	1.34
	相干复合平面波成像-PCSV	0.52	0.49	0.45	0.56	0.64

　　由图 10-4 可知，在−30~0dB 的动态显示范围下，使用虚拟源成像时，凹面铝制试块成像图中 1~5 号缺陷均能够很清晰地观测到，当缺陷横向位置逐渐远离中心位置处时，缺陷幅值逐渐降低。当使用复合相干平面波成像时，相较于虚拟源成像，成像图中位于探头孔径覆盖范围之外的 1 号和 5 号缺陷聚焦效果明显较差，缺陷显示更不直观。根据表 10-1 中幅值统计结果可知，在检测凹面铝制试块成像图中 1~5 号缺陷时，虚拟源成像图中缺陷幅值分别高于相干复合平面波成像 8.62dB、2.39dB、0dB、2.52dB 和 8.06dB。缺陷的 API 值均为虚拟源成像高，SNR 值均为虚拟源成像高，这意味着虚拟源成像时缺陷水平位置越远离阵元中心，缺陷检测的幅值相较于相干复合平面波成像越高，缺陷显示越明显，缺陷周围的背景噪声水平低于相干复合平面波成像，但缺陷检测分辨率有着一定程度上的降低。结果表明，在探头孔径覆盖之外的 ϕ2mm 边钻孔缺陷时，其有效检测范围大于相干复合平面波成像，是一种有效提升横向缺陷检测范围的方法。

　　当将 PCSV 加权算法应用于虚拟源成像和相干复合平面波成像中时，根据图 10-4 和表 10-1 中的数值统计结果可知，在虚拟源成像和相干复合平面波成像中加入 PCSV 加权算法时，缺陷检测的 API 值均降低且 SNR 值均会提高，缺陷检测的分辨率和信噪比均在一定程度上有所提升。当 PCSV 算法应用于虚拟源成像时，1 号和 5 号缺陷的幅值会略微降低，降低数值为 1dB 以内，2 号和 4 号缺陷幅值有所提高。而将 PCSV 算法应用于相干复合平面波成像时，1 号、2 号、4 号和 5 号缺陷幅值均会降低，1 号和 5 号缺陷降低幅度更大，降低数值最大为 8.58dB，此时在图 10-4d 中已经无法观测到缺陷回波信号。因此，在探头孔径外的 1 号和 5 号缺陷幅值变化不大的前提下，缺陷的分辨率和信噪比有着一定程度上的增强，此时 PCSV 加权算法应用于虚拟源成像同样是一种检测探头横向孔径外缺陷的有效手段。综上所述，由于虚拟源成像所激励的超声波能量更强，能够进一步提升检测覆盖范围，PCSV 加权方法同样可作为提升虚拟源成像质量的有效手段。

10.2 规则双层介质频域图像重建

在实际缺陷检测中，双层介质的应用极为常见。在第 6 章中已经详细描述了双层介质的时域图像重建方法。时域图像重建方法在求解声束入射点时的计算成本是巨大的，导致其成像效率较低。尽管可通过使用傅里叶域图像重建方法在一定程度上提升运算效率，但正如第 8 章中所描述的傅里叶域图像重建方法一样，目前傅里叶域中的成像方法常用于恒定速度下的单层介质的图像重建。为进一步拓展傅里叶域算法的适用范围，改善双层介质下时域图像重建效率低的问题，本节将进一步介绍傅里叶域的双层介质成像方法。

10.2.1 平面波图像重建原理

平面波信号采集时，发射和接收的声传播路径并不相同。根据第 6 章中所描述的双层介质平面波成像可知，在计算声传播时间时需分别计算发射时间和接收时间，本节将平面波发射和接收的超声波分别记为下行波和上行波，图 10-5 所示为双层介质中线性阵列探头平面波信号采集。图 10-5 中所描述的双层介质平面波模型相当于图 6-9 模型中 $\theta_w = 0$ 的情况，根据第 6.4 节可实现时域规则双层介质平面波图像重建，然而成像效率仍是时域成像的一大劣势。本节基于第 8.3.1 节中所描述的 Garcia 频域图像重建方法，通过改进成像算法实现规则双层介质频域平面波成像。

针对单一介质下的频域平面波成像，Garcia 等人通过 α_θ、β_θ 和 γ_θ 三个中间变量，对等效声速为 c_r，等效反射体坐标 x_r 和 z_r 进行定义，将上行波和下行波统一计算，使平面波数据满足 ERM 并构建出单程超声波传播路径表达式，随后通过 Stolt 迁移实现图像重建。然而，根据式（8-40），等效声速要求介质的声速为固定值。当双层介质声阻抗界面为图 10-5 所示的规则平面时，c_1、c_2 分别为第 1 层介质和第 2 层介质内声速，由于 c_1、c_2 并不相同因而难以求得固定的等效声速 c_r，导致 Garcia 等人提出频域内算法难以适用于双层介质平面波图像重建。不过，规则双层介质中每层内的声速是恒定的，因此仍然可通过在第 2 层介质

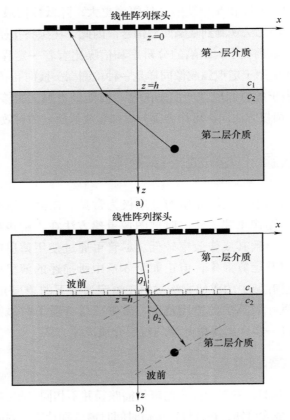

图 10-5　双层介质中线性阵列探头平面波信号采集

a)　平面波接收模型　b)　平面波发射模式

中单独做 Stolt 迁移实现双层介质的图像重建。由式（8-45）可知，单一介质下的频域平面波成像的前提是应已知 $P(\omega, k_x, Z)$，即单一介质表面处的波场，因此若要实现第 2 层介质的频域图像重建，需求得双层介质声阻抗界面处的波场。

根据第 8 章所述的满足 ERM 的自发自收信号数据集的波场外推，由式（8-10）可知，通过与迁移因子 $e^{ikz(z-Z)}$ 相乘，将波场从深度 Z 外推至深度 z 处。当被检工件为声速固定的均匀介质时，其中迁移因子中的等效声速 c_r 为常数，其值为介质中实际声速的一半。当双层介质声阻抗界面为图 10-5 所示的规则平面时，式（8-15）中的 c_r 不再是常数，而是一个沿深度 z 方向上的函数 $c_r(z)$。在波场外推过程中，当外推深度分别位于第 1 层和第 2 层介质时，其对应外推深度上的等效声速分别为 $c_{r_1}(z)=c_1/2$ 和 $c_{r_2}(z)=c_2/2$。对于规则平面双层介质而言，只需要通过修正相移迁移中等效声速值，即可实现自发自收信号数据集下波场外推。

假设第 1 层介质中的声传播深度为 h，则根据表面深度为 0 处记录的波场 $P(\omega, k_x, 0)$，可推导出声波在第 1 层介质中传播 h 后的波场 $P(\omega, k_x, h)$ 为

$$P(\omega, k_x, h) = P(\omega, k_x, 0) e^{ik_z h} \tag{10-8}$$

如图 10-5b 所示，对于平面波发射模式，若第一层介质中平面波的发射角为 θ_1，则其在第二层介质中的传播角度为 $\theta_2 = \arcsin[(c_2/c_1)\sin\theta_1]$。分别将 θ_1、θ_2、c_1、c_2 代入式（8-42），根据式（8-40）可求得第一层介质中的三个中间变量 α_{θ_1}、β_{θ_1}、γ_{θ_1} 和等效声速 $c_{r_1}(z)$、等效反射体坐标 (x_{r_1}, z_{r_1})，第二层介质中的三个中间变量 α_{θ_2}、β_{θ_2}、γ_{θ_2} 和等效声速 $c_{r_2}(z)$、等效反射体坐标 (x_{r_2}, z_{r_2})。变量的替换使平面波数据同样满足 ERM，此时根据在表面深度为 0 处测量的波场和第一层介质中三个中间变量，可计算出双层介质声阻抗界面深度 h 处的波场

$$P(\omega, k_x, h) = P(\omega, k_x, 0) e^{ih(\beta_{\theta_1} k_{z_1} + \gamma_{\theta_1} k_x)} \tag{10-9}$$

式中，k_{z_1} 是声速 $c_{r_1}(z)$ 对应的深度方向波数。

当第二层介质图像重建时，根据深度为 h 处的阵元采集信号的波场进行成像，式（8-45）变为

$$p(t=0, x, z) = \iint_{-\infty}^{\infty} P(k_{z_2}, k_x, h) e^{ik_{z_2}(z_2 - h)} e^{ik_x x} \mathrm{d}k_x \mathrm{d}k_z \tag{10-10}$$

式中，k_{z_2} 是声速为 $c_{r_2}(z)$ 下深度 z 上的波数，$z>h$，且

$$P(k_z, k_x, h) = A(k_z, k_x) P[\omega(k_x, k_z - k_x \gamma_{\theta_2}/\beta_{\theta_2}), k_x, h] \tag{10-11}$$

$$A(k_z, k_x) = \frac{\partial \omega(k_z, k_x)}{\partial k_z} = \frac{\alpha_{\theta_2} c_2 (k_z - k_x \gamma_{\theta_2}/\beta_{\theta_2})}{\sqrt{k_x^2 + (k_z - k_x \gamma_{\theta_2}/\beta_{\theta_2})^2}} \tag{10-12}$$

基于式（10-10），即可实现平面波发射角为 θ_1 下的双层介质频域平面波成像。尽管频域中的图像重建方法计算负载较低，但不是自适应波束，其成像质量有待进一步提高。目前，相位相干自适应加权方法是一种有效提升 DAS 图像重建质量的辅助手段。为获得更高的成像质量和低计算负载的成像算法，可将相位相干加权应用于频域成像中。根据第 7 章中描述的时域中相位相干加权方法可知，相位相干加权因子的计算是根据每个通道所采集信号相位之间的关系。由式（10-10）可知，频域图像重建是针对所有通道采集的原始数据的 2-D 频谱做插值操作，成像时仅能获得所有通道信号上信号幅值的叠加值。由于缺乏每个通道的相位信息，适用于时域图像重建的加权因子计算方法无法应用于频域图像重建中。

本节以 SCF 加权因子为例介绍适用于频域图像重建的自适应加权因子计算方法。通过对所采集信号样本本身的 +1/−1 符号进行波束形成是实现频域图像重建 SCF 加权的一种解决方案。此时傅里叶域波束形成的符号分量 b_{equal} 可视为

式（7-11）中所有通道的符号集 $\{\text{sign}(\varphi_n)\}$ 的总和，用于建立 SCF 加权因子。

假设相控阵阵元总数为 N，在平面波一次发射下共采集 N 个数据。提取通道数据样本的符号分量，并设 $b(\omega,k_x,0)$ 是通道数据符号分量二维傅立叶变换后的频谱。用 $b(\omega,k_x,0)$ 代替式（10-9）中 $P(\omega,k_x,0)$ 进行频域波束形成，根据式（10-10）获得表示图像像素点的符号值的二维矩阵 $b_{\text{equal}}(x,z)$。此时，SCF 加权因子计算式（7-14）变为

$$\text{SCF}(x,z)=1-\sqrt{1-\left(\frac{1}{N}b_{\text{equal}}\right)^2} \qquad (10\text{-}13)$$

时域内 SCF 加权因子计算方法与本节所描述的 SCF 加权因子计算方法之间最显著的区别在于，时域内符号提取在数据延时之后，而频域内符号提取在数据延时之前。对于时域内 SCF 加权因子计算方法，每个像素的符号数据集 $\sum \text{sign}(\varphi_n)<N$，这是由于 $\text{sign}(\varphi_n)$ 是来自于延时后的信号。然而，符号分量 b_{equal} 是通过傅里叶域波束形成而不是通过每个通道信号延时后数据叠加而来。因此，傅里叶域波束成形的 b_{equal} 是否等效于时域 DAS 波束成形的 $\sum \text{sign}(\varphi_n)$ 还有待澄清。此外，由于傅里叶域波束形成过程中的插值、滤波和 FFT/IFFT 归一化，很可能会出现 $b_{\text{equal}}>N$ 或 $b_{\text{equal}}\ll N$ 的现象。由于 b_{equal} 与 N 之间的不匹配，导致式（10-13）的结果可能是不正确的符号标准偏差。因此，为了避免上述问题，SCF 加权计算式为

$$\text{SCF}(x,z)=1-\sqrt{1-\left(\frac{b_{\text{equal}}}{\max(b_{\text{equal}})\alpha}\right)^2} \qquad (10\text{-}14)$$

式中，α 是用于替换样本数 N 的新调整系数，用于匹配修改后的 $\text{SCF}(x,z)$ 符号标准偏差。

10.2.2 图像重建示例

随后进行频域双层介质平面波图像重建试验验证，并在图像重建时使用 SCF 加权因子进行加权成像。试验所用 5MHz 探头阵元数量为 128，阵元中心间距为 1mm。验证所用试块材质分别为碳素钢和黄铜，为模拟双层介质下的成像在试块上方增加一个高度为 20mm 的树脂楔块。探头摆放及成像区域如图 10-6 所示。图 10-6a 中被检试块为碳素钢试块，碳素钢试块为相控阵 A 型标准试块，被检缺陷为试块中倾斜分布的 7 个 ϕ1mm 边钻孔缺陷，缺陷从左至右依次编号为 1~7 号，碳素钢试块成像范围如图 10-6a 中红框区域所示。图 10-6b 中被检试块为厚度 48mm 的黄铜试块，黄铜试块中深度 24mm 处存在一个 ϕ2mm 边钻孔缺陷，黄铜试块成像范围如图 10-6b 中红框区域。

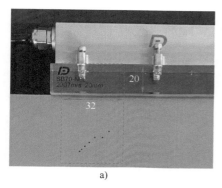
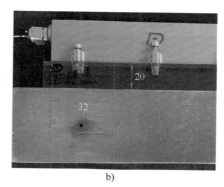

图 10-6　探头摆放及成像区域

a）碳素钢试块　b）黄铜试块

　　在进行平面波数据采集时，控制平面波偏转角为 $-5° \sim 5°$，每隔 $0.5°$ 采集一组平面波数据，采集次数为 21 次，信号采样频率为 20MHz。碳素钢和黄铜的纵波声速分别为 5870m/s 和 4350m/s。完成数据采集后，通过式（10-12）和式（10-13）进行频域双层介质平面波图像重建，利用式（10-14）计算频域内 SCF 加权因子，利用加权因子进行加权成像。为便于对比，同样使用时域 DAS 波束形成算法进行图像重建。将四种成像算法分别记为频域、频域-SCF、DAS、DAS-SCF。碳素钢试块平面波双层介质的成像结果如图 10-7 所示。为分析缺陷检测分辨率，绘制出如图 10-8 所示的 1~5 号缺陷的幅值曲线，幅值曲线的位置选取按照图 10-7a 中 45° 红色斜线所示，并统计出 1~5 号缺陷的半峰值宽度，半峰值宽度数值统计结果见表 10-2。

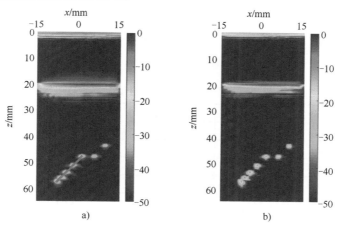

图 10-7　碳素钢试块平面波双层介质的成像结果

a）DAS　b）DAS-SCF

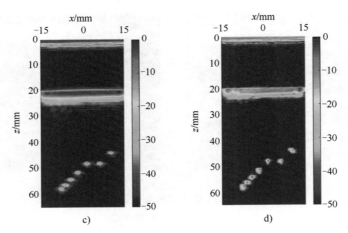

图 10-7　碳素钢试块平面波双层介质的成像结果（续）

c）频域　d）频域-SCF

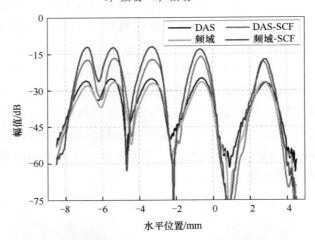

图 10-8　碳素钢试块 1~5 号缺陷对应的幅值曲线

表 10-2　不同算法的半峰值宽度 FWHM　　　　（单位：mm）

缺陷编号	DAS	频域	DAS-SCF	频域-SCF
1 号	1.07	1.09	0.85	0.71
2 号	0.98	0.96	0.81	0.80
3 号	1.12	1.14	1.04	0.92
4 号	1.04	0.99	0.78	0.86
5 号	1.13	0.96	0.66	0.71

　　由图 10-7a 和图 10-7b 可知，当未使用 SCF 加权成像时，使用本节描述的频域双层介质成像算法与时域 DAS 成像相同，均能清晰观测到 7 个缺陷回波影像。

由图 10-8 可知，频域图像与时域图像中对应的缺陷回波幅值大致相同，1～5 号缺陷回波的平均 FWHM 分别为 1.03mm 和 1.07mm。

当使用 SCF 加权成像时，由图 10-7c 和图 10-7d 可知，相较于未加权图像使用 SCF 加权成像时，可以看出图像中缺陷信号明显增强，缺陷显示更加明显。由图 10-7c 和图 10-7d 可知，SCF 加权后的频域图像和时域图像中，1～5 号缺陷回波的幅值较未加权图像明显提升，频域图像中五个缺陷的幅值范围为−17～−12dB，时域图像范围为−17～−16dB。对比 SCF 加权后的频域和时域图像可知，1 号和 2 号缺陷回波幅值波峰-波谷之间分别相差 16.64dB 和 14.98dB，较 SCF 加权前分别提高了 10.21dB 和 8.55dB。此外，加权处理后，1～5 号缺陷回波的平均 FWHM 分别缩减为 0.80mm 和 0.83mm。上述结果表明，经改进，频域 SCF 加权方法能够应用于频域成像，并显著提升缺陷分辨率。

图 10-9 所示为黄铜平面波双层介质成像结果。DAS 和频域图像中出现严重的结构噪声，这是由于黄铜试块内部晶粒较为粗大，粗大的晶粒会使超声波受到极强的散射作用，降低缺陷检测质量。当使用 SCF 加权成像后，根据图 10-9b 和图 10-9d 可知，图像中噪声信号明显被抑制，缺陷回波影像更加明显。为进一步对比，以图 10-9a 中白色方框为研究对象，以该区域的平均噪声为参考基准，由式（5-5）计算缺陷回波附近的信噪比。计算结果表明，DAS、DAS-SCF、频域和频域-SCF 四种算法中信噪比分别为 9.9dB、16.9dB、11.2dB 和 20.2dB。对比可知，经 SCF 加权后，频域成像的信噪比略高于时域成像。综上，本节描述的频域 SCF 加权方法能够应用于频域成像，并能够通过相位相干效应有效抑制缺陷回波周围的噪声，显著提升图像信噪比[89]。

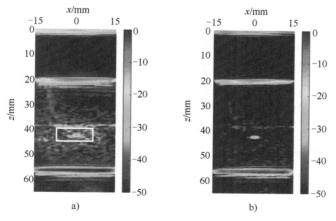

图 10-9　黄铜平面波双层介质成像结果

a）DAS　b）DAS-SCF

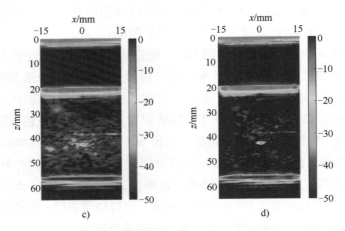

图 10-9　黄铜平面波双层介质成像结果（续）

c）频域　d）频域-SCF

10.3　弯曲界面双层介质时域图像重建

10.3.1　弯曲界面声传播路径

通过第 6 章的描述可知，在双层介质中求解阵元到像素点的声传播路径时，由于分界面两侧的声阻抗存在差异，声传播路径会由单层介质的一条变为两条。此时，若能直接或间接获得分界面位置及轮廓信息，就可依据第 6 章提及的费马原理和式（6-12）求解阵元到像素点的声传播路径，通过式（6-24）可完成双层介质自发自收信号数据集的图像重建，即合成孔径聚焦成像。同时，通过式（6-25）可求解声波从发射阵元到像素点再到接收阵元的路径，再依据式（6-27）可完成双层介质的一发多收数据集图像重建，即全聚焦成像。下面将以凹型弯曲界面工件的检测为例，说明自发自收模式和一发多收模式下的声传播路径，如图 10-10 所示。

如图 10-10a 所示，在自发自收模式下，由任意阵元 $n(x_n, z_n)$ 发出的声波需要经过声阻抗界面上的入射点 $i(x_i, z_i)$ 才能到达像素点 $f(x, z)$。因此，阵元 n 所发声波到像素点 f 的传播时间满足式（6-12）。将式（6-21）代入式（6-12）后，可获得双层介质下任意阵元-任意像素点之间的声传播时间，进而建立弯曲界面双层介质的自发自收模式等时面。如图 10-10b 所示，在一发多收模式下，声波从阵元 $n(x_n, z_n)$ 发出经界面点 $i_n(x_{i_n}, z_{i_n})$ 折射到像素点 $f(x, z)$，再从像素点 $f(x, z)$

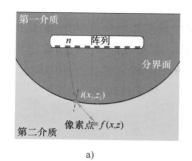 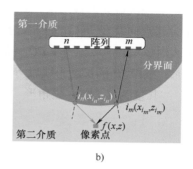

图 10-10　凹型界面双层介质的声传播路径示意图

a）自发自收采集模式　b）一发多收采集模式

反射经界面点 $i_m(x_{i_m}, z_{i_m})$ 折射后被接收阵元 $m(x_m, z_m)$ 接收，此时的路径传播时间满足式（6-25），用以建议一发多收模式的弯曲界面双层介质图像重建。值得注意的是，在上述求解过程中，最重要的是确定界面信息。而在实际检测过程中，弯曲界面工件的界面复杂度高于规则平界面工件，往往难以精确计算其界面，通常需要对被检工件进行盲测，此时将无法得知工件界面的轮廓信息。如果被检工件的界面未知，会导致声束路径难以确定，进而导致后期无法进行双层介质的合成孔径聚焦或全聚焦成像。针对上述描述的问题，将在下节介绍一种未知界面点重建的方法，并通过重构的界面进行声传播路径的计算。

10.3.2　弯曲界面量化表征

非规则界面通常依据接收回波中的界面回波进行计算，本节具体介绍一种依据自发自收数据集进行界面重构的方法。下面将以凹型弯曲工件的界面重构为例进行具体讲解，具体过程如下：

如图 10-11a 所示，在自发自收数据集中分别提取相邻阵元 n 和 $n+1$ 的界面回波信号。A、B 分别表示阵元 n 和 $n+1$ 所在位置；P、Q（Q 即为界面虚拟源点）分别表示阵元 n 和 $n+1$ 对应球面波波前与界面的相切点，即声波从两阵元到界面的垂直入射点。线段 AP 和 BQ 的长度为阵元 n 和 $n+1$ 在自发自收模式下所接收界面回波（一次最大回波）对应声传播距离的一半。具体的计算式为

$$\begin{cases} AP = \dfrac{c_1 T_n}{2} \\[2ex] BQ = \dfrac{c_1 T_{n+1}}{2} \end{cases} \tag{10-15}$$

式中，c_1 是第一层介质（楔块或水）的声速；T_n 和 T_{n+1} 分别是阵元 n 和 $n+1$ 自

发自收模式下一次最大回波对应的声传播时间。

以 A 为起点向线段 BQ 作垂线交于点 I；当相邻两阵元的间隔很小且界面曲率半径很大时，线段 AP 与线段 BQ 近似平行，可将线段 PQ 近似看作界面的局部轮廓。此时，线段 BI 的长度为线段 BQ 与 AP 的距离之差。令相邻阵元间距为 d，即线段 AB 的长度为 d。则在三角形 ABI 中，可依据线段 BI、AB 的长度及反三角函数求解偏角 α_n

$$\alpha_n = \arcsin\left(\frac{BI}{AB}\right) = \arcsin\left(\frac{BQ-AP}{d}\right) \tag{10-16}$$

求解偏角 α_n 后，在三角形 BQU 中即可通过勾股定理求解线段 BU 和 UQ 的长度

$$\begin{cases} BU = BQ\sin\alpha_n \\ UQ = BQ\cos\alpha_n \end{cases} \tag{10-17}$$

由式（6-21）可求解阵元 $n+1$ (x_{n+1}, z_{n+1}) 的坐标，再结合式（10-17）中求解的线段 BU 和 UQ 长度即可求解界面虚拟源点 $Q(x_Q, z_Q)$ 的坐标

$$\begin{cases} x_Q = x_{n+1} - BU = x_{n+1} - \dfrac{c_1^2(T_{n+1}-T_n)\,T_{n+1}}{4d} \\[4mm] z_Q = z_{n+1} - UQ = z_{n+1} - \dfrac{T_{n+1}c_1\sqrt{d^2 - \left(\dfrac{T_{n+1}-T_n}{2d}c_1\right)^2}}{2d} \end{cases} \tag{10-18}$$

如图 10-11b 所示，在自发自收数据集中提取其他阵元接收的界面回波信号，并依据上述虚拟源点求解过程求解其他虚拟源点坐标。值得注意的是，当探头存在 N 个阵元时将获得 $N-1$ 个虚拟源点。之后，再将这 $N-1$ 个虚拟源点进行内插处理即可重构界面。

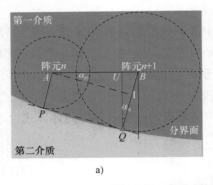
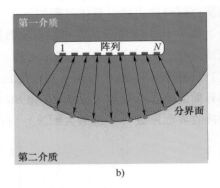

a)   b)

图 10-11 弯曲界面双层介质界面重构原理图

a）虚拟源点坐标计算原理   b）依据虚拟源点重构界面原理

10.3.3　弯曲工件重构界面成像检测实例

通过第 10.3.1 节可知，弯曲界面工件在进行合成孔径聚焦或全聚焦成像时，为计算声传播路径必须知道工件的界面信息，而工件界面可通过第 10.3.2 节中描述的自发自收虚拟源点计算方法进行重构。然后再依据重构后的界面、阵元坐标、像素点坐标和费马原理即可进行声束路径的求解。最后再依据第 6 章描述的成像方式即可完成合成孔径聚焦和全聚焦成像。为更深入地了解弯曲工件依据自发自收虚拟源点重构界面及成像过程，下面将通过合成孔径聚焦、全聚焦成像的实例对其进行介绍。

例 10-1：结合自发自收模式虚拟源界面的合成孔径聚焦成像（VS-SAFT），试验大致流程如下：

检测试验平台如图 10-12 所示。它主要由以下几部分构成：计算机主机、显示屏、超声信号采集器、三坐标扫查架、方形水槽、探头。其中，探头的阵元数为 128、中心频率为 5MHz，阵元中心距为 1mm。

图 10-12　检测试验平台

弯曲界面工件内部人工缺陷如图 10-13 所示。一凸面铝制工件截面半径为 60mm，工件截面 1 上存在 3 个直径尺寸均为 2mm 的边钻孔，从左到右依次为 1~3 号缺陷，3 个孔在同一高度且距底面 30mm。工件截面 2 上存在 5 个直径尺寸均为 2mm 的边钻孔，从左到右依次为 4~8 号缺陷，5 个孔所在位置与工件上界面平行且按角度均分在距圆形 30mm 处。

在凸面铝制工件界面上 20mm 处固定扫查架和步进电动机，在扫查架上安装线性阵列探头，通电开启步进电动机进行超声信号采集。将采集到的信号保存并进行后处理成像。通过采集的信号对曲面工件的两个截面分别进行 B 扫成像、

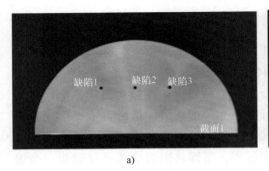
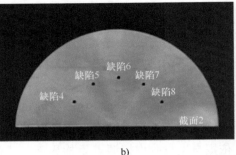

a)   b)

图 10-13   弯曲界面工件内部人工缺陷

a) 3 孔缺陷   b) 5 孔缺陷

仅使用水中声速的合成孔径聚焦成像、仅使用铝中声速的合成孔径聚焦成像、基于虚拟源的合成孔径聚焦成像，对这几组图像的质量进行分析和对比。下面将对两组不同截面的缺陷成像图进行分析[107]。

图 10-14 所示为 3 孔铝块的不同后处理成像结果。其中，图 10-14a 所示为 3 孔铝块的原始 B 扫描图像，界面回波和缺陷回波的波形均发生了明显的变化，且在缺陷回波处的分辨率低下、无法对缺陷进行有效的识别。图 10-14b 所示为仅使用水中声速计算的合成孔径聚焦图像，图像中界面回波的轮廓长度短；观察图像的缺陷回波可知，相对于原始 B 扫描图像缺陷回波处的分辨率较高，三个缺陷位置不在同一水平线上，所以无法评定缺陷的真实位置；观察图像的底面回波可知，图像中底面回波的轮廓长度短且轮廓形状同真实工件相比发生了弯曲变形。图 10-14c 所示为仅使用铝中声速计算的合成孔径聚焦图像，其成像图的特点同图 10-14b。图 10-14d 所示为经虚拟源-合成孔径聚焦算法处理之后的图像，观察图像的缺陷回波可知，界面回波位置正确，轮廓形状、长度符合检测要求。缺陷回波的轮廓清晰，回波位置与实际工件中的缺陷位置相符，底面回波的轮廓长度较长且轮廓形状为直线，回波的位置在 60mm 处，与实际工件中的底面位置相符。

图 10-15 所示为 5 孔铝块的不同后处理成像结果。图 10-15a、b、c 的图像特点与图 10-14a、b、c 相同。由图 10-15d 可知，界面回波轮廓、底面回波轮廓位置正确且轮廓清晰。同时，缺陷 5、缺陷 6、缺陷 7 对应的图像轮廓较为清晰且位置正确，但缺陷 4、缺陷 8 对应的图像轮廓不清晰且存在严重的拖尾。出现上述问题的原因是缺陷 4 和缺陷 8 所在的位置较深且界面曲率大会导致到达缺陷 4 和缺陷 8 处的声波能量弱。

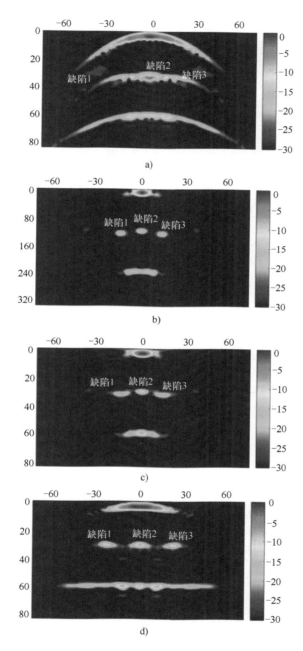

图 10-14　3 孔铝块的不同后处理成像结果

a）原始 B 扫描图像　b）仅使用水中声速计算的合成孔径聚焦图像　c）仅使用铝中声速计算的
合成孔径聚焦图像　d）虚拟源-合成孔径聚焦算法处理之后的图像

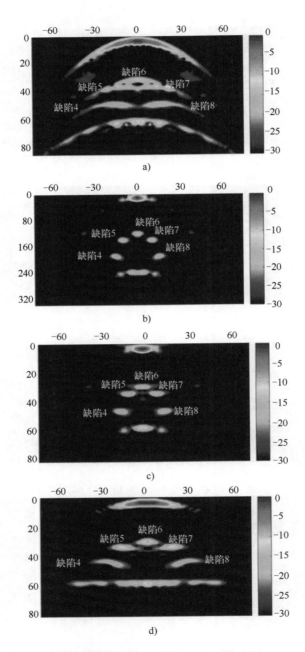

图 10-15　5 孔铝块的不同后处理成像结果

a）原始 B 扫描图像　b）仅使用水中声速计算的合成孔径聚焦图像　c）仅使用铝中声速计算的
合成孔径聚焦图像　d）虚拟源-合成孔径聚焦算法处理之后的图像

上述试验结果表明，自发自收模式虚拟源重构的界面能够进行合成孔径聚焦成像，成像质量比传统 B 扫描、仅使用水、仅使用铝中声速的合成孔径聚焦成像质量高。

例 10-2：基于自发自收虚拟源界面的全聚焦成像（VS-TFM）。试验的大致流程如下：

试验平台主要包括机械臂、方形水槽、超声采集系统、主机、计算机显示屏和目标工件。其中，采集系统为 Vantage32LE 采集系统。探头阵元数为 64，中心频率为 5MHz，阵元中心间距为 0.6mm。

弯曲界面工件内部人工缺陷如图 10-16 所示，包括凸型界面三孔工件和凹型界面三孔工件，凸型界面工件与例 10-1 中一致，凹型界面工件截面为矩形加工一个凹面所得，凹型界面的曲率半径为 200mm。凹型界面三孔在同一水平线上且距工件底面 30mm，三孔直径均为 2mm 且相邻两孔之间的距离为 20mm，从左到右依次为 1~3 号缺陷。

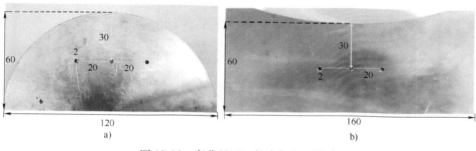

图 10-16　弯曲界面工件内部人工缺陷

a）凸型界面三孔缺陷　b）凹型界面三孔缺陷

将被检工件浸入水中，操控机械臂夹持超声探头对被检工件进行全矩阵数据采集，并结合虚拟源重构的界面进行非规则分层介质的合成孔径聚焦成像（VS-SAFT）和全聚焦成像（VS-TFM）。改变耦合水层的深度，即设置 20mm、25mm 的水层深度对凸型界面工件和凹型界面工件进行缺陷成像[108]，如图 10-17 所示。

由图 10-17 可知，不同水深耦合的 VS-SAFT 和 VS-TFM 均能正确表征工件的界面、缺陷和底波，说明自发自收模式虚拟源界面能够正确进行 SAFT 和 TFM 成像。同时，VS-TFM 成像图杂波少，缺陷成像效果清晰，VS-SAFT 成像图杂波多，对缺陷判断干扰较大，说明 VS-TFM 成像质量高于 VS-SAFT。

为更精确地了解成像的质量差异，对图像进行了 API 和 SNR 的计算，结果见表 10-3 和表 10-4。

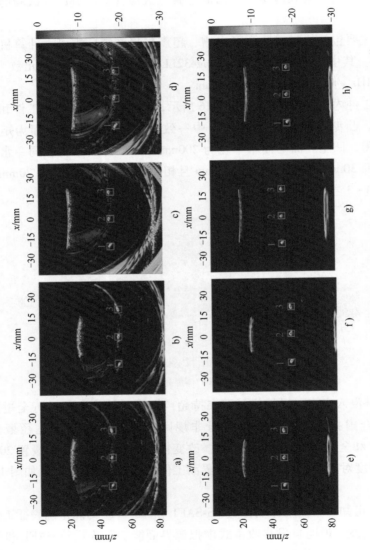

图 10-17　不同耦合深度下的凸型界面工件、凹型界面工件合成孔径聚焦成像和全聚焦成像

a) 凸型耦合 20mm 的 SAFT　b) 凸型耦合 25mm 的 SAFT　c) 凹型耦合 20mm 的 SAFT　d) 凹型耦合 25mm 的 SAFT
e) 凸型耦合 20mm 的 TFM　f) 凸型耦合 25mm 的 TFM　g) 凹型耦合 20mm 的 TFM　h) 凹型耦合 25mm 的 TFM

表 10-3　凸型界面工件缺陷成像图 API 和 SNR 计算结果

成像方法	缺陷深度/mm	API			SNR		
		1 号缺陷	2 号缺陷	3 号缺陷	1 号缺陷	2 号缺陷	3 号缺陷
VS-SAFT	20	1.36	1.10	1.18	18.30	20.60	19.37
	25	1.43	1.08	1.23	18.31	20.68	19.47
VS-TFM	20	1.35	1.01	1.17	29.66	31.90	30.76
	25	1.45	1.04	1.23	28.76	30.86	30.16

表 10-4　凹型界面工件缺陷成像图 API 和 SNR 计算结果

成像方法	缺陷深度/mm	API			SNR		
		1 号缺陷	2 号缺陷	3 号缺陷	1 号缺陷	2 号缺陷	3 号缺陷
VS-SAFT	20	1.15	0.76	0.88	18.68	23.58	23.56
	25	1.18	0.80	0.92	18.70	23.95	24.07
VS-TFM	20	1.10	0.76	0.88	26.85	32.73	31.83
	25	1.07	0.79	0.91	26.93	32.57	31.17

由表 10-3 和表 10-4 可知，水层深度为 20mm 和 25mm 时，凸型界面工件缺陷 VS-SAFT 与 VS-TFM 成像图 API 值相差很小、SNR 值均相差很大，VS-TFM 要明显高于 VS-SAFT。综上，VS-TFM 能够对非规则曲面工件进行成像，并且与 VS-SAFT 的缺陷成像质量相比 VS-TFM 的成像质量更高。

10.4　弯曲界面双层介质频域图像重建

相比于基于延时叠加的时域图像重建算法，频域图像重建算法具有更低的计算复杂度，在超声成像效率上更加具有优势。第 10.3 节中描述的弯曲界面时域图像重建算法，是以 DAS 为核心算法超声成像，需要计算复杂度较高的迭代运算，因而 DAS 的运算效率相对较低，在成像的实时性方面略显不足。开展面向弯曲界面双层介质的频域图像重建技术理论研究，能够有效改善时域图像重建算法成像效率较低的问题，形成用于弯曲界面双层介质的快速成像检测方法。

下面，让我们一起了解一种适用于弯曲界面双层介质的频域图像重建算法——虚拟源-非稳态相位迁移（Virtual Source Non-stationary Phase Shift Migration，VS-NSPSM）。由式（8-15）可知，被检介质实际声速为常数时，迁移因子 $\alpha(\omega, k_x, z-Z)$ 中等效声速 c_r 为实际声速的一半，因此 c_r 也是一个常数。如图 10-18a 所示，当双层介质声阻抗界面为规则平面（方向平行于水平面）时，式（8-15）中的 c_r 不再是常数，而是一个沿深度 z 方向上的函数 $c_r(z)$。这样，在波场外推过程中，当外推深度位于耦合介质时，则等效声速为耦合介质速度的一半 $c_r(z)=c_1/2$。同理，外推深度位于被检介质时，则等效声速为被检介质速度的一半 $c_r(z)=c_2/2$。

综上，当声阻抗界面为规则平面时，仅需要修正迁移因子中的等效声速，即可确保每个外推深度上等效声速是恒定的。不过，当声阻抗界面为图 10-18b 所示的弯曲界面时，c_r 将变为水平 x 和深度 z 方向上映射的函数 $c_r(x,z)$，即在某些外推深度上，水平和深度两个方向的声速均会变化。因此，在弯曲界面相位迁移过程中，为适应 $c_r(x,z)$ 的水平变化，需要将式（8-15）修正为

$$\alpha_{c_r(x,z)}(\omega,k_x,\Delta z)=\begin{cases}\exp\left[-i(\Delta z)\sqrt{\dfrac{4\omega^2}{c_r^2(x,z)}-k_x^2}\right], & \omega<0 \text{ 且 } \dfrac{4\omega^2}{c_r^2(x,z)}-k_x^2\geqslant 0\\ 0, & \text{其他}\end{cases} \quad (10\text{-}19)$$

式中，Δz 与式（8-15）中 $z-Z$ 类似，用于表示不同介质的外推层。若已经知晓了图 10-18b 中各位置的等效声速，利用非稳态相位迁移（Non-stationary Phase Shift Migration，NSPSM）则可实现弯曲界面双层介质的波场外推。非稳态相位迁移的表达式为

$$\hat{p}(\omega,x,\Delta z)=\underset{kx\Rightarrow kx}{IFT}\Big[\sum_j \alpha_{c_j}(\omega,k_x,\Delta z)\underset{x\Rightarrow kx}{FT}(\Omega_j(x,z)\hat{p}(\omega,x,0))\Big] \quad (10\text{-}20)$$

式中，c_j 是位置 (x,z) 对应的声速，$j=1$，2 分别表示等效声速的索引，1 代表耦合介质对应的等效声速，2 代表被检介质对应的等效声速；Ω 是区分同一深度、不同水平位置等效声速值的窗函数，其表达式为

$$\Omega_j(x,z)=\begin{cases}1, & c_r(x,z)=c_j\\ 0, & \text{其他}\end{cases} \quad (10\text{-}21)$$

式（10-19）和式（10-20）即为非稳态相位迁移的表达式，当成像区域各位置等效声速已知时，利用非稳态相位迁移即可实现非规则分层介质的波场外推。不过，在实际检测过程中，当被检工件表面形状为不规则曲面时，NSPSM 实施过程中很难预先知晓各外推深度上的声速值[109]，进而获得如图 10-18b 所示的声速模型。因此，在实际检测过程中需要借助一些方法，获得有效的声速模型才能实现弯曲界面双层介质频域图像重建。

对此，本书作者提出一种基于虚拟源的表面映射技术[110]，对分层界面下方非规则成像区域进行量化描述，建立了适用于非稳态相位迁移的速度模型，为曲面双层介质相位迁移成像提供有利条件。由延时叠加原理和第 6 章中所述双层介质声传播时间计算方法可知，在自发自收信号数据集的时域延时叠加过程中，只要通过界面上的虚拟源点作为入射点算得双层介质传播时间，就能实现弯曲界面双层介质延时叠加图像重建。利用式（10-15）~式（10-18）所建 VS 点量化表示弯曲声阻抗界面的轮廓，就能够构建为可靠声速模型的建立提供一个可行性环境。以虚拟源理论为基础，建立适用于 NSPSM 的声速模型，具体流程如图 10-19 所示。

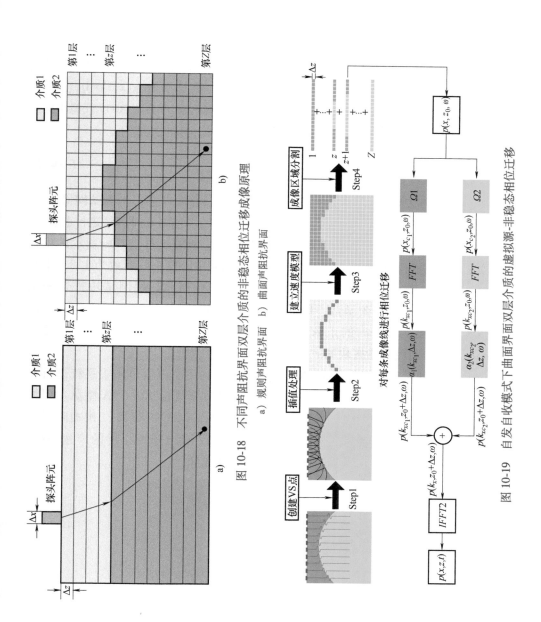

图 10-18　不同声阻抗界面双层介质的非稳态相位迁移成像原理

a) 规则声阻抗界面　b) 曲面声阻抗界面

图 10-19　自发自收模式下曲面界面双层介质的虚拟源-非稳态相位迁移

基于式（10-15）~式（10-18），创建 $N-1$ 个用于表示弯曲界面轮廓的 VS 点，通过插值处理算得弯曲界面的数学表达式。根据非稳态相位迁移原理，整个波场的外推是通过计算一系列间隔为 Δz 成像线实现的。因此，将速度模型抽象为由 $X \times Z$ 个阵元组成的矩阵。在速度模型中，坐标点 $z(1 \leqslant z \leqslant Z)$ 和 $x(1 \leqslant x \leqslant X)$ 分别为成像线的第 z 层和第 x 号阵元。建立速度模型后，将插值后的弯曲界面轮廓线离散化，将速度模型分为两层介质。第一层介质为蓝色，其坐标点对应的索引值为 $(x,z)=0$，第二层介质为黄色，其坐标点对应的索引值为 $(x,z)=1$。假设 $c_r(x,z)$ 为图 10-19 任意坐标点对应的索引值，用于确定速度模型中不同位置的声速值，其表达式为

$$c_r(x,z) = \begin{cases} c_1 & (x,z)=0 \\ c_2, & (x,z)=1 \end{cases} \tag{10-22}$$

基于式（10-22），将第一层介质声速 c_1 和第二层介质声速 c_2 分配给网格点后，即可获得用于 NSPSM 的速度模型，最后基于式（8-17）对第 z 层成像线进行重建。

为验证虚拟源-非稳态相位迁移算法的有效性，利用如图 10-20a 所示的正弦曲面铝制试块进行频域图像重建验证。在验证试验中，探头阵元数为 128，中心频率为 5MHz，阵元中心间距为 1mm。如图 10-20b 所示，铝制试块符合振幅 2mm、波长 45mm 的正弦函数，即 $z = 2\sin(2\pi x/45)$。为确保有效耦合，定制了一个平均高度为 20mm 的正弦曲面树脂楔块。测定后，铝制试块的声速为 6190m/s，正弦曲面树脂楔块的声速为 2690m/s。

将线性阵列探头置于如图 10-20b 所示位置，利用超声信号采集系统进行自发自收信号模式信号采集，获得的自发自收信号数据集由 128 个 A 型脉冲回波信号组成，采样点数为 3999，采样频率为 100MHz，以 3999×128 二维矩阵形式存储。基于式（10-20）、式（10-21）和式（10-22）建立不同工件的声速模型，利用式（8-17）实现频域虚拟源-非稳态相位迁移成像[111]。

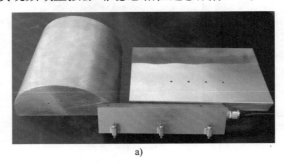

a)

图 10-20　正弦曲面铝制试块的自发自收信号数据采集

a）试块和探头

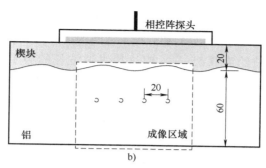

图 10-20　正弦曲面铝制试块的自发自收信号数据采集（续）

b）信号采集

　　下面分析声速模型的有效性。图 10-21a 和图 10-21b 分别为插值前后 89 个自发自收信号建立的虚拟源坐标点。不论插值前还是插值后，虚拟源坐标点全部位于图 10-21 中黑色界面轮廓线中，表明虚拟源点形状和位置与实际基本吻合。对比图 10-21a 和图 10-21b 可知，插值前的虚拟源点的水平位置为非线性排列，相邻虚拟源点之间的水平间距是不同的。由式（10-19）和式（8-17）可知，非稳态相位迁移成像要求相邻虚拟源点之间的水平距离相等。因此，需要通过插值处理获得水平间距相同的虚拟源点，插值后虚拟源点坐标如图 10-21b 所示。

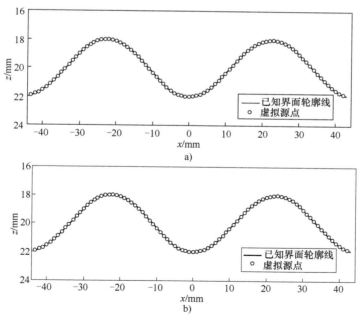

图 10-21　基于虚拟源点测量的正弦曲面铝制试块表面轮廓（一）

a）插值前　b）插值后

测量结果表明，基于式（10-20）和式（10-21）所测的虚拟源点与实际轮廓相差 0.01~0.06mm。由波长 λ 和频率 f 之间的关系可知，在 5MHz 的检测频率下，树脂纵波波长约为 0.55mm，铝试块纵波波长约为 1.25mm。对比可知，VS 点的位置测量误差小于两介质波长的 1/4，图像重建时引起的信号相位偏差小于 $\pi/2$，不会因反相位信号叠加引起回波幅值相互抵消。因此，虚拟源技术能够满足弯曲界面双层介质图像重建的精度要求。由式（10-22）可知，波场外推深度由步进距离 Δz 决定。因此，获得等水平间距的虚拟源点后，需要选择适当 Δz 建立用于波场外推的速度模型。根据上文的描述，虚拟源点的最大误差绝对值为 0.06mm。选择步进距离 $\Delta z = 0.05$mm 建立速度模型，可兼顾成像精度和效率。图 10-22 所示为步进距离 $\Delta z = 0.05$mm 时建立的声速模型，对比可知，速度模型与实际界面形状和位置基本吻合。

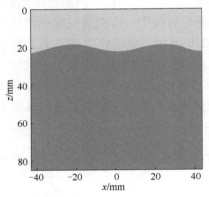

图 10-22　基于虚拟源点测量的正弦曲面铝制试块表面轮廓（二）

图 10-23 所示为正弦曲面铝制试块的自发自收信号数据集超声重建图像。由图 10-23a 和图 10-23b 可知，无论是时域延时叠加图像重建，还是频域虚拟源-非稳态相位迁移，两种算法重建出的正弦曲面铝制试块图像中，可通过图像直观观察到试块表面和底面轮廓，且表面和底面回波形状与实际试块基本吻合。此外，在正弦曲面铝制试块图像中，深度为 50mm 的 4 个边钻孔回波呈直线排列。上述结果表明，无论是时域算法还是频域算法，均能准确还原试块表面的形状和缺陷位置，使弯曲界面试块的表面形状和内部缺陷直观显现[88]。

为验证成像效率，对时域 VS-DAS 和频域 VS-NSPSM 进行了非并行运算条件下的成像速度测试。用于验证的计算环境为 Matlab 2015a，所用 CPU 为 Intel core i7 4700，主频为 3.6GHz。结果表明，频域 VS-NSPSM 的运行时间为 0.47~0.53s，而时域 VS-DAS 的运行时间为 91.21~93.54s，因而频域 VS-NSPSM 能够显著提高成像效率。

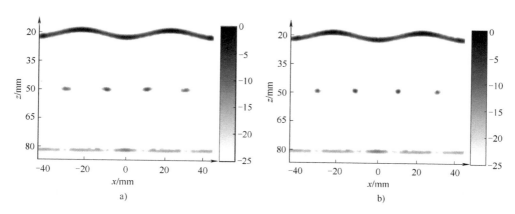

图 10-23　正弦曲面铝制试块的自发自收信号数据集超声重建图像

a）时域延时叠加图像重建　b）频域虚拟源-非稳态相位迁移

参考文献

［1］ HOLMES C, W. DRINKWATER B, WILCOX P D. Post-processing of the full matrix of ultrasonic transmit-receive array data for non-destructive evaluation ［J］. NDT & E International, 2005, 38 (8): 701-711.

［2］ 周正干, 彭地, 李洋, 等. 相控阵超声检测技术中的全聚焦成像算法及其校准研究 ［J］. 机械工程学报, 2015, 51 (10): 1-7.

［3］ 周正干, 李洋, 周文彬, 等. 相控阵超声后处理成像技术研究、应用和发展 ［J］. 机械工程学报, 2016, 52 (6): 1-11.

［4］ FAN C, CALEAP M, PAN M, et al. A comparison between ultrasonic array beamforming and super resolution imaging algorithms for non-destructive evaluation ［J］. Ultrasonics, 2014, 54 (7): 1842-1850.

［5］ 张柏源. 倾斜界面双层介质的超声全聚焦成像检测研究 ［D］. 南昌: 南昌航空大学, 2021.

［6］ 冒秋琴. 基于频域相位加权的高质高效超声后处理成像 ［D］. 南昌: 南昌航空大学, 2021.

［7］ 卜阳光, 程经纬, 陈炜, 等. 接管焊缝超声相控阵多模全聚焦检测技术 ［J］. 压力容器, 2023, 40 (3): 1-6.

［8］ BULAVINOV A, JONEIT D, KRÖNING M, et al. Sampling phased array a new technique for signal processing and ultrasonic imaging ［J］. Insight-Non-Des tructive Testing and Condition Monitoring, 2008, 50 (3): 153-157.

［9］ HUNTER A J, DRINKWATER B W, WILCOX P D. The wavenumber algorithm for full-matrix imaging using an ultrasonic array ［J］. IEEE transactions on ultrasonics, ferroelectrics, and frequency control, 2008, 55 (11): 2450-2462.

［10］ HUNTER A J, DRINKWATER B W, WILCOX P. The wavenumber algorithm: fast fourier-domain imaging using full matrix capture ［C］. American Institute of Physics, 2009, 1096 (1): 856-863.

［11］ MOREAU L, DRINKWATER B W, WILCOX P D. Ultrasonic imaging algorithms with limited transmission cycles for rapid nondestructive evaluation ［J］. IEEE transactions on ultrasonics, ferroelectrics, and frequency control, 2009, 56 (9): 1932-1944.

［12］ MOREAU L, HUNTER A J, DRINKWATER B, et al. Efficient imaging techniques using an ultrasonic array ［C］. SPIE, 2010, 7650: 984-991.

［13］ 郭怡婷. 基于改进主动轮廓模型的主动脉瓣 B 超图像分割算法 ［D］. 保定: 河北大学, 2014.

［14］ ZHANG J, DRINKWATER B W, WILCOX P D, et al. Defect detection using ultrasonic arrays: The multi-mode total focusing method ［J］. NDT & E International, 2010, 43 (2): 123-133.

［15］ IAKOVLEVA E, CHATILLON S, BREDIF P, et al. Multi-mode TFM imaging with artifacts fil-tering using CIVA UT forwards models ［C］. American Institute of Physics, 2014, 1581 (1): 72-79.

［16］ PENG Y, GANG T. The use of multi-mode tfm to measure the depth of small surface-break cracks in welds ［C］. IEEE, 2017: 106-110.

［17］ SY K, BRÉDIF P, IAKOVLEVA E, et al. Development of methods for the analysis of multi-mode TFM images ［C］. IOP Publishing, 2018, 1017 (1): 012005.

［18］ JIN S, WANG C, LIU S, et al. Simulation on qualitative detection of defects with multi-mode total focusing method ［C］. IEEE, 2018: 127-131.

［19］ 金士杰, 刘晨飞, 史思琪, 等. 基于全模式全聚焦方法的裂纹超声成像定量检测 ［J］. 仪器仪表学报, 2021, 42 (1): 183-190.

［20］ JIN S J, LIU C F, SHI S Q, et al. Profile reconstruction and quantitative detection of planar defects with composite-mode total focusing method (CTFM)［J］. NDT & E International, 2021, 123: 102518.

［21］ JIN S, DI C, SU J, et al. Profile reconstruction of irregular planar defects by mirrored com-posite-mode total focusing method ［J］. NDT & E International, 2024, 141: 102979.

［22］ 吴斌, 杨敬, 焦敬品, 等. 奥氏体不锈钢小径管焊缝缺陷多模式超声复合全聚焦成像研究 ［J］. 机械工程学报, 2020, 56 (14): 9-18.

［23］ 毛月娟, 李俊函, 苗逢春, 等. 基于多模式全聚焦方法不同声束路径下的异型构件焊缝缺陷成像研究 ［J］. 机械工程师, 2021 (12): 135-139.

［24］ 刘晨飞. 复合模式全聚焦超声成像检测研究 ［D］. 大连: 大连理工大学, 2021.

［25］ 李衍. 多模式全聚焦法成像解析 ［J］. 无损探伤, 2021, 45 (4): 1-6.

［26］ 宋泽宇, 边承烨, 鱼赛赛, 等. 缺陷的多模式全聚焦三维重构 ［J］. 无损检测, 2022, 44 (11): 26-31.

［27］ 胡宏伟, 杜剑, 李洋. 基于稀疏矩阵的两层介质超声相控阵全聚焦成像 ［J］. 机械工程学报, 2017, 53 (14): 128-135.

［28］ 高铁成, 王昊, 李聪, 等. 基于稀疏矩阵的全聚焦阵列优化算法 ［J］. 天津工业大学学报, 2022, 41 (6): 63-69.

［29］ 刘文婧, 秦华军, 王建国, 等. 均匀稀疏矩阵的全聚焦成像算法研究 ［J］. 机械设计与制造, 2023, (9): 153-156.

［30］ PIEDADE L P, PAINCHAUD-APRIL G, DUFF A L, et al. Minimum transmission events for fast ultrasonic TFM imaging: A comparative study ［J］. NDT & E International, 2022, 128: 102627.

［31］ 陈尧, 冒秋琴, 陈果. 基于 Omega-K 算法的快速全聚焦超声成像研究 ［J］. 仪器仪表学报, 2018, 39 (9): 128-134.

［32］ MONTALDO G, TANTER M, BERCOFF J, et al. Coherent plane-wave compounding for very high frame rate ultrasonography and transient elastography ［J］. IEEE transactions on ultrasonics，ferroelectrics，and frequency control，2009，56（3）：489-506.

［33］焦敬品，杨素方，何存富，等. 相位加权的矢量全聚焦超声阵列成像方法研究［J］. 声学学报，2017，42（4）：485-494.

［34］YANG J，LUO L，YANG K，et al. Ultrasonic phased array sparse tfm imaging based on virtual source and phase coherent weighting［J］. IEEE Access，2020，8：185609-185618.

［35］阳金. 基于虚拟源的超声稀疏全聚焦相位加权成像方法研究［D］. 成都：西南交通大学，2021.

［36］冒秋琴，陈尧，张柏源，等. 相位环形统计矢量对提高全聚焦成像质量的影响［J］. 声学学报，2020，45（6）：913-921.

［37］胥松柏. 基于相位加权及校正补偿的全聚焦算法研究［D］. 成都：西南交通大学，2022.

［38］LE DUFF A，PAINCHAUD APRIL G. Phase Coherence Imaging for Flaw Detection［OL］. Evident Scientific，Quebec，Canada，www olympus-ims com，2022.

［39］REVERDY F，POIRIER J，MAES G. Total Focusing Method（TFM）and Phase Coherence Imaging（PCI）applied to various industrial cases［C］. 60th Annual British Conference on Non-Destructive Testing，2023（9）：1-9.

［40］SUTCLIFFE M，WESTON M，DUTTON B，et al. Real-time full matrix capture with auto-focusing of known geometry through dual layered media［C］. Proceedings of the NDT 2012 Conference in British Institute of Nondestructive Testing，2023（1）：1-9.

［41］WESTON M，MUDGE P，DAVIS C，et al. Time efficient auto-focussing algorithms for ultrasonic inspection of dual-layered media using full matrix capture［J］. Ndt & E International，2012，47：43-50.

［42］HAN X L，WU W T，LI P，et al. Application of ultrasonic phased array total focusing method in weld inspection using an inclined wedge［C］. IEEE，2014：114-117.

［43］荣凌锋. 基于双层介质全聚焦算法的钢轨组合探伤技术［D］. 成都：西南交通大学，2018.

［44］陈怡星. 基于矢量全聚焦的列车轮辋裂纹水浸超声阵列成像研究［D］. 成都：西南交通大学，2019.

［45］LI Y J，WANG Z Y，PENG C Y，et al. Research on Forward Compensation Algorithm of Water-immersed Total Focusing Ultrasound Imaging［C］. IEEE，2018：190-194.

［46］李延伟，于志勇，胡威，等. 基于虚拟源的楔块斜入射全聚焦超声成像［J］. 传感器与微系统，2023，42（6）：34-38.

［47］张海燕，黄强，张辉，等. 楔块耦合的碳纤维增强复合材料褶皱缺陷全聚焦成像［J］. 应用声学，2023（10）1-11.

［48］FILHO J F，B'ELANGER P. Global total focusing method through digital twin and robotic automation for ultrasonic phased array inspection of complex components［J］. NDT & E International，2023，137：102833.

［49］陈恺. 面向曲面构件相控阵超声检测的仿形测量技术研究［D］. 上海：上海交通大学，2021.

［50］董珍一. 基于机器学习的封严涂层组成相分布均匀性超声定量表征［D］. 大连：大连理工大学，2021.

［51］林莉，李喜孟. 超声波频谱分析技术及其应用［M］. 北京：机械工业出版社，2009.

［52］王勇新，章恩耀，方仲彦，等. 时幅转换技术及其在激光测距系统中的应用［J］. 光学技术，2001（2）：132-135，138.

［53］程健云. 窄脉冲技术在精细超声检测中的应用［J］. 无损探伤，2004（1）：11-13.

［54］刘胜捷. 基于共振解调策略的车辆传动轴系故障诊断技术［D］. 哈尔滨：哈尔滨工业大学，2018.

［55］江志红. 深入浅出数字信号处理［M］. 北京：北京航空航天大学出版社，2012.

［56］王佳祺. 声音情感信息的沉浸式可视化研究［D］. 北京：北京印刷学院，2022.

［57］王凤文，舒冬梅，赵宏才. 数字信号处理［M］. 北京：北京邮电大学出版社，2006.

［58］奥本海默. 离散时间信号处理［J］. 北京：电子工业出版社，2017.

［59］胡先龙，季昌国，刘建屏. 衍射时差法（TOFD）超声波检测［M］. 北京：中国电力出版社，2014.

［60］杨艳春. 基于多尺度变换的医学图像融合方法研究［D］. 兰州：兰州交通大学，2014.

［61］郑晖，林树青. 超声检测［M］. 北京：中国劳动社会保障出版社，2008.

［62］谢雪. 提高压力容器焊缝 TOFD 检测分辨率方法的研究［D］. 大连：大连理工大学，2015.

［63］LI Q，SHI L，LIANG D. Research on 2D Imaging Technique for Concrete Cross Sectionl［J］. Chinese Journal of Acoustics，2010，29（1）：85-96.

［64］冒秋琴，陈尧，石文泽，等. 频域相位相干合成孔径聚焦超声成像研究［J］. 仪器仪表学报，2020，41（2）：135-145.

［65］辛晨. 自整定 PID 控制器算法改进及比较研究［D］. 沈阳：沈阳理工大学，2022.

［66］龚凯峰. 二次雷达集群目标应答方法研究［D］. 西安：西安电子科技大学，2022.

［67］李祥亮. 管道包覆结构的自动化全矩阵超声成像检测关键技术研究［D］. 杭州：浙江大学，2023.

［68］BRUNEEL C，TORGUET R，ROUVAEN M K，et al. Ultrafast echotomographic system using optical processing of ultrasonic signals［J］. Applied Physics Letters，1977，30（8）：371-373.

［69］骆琦，孔傲，胡庆荣，等. 相控阵超声平面波全聚焦成像算法及其应用［J］. 无损检测，2023，45（12）：22-26.

［70］郝慧军. 极化 SAR 图像超分辨算法的研究［D］. 哈尔滨：哈尔滨工业大学，2008.

［71］袁军峰. 钢管外扫查相控阵超声成像及其定量检测关键技术［D］. 杭州：浙江大学，2017.

［72］阳强. 高精度的天文图像拼接［D］. 广州：暨南大学，2016.

［73］陈尧，李昊原，康达，等. 基于环形统计矢量的超声相干复合发散波成像［J］. 仪器仪表学报，2022，43（10）：215-222.

［74］穆立彬. 基于回波包络拟合的气体超声波流量计信号处理方法的研究与实现［D］. 合肥：合肥工业大学，2019.

[75] KARAMAN M, LI P C, O'DONNELL M. Synthetic aperture imaging for small scale systems [J]. IEEE transactions on ultrasonics, ferroelectrics, and frequency control, 1995, 42 (3): 429-442.

[76] 王可. 钢轨缺陷相控阵超声成像检测技术研究 [D]. 哈尔滨：哈尔滨理工大学，2014.

[77] 张璇. 超声伪像在实际工作中的优劣评价 [J]. 中国临床研究，2012，25 (3): 288-289.

[78] 何为，王平，罗晓华. 数字超声成像原理和架构体系设计 [M]. 北京：科学出版社，2014.

[79] 杜英华. 合成孔径聚焦超声成像技术研究 [D]. 天津：天津大学，2010.

[80] 范恩增. 球铁管壁厚和球化率超声检测系统设计 [D]. 大连：大连理工大学，2010.

[81] 秦华军. 超声相控阵全聚焦后处理成像算法研究 [D]. 包头：内蒙古科技大学，2021.

[82] HOSEINI M R, WANG X, ZUO M J. Modified relative arrival time technique for sizing inclined cracks [J]. Measurement, 2014, 50: 86-92.

[83] SATYANARAYAN L, SRIDHAR C, KRISHNAMURTHY C V, et al. Simulation of ultrasonic phased array technique for imaging and sizing of defects using longitudinal waves [J]. International Journal of Pressure Vessels and Piping, 2007, 84 (12): 716-729.

[84] 康达，孔庆茹，马啸啸，等. 超声全聚焦成像的裂纹类缺陷定量误差分析 [J]. 中国测试，2024，50 (2): 136-145.

[85] CAMACHO J, CRUZE J F. Auto-focused virtual source imaging with arbitrarily shaped interfaces [J]. IEEE Trans Ultrason Ferroelectr Freq Control, 2015, 62 (11): 1944-1956.

[86] 徐娜，何方成，周正干. 基于动态孔径聚焦的 L 型构件相控阵超声检测 [J]. 北京航空航天大学学报，2015，41 (6): 1000-1006.

[87] 孟令刚. 大口径钢管探伤关键技术的研究 [D]. 天津：天津大学，2006.

[88] MAO Q, CHEN Y, CHEN M, et al. A fast interface reconstruction method for frequency-domain synthetic aperture focusing technique imaging of two-layered systems with non-planar interface based on virtual points measuring [J]. Journal of Nondestructive Evaluation, 2020, 39: 1-10.

[89] 龙盛蓉，陈尧，孔庆茹，等. 基于符号相干因子加权的双层介质频域相干复合平面波成像 [J]. 仪器仪表学报，2022，43 (3): 32-39.

[90] OPPENHEIM A V, SCHAFER R W, BUCK J R, et al. Discrete-time signal processing [M]. 2nd ed. Prentice-Hall, Inc. 1999.

[91] HANKIN R K S. Circular Statistics in R [J]. Journal of Statal Software, 2015, 066 (5): 285-291.

[92] 刘婷婷. 中观尺度孔隙介质地震波场及流体压力数值模拟研究 [D]. 长春：吉林大学，2018.

[93] 陈尧，冒秋琴，石文泽. 基于相位相干性的厚壁焊缝 TOFD 成像检测研究 [J]. 机械工程学报，2019，55 (4): 25-32.

[94] 季晓星. 基于自适应波束形成的合成孔径超声成像算法 [D]. 南京：南京信息工程大学，2018.

[95] LI M L, GUAN W J, LI P C, et al. Improved synthetic aperture focusing technique with ap-

plications in high-frequency ultrasound imaging ［J］. IEEE transactions on ultrasonics, ferroelectrics, and frequency control, 2004, 51（1）: 63-70.

［96］ GAZDAG J. Wave equation migration with the phase-shift method ［J］. Geophysics, 1978, 43（7）: 1342-1351.

［97］ CHEW W C. Waves and Fields in Inhomogeneous Media ［M］. New York: IEEE Press, 1995.

［98］ GARCIA D, LE T, MUTH S, et al. Stolt's f-k migration for plane wave ultrasound imaging ［J］. IEEE Trans Ultrason Ferroelectr Freq Control, 2013, 60（9）: 1853-1867.

［99］ 陈尧, 冒秋琴, 石文泽. 一种傅里叶域超声平面波复合成像处理构架 ［J］. 仪器仪表学报, 2020, 41（7）: 155-163.

［100］ STEPINSKI T. An implementation of synthetic aperture focusing technique in frequency domain ［J］. IEEE Trans Ultrason Ferroelectr Freq Control, 2007, 54（7）: 1399-1408.

［101］ LU J. 2D and 3D high frame rate imaging with limited diffraction beams ［J］. IEEE transactions on ultrasonics, ferroelectrics, and frequency control, 1997, 44（4）: 839-856.

［102］ DRINKWATER B W, WILCOX P D. Ultrasonic arrays for non-destructive evaluation: A review ［J］. NDT & E International, 2006, 39（7）: 525-541.

［103］ 凌礼恭. 超声波端角反射及其波形转换探讨 ［J］. 科技和产业, 2013, 13（5）: 126-128, 134.

［104］ 牛犇. 基于成因分析的船体焊接缺陷管控规程研究 ［D］. 大连: 大连理工大学, 2018.

［105］ 余刚. 钢制对接焊缝缺陷超声相控阵检测图像特征与识别 ［D］. 南昌: 南昌航空大学, 2012.

［106］ 高铁成, 王昊, 李聪, 等. 基于环形统计矢量阈值加权的上表面开口裂纹横波全跨全聚焦成像 ［J］. 仪器仪表学报, 2023, 44（4）: 52-60.

［107］ 甘勇, 陈尧, 石文泽, 等. 复杂曲面构件的超声虚拟声源阵列成像 ［J］. 应用声学, 2019, 38（2）: 173-178.

［108］ 何慈武, 杨萌萌, 龙晋桓, 等. 小径薄壁管座角焊缝典型缺陷的超声相控阵 CIVA 仿真研究 ［J］. 中国机械工程, 2022, 33（9）: 1065-1072.

［109］ LUKOMSKI T. Non-stationary phase shift migration for flaw detection in objects with lateral velocity variations ［J］. Insight-Non-Destructive Testing and Condition Monitoring, 2014, 56（9）: 477-482.

［110］ 陈尧, 冒秋琴, 石文泽, 等. 基于虚拟源的非规则双层介质频域合成孔径聚焦超声成像 ［J］. 仪器仪表学报, 2019, 40（6）: 48-55.

［111］ LUKOMSKI T. Full-matrix capture with phased shift migration for flaw detection in layered objects with complex geometry ［J］. Ultrasonics, 2016, 70: 241-247.

结束语

向阅读本书的广大读者表示最诚挚的感谢。是大家的认可支撑了我们的写作动力，希望本书的内容对您有所帮助。本书的撰写基础来源于科研、教学及生产实践，这些工作促使我们阅读了大量的全聚焦技术相关文献，了解了广大学生和专业人员对全聚焦技术的兴趣点，也激发了我们围绕全聚焦技术开展的一些科研工作和应用。

本书的内容主要包括以下几个方面：第一，对全聚焦技术领域的现状和发展趋势进行了介绍和分析，帮助读者了解和认识该领域的主要特点、问题和挑战；第二，通过理论介绍，对全聚焦技术的理论基础进行系统描述，以期提升读者对该领域理论的科学认知；第三，通过案例分析和实证研究，帮助读者消化本书所述理论，更为深刻地理解全聚焦及相关超声成像的实现过程；第四，围绕全聚焦相关技术工作，开拓读者对全聚焦技术在实际应用中的思路，以更好地发挥全聚焦技术在无损检测领域中的优势。

本书的内容也存在一些局限性。首先，由于时间和资源的限制，全聚焦相关的内容不够丰富，可能无法囊括所有相关工作；其次，对某些理论解释可能还存在一定的认知不足，需要进一步的研究和探索。

作者希望借助本书的出版，推动超声全聚焦技术学习的系统化，成为超声全聚焦技术领域研究的起点，为未来的学术探索和实践应用提供基础和借鉴，推动该学术领域重要的理论和实践发展。希望本书能够为学术界和实践界提供有价值的参考和指导，并激发更多的研究和创新工作。

对在本书的研究和撰写过程中给予我们支持和帮助的人表示深深的感谢，包括我们曾经拜读过的参考文献的作者，虽然与许多作者素未谋面，但他们的工作给了我们巨大的启发和灵感。在学术研究的道路上，我们将继续努力，不断深化对全聚焦技术领域的研究，为该领域的教学、培训、学术和实践做出更多有价值的工作。